高等教育"双一流"机械基础课程系列教材

U0271044

机械设计课程设计手册 _{第5版}

清 华 大 学　吴宗泽　高　志 _{主编}
北京科技大学　罗圣国　李　威

高等教育出版社·北京

内容提要

本手册是在第 4 版的基础上，根据教育部高等学校机械基础课程教学指导委员会最新制订的《普通高等学校机械设计课程教学基本要求》，充分吸收机械设计课程设计教学改革的成果，并结合众多院校在实际使用过程中提出的改进意见修订而成的。 为适应目前机械原理课程设计、机械设计课程设计的整合趋势，本手册增加了机械系统方案设计的内容。 为了满足不同类型学校的需要，本手册还新增了一些参考图例与设计题目。

由于计算机辅助设计技术的不断更新，本手册所附《机械设计课程设计辅助系统 3.0》也做了修订，读者可通过 http://abook.hep.com.cn/12269373 下载。

本手册共三篇 21 章。 第一篇机械设计常用标准和规范；第二篇机械设计课程设计指导书；第三篇参考图例及设计题目。 本手册全部采用了最新的国家标准。

本手册可作为高等学校机械类专业的教材，也可供相关工程技术人员参考。

图书在版编目（CIP）数据

机械设计课程设计手册 / 吴宗泽等主编. -- 5 版 . -- 北京：高等教育出版社，2018.6（2021.12 重印）
ISBN 978-7-04-049787-8

Ⅰ.①机… Ⅱ.①吴… Ⅲ.①机械设计-课程设计-高等学校-教材 Ⅳ.①TH122-41

中国版本图书馆 CIP 数据核字（2018）第 107094 号

策划编辑	卢 广	责任编辑	卢 广	封面设计	于文燕	版式设计 于 婕
插图绘制	于 博	责任校对	吕红颖	责任印制	刁 毅	

出版发行	高等教育出版社	网　　址	http://www.hep.edu.cn	
社　　址	北京市西城区德外大街 4 号		http://www.hep.com.cn	
邮政编码	100120	网上订购	http://www.hepmall.com.cn	
印　　刷	山东韵杰文化科技有限公司		http://www.hepmall.com	
开　　本	787mm×1092mm　1/16		http://www.hepmall.cn	
印　　张	20.75	版　　次	1992 年 3 月第 1 版	
字　　数	500 千字		2018 年 6 月第 5 版	
购书热线	010-58581118	印　　次	2021 年 12 月第 6 次印刷	
咨询电话	400-810-0598	定　　价	41.00 元	

本书如有缺页、倒页、脱页等质量问题，请到所购图书销售部门联系调换

机械设计课程设计手册

第5版

清华大学 吴宗泽 高 志 主编

北京科技大学 罗圣国 李 威

1 计算机访问 http://abook.hep.com.cn/12269373，或手机扫描二维码，下载并安装 Abook 应用。

2 注册并登录，进入"我的课程"。

3 输入封底数字课程账号（20位密码，刮开涂层可见），或通过 Abook 应用扫描封底数字课程账号二维码，完成课程绑定。

4 单击"进入课程"按钮，开始本数字课程的学习。

课程绑定后一年为数字课程使用有效期。受硬件限制，部分内容无法在手机端显示，请按提示通过计算机访问学习。

如有使用问题，请发邮件至 abook@hep.com.cn。

扫描二维码
下载 Abook 应用

第 5 版前言

机械设计课程设计是机械设计系列课程的一个重要的实践教学环节,也是学生接受的第一次较全面、较规范的设计训练。近年来,随着我国高校机械设计课程教学改革的不断深入,机械设计课程设计等实践教学环节越来越受到重视。各高校针对机械设计课程设计的内容、选题和教学指导方法等进行了多方面的改革,更加注重培养学生的创新意识和设计实践能力,取得了良好的教学效果,积累了丰富的经验。为了满足机械设计课程设计的教学需要,反映教学改革和科技发展的最新成果,本书在第 4 版的基础上进行了修订。与第 4 版相比,本次修订做了以下几方面的工作:

1. 增加了新的设计题目。本次修订继续引入近年来本课程教学改革的新成果,特别是开展研究性教学的经验,在设计题目选取上更加重视对学生解决实际问题能力的培养。为加强对机械系统设计方面的训练,本次修订继续增加了一些有关机械系统设计方面的题目。

2. 更新标准。本书第 4 版出版以来,有大量的国家标准和行业标准更新,如工程材料、操作件、螺纹连接件、弹性挡圈、滚动轴承、联轴器及电动机等,本书第一篇机械设计常用标准和规范所提供的标准全部采用最新的国家标准及行业标准,本书全部插图也均按最新标准绘制,本次修订中国家标准及行业标准的更新比例达到 25%。

3. 本次修订还同步修订了随书提供的计算机辅助机械设计软件,在软件的设计计算功能中增加了圆柱螺旋弹簧设计与绘图、碟形弹簧设计、选择与绘图功能,在查询功能中增加了渐开线花键参数查询、渐开线圆柱齿轮精度参数查询等功能,在教学功能中增加了机械零部件图片浏览功能。软件除了可以通过下拉菜单调用以外,还可以通过功能区菜单调用。软件中涉及的国家标准和行业标准也进行了更新。

与本书配套的辅助设计软件不再通过附带光盘的形式提供,读者可通过 http://abook.hep.com.cn/12269373 下载。

本书由清华大学吴宗泽、高志,北京科技大学罗圣国、李威担任主编。参加第 5 版修订工作的有:清华大学高志(第一章至第十二章),北京科技大学李威、王小群(第十三章至第十六章、第十九章和第二十章)、清华大学刘莹(第十七章、第十八章)。第二十一章的设计题目由参加编写的人员共同提供。

本书由北京科技大学朱孝录教授审阅。朱教授为本书提出了很多宝贵的意见和建议,使本书的质量进一步提高,在此表示衷心的感谢。

本书一定还存在一些不足之处,敬请各位读者指正。

编　者

2018 年 4 月

目　　录

第一篇　机械设计常用标准和规范

I

第二篇　机械设计课程设计指导书

第三篇　参考图例及设计题目

第一篇

机械设计常用标准和规范

第一章　常用数据和一般标准

一、常用数据

表1-1　金属材料熔点、热导率及比热容

名　称	熔点/℃	热导率/[W/(m·K)]	比热容/[J/(kg·K)]	名　称	熔点/℃	热导率/[W/(m·K)]	比热容/[J/(kg·K)]
灰铸铁	1 200	46.4~92.8	544.3	铝	658	203	904.3
铸　钢	1 425		489.9	铅	327	34.8	129.8
低碳钢	1 400~1 500	46.4	502.4	锡	232	62.6	234.5
黄　铜	950	92.8	393.6	锌	419	110	393.6
青　铜	995	63.8	385.2	镍	1 452	59.2	452.2

注：表中的热导率（导热系数）值为0~100 ℃范围内的值。

表1-2　材料线[膨]胀系数 $\alpha \times 10^{-6}$ ℃$^{-1}$

材　料	温度范围/℃								
	20	20~100	20~200	20~300	20~400	20~600	20~700	20~900	70~1 000
黄　铜		17.8	18.8	20.9					
青　铜		17.6	17.9	18.2					
铸铝合金	18.44~24.5								
铝合金		22.0~24.0	23.4~24.8	24.0~25.9					
碳　钢		10.6~12.2	11.3~13	12.1~13.5	12.9~13.9	13.5~14.3	14.7~15		
铬　钢		11.2	11.8	12.4	13	13.6			
3Cr13		10.2	11.1	11.6	11.9	12.3	12.8		
1Cr18Ni9Ti		16.6	17	17.2	17.5	17.9	18.6	19.3	
铸　铁		8.7~11.1	8.5~11.6	10.1~12.1	11.5~12.7	12.9~13.2			
镍铬合金		14.5							17.6
砖	9.5								
水泥、混凝土	10~14								
胶木、硬橡胶	64~77								
玻璃		4~11.5							
有机玻璃		130							

表1-3　常用材料的[质量]密度

材料名称	[质量]密度/(g·cm^{-3})	材料名称	[质量]密度/(g·cm^{-3})	材料名称	[质量]密度/(g·cm^{-3})
碳钢	7.8~7.85	铅	11.37	无填料的电木	1.2
合金钢	7.9	锡	7.29	赛璐珞	1.4
球墨铸铁	7.3	镁合金	1.74	酚醛层压板	1.3~1.45
灰铸铁	7.0	硅钢片	7.55~7.8	尼龙6	1.13~1.14
紫铜	8.9	锡基轴承合金	7.34~7.75	尼龙66	1.14~1.15
黄铜	8.4~8.85	铅基轴承合金	9.33~10.67	尼龙1010	1.04~1.06
锡青铜	8.7~8.9	胶木板、纤维板	1.3~1.4	木材	0.7~0.9
无锡青铜	7.5~8.2	玻璃	2.4~2.6	石灰石	2.4~2.6
碾压磷青铜	8.8	有机玻璃	1.18~1.19	花岗石	2.6~3
冷拉青铜	8.8	矿物油	0.92	砌砖	1.9~2.3
工业用铝	2.7	橡胶石棉板	1.5~2.0	混凝土	1.8~2.45

表 1-4　常用材料的弹性模量及泊松比

名　　称	弹性模量 E/GPa	切变模量 G/GPa	泊松比 μ	名　　称	弹性模量 E/GPa	切变模量 G/GPa	泊松比 μ
灰铸铁、白口铸铁	115~160	45	0.23~0.27	铸铝青铜	105	42	0.25
球墨铸铁	151~160	61	0.25~0.29	硬铝合金	71	27	
碳钢	200~220	81	0.24~0.28	冷拔黄铜	91~99	35~37	0.32~0.42
合金钢	210	81	0.25~0.3	轧制纯铜	110	40	0.31~0.34
铸钢	175	70~84	0.25~0.29	轧制锌	84	32	0.27
轧制磷青铜	115	42	0.32~0.35	轧制铝	69	26~27	0.32~0.36
轧制锰黄铜	110	40	0.35	铅	17	7	0.42

表 1-5　机械传动和摩擦副的效率概略值

种　类		效率 η	种　类		效率 η
圆柱齿轮传动	很好跑合的 6 级精度和 7 级精度齿轮传动(油润滑)	0.98~0.99	摩擦传动	平摩擦轮传动	0.85~0.92
	8 级精度的一般齿轮传动(油润滑)	0.97		槽摩擦轮传动	0.88~0.90
	9 级精度的齿轮传动(油润滑)	0.96		卷绳轮	0.95
	加工齿的开式齿轮传动(脂润滑)	0.94~0.96	联轴器	十字滑块联轴器	0.97~0.99
	铸造齿的开式齿轮传动	0.90~0.93		齿式联轴器	0.99
锥齿轮传动	很好跑合的 6 级和 7 级精度的齿轮传动(油润滑)	0.97~0.98		有弹性元件挠性联轴器	0.99~0.995
	8 级精度的一般齿轮传动(油润滑)	0.94~0.97		万向联轴器($\alpha \leqslant 3°$)	0.97~0.98
	加工齿的开式齿轮传动(脂润滑)	0.92~0.95		万向联轴器($\alpha > 3°$)	0.95~0.97
	铸造齿的开式齿轮传动	0.88~0.92	滑动轴承	润滑不良	0.94(一对)
蜗杆传动	自锁蜗杆(油润滑)	0.40~0.45		润滑正常	0.97(一对)
	单头蜗杆(油润滑)	0.70~0.75		润滑特好(压力润滑)	0.98(一对)
	双头蜗杆(油润滑)	0.75~0.82		液体摩擦	0.99(一对)
	四头蜗杆(油润滑)	0.80~0.92	滚动轴承	球轴承(稀油润滑)	0.99(一对)
	环面蜗杆传动(油润滑)	0.85~0.95		滚子轴承(稀油润滑)	0.98(一对)
带传动	平带无压紧轮的开式传动	0.98	卷筒		0.96
	平带有压紧轮的开式传动	0.97	减(变)速器	单级圆柱齿轮减速器	0.97~0.98
	平带交叉传动	0.90		双级圆柱齿轮减速器	0.95~0.96
	V 带传动	0.96		行星圆柱齿轮减速器	0.95~0.98
链传动	焊接链	0.93		单级锥齿轮减速器	0.95~0.96
	片式关节链	0.95		双级圆锥-圆柱齿轮减速器	0.94~0.95
	滚子链	0.96		无级变速器	0.92~0.95
	齿形链	0.97		摆线-针轮减速器	0.90~0.97
复滑轮组	滑动轴承($i=2 \sim 6$)	0.90~0.98	螺旋传动	滑动螺旋	0.30~0.60
	滚动轴承($i=2 \sim 6$)	0.95~0.99		滚动螺旋	0.85~0.95

表 1-6 各种传动的传动比(参考值)

传 动 类 型	传 动 比	传 动 类 型	传 动 比
平带传动	≤5	锥齿轮传动:	
V 带传动	≤7	1) 开式	≤5
圆柱齿轮传动:		2) 单级减速器	≤3
1) 开式	≤8	蜗杆传动:	
2) 单级减速器	≤6	1) 开式	15~60
3) 单级外啮合和内啮合行星减速器	3~9	2) 单级减速器	8~40
		链传动	≤6
		摩擦轮传动	≤5

表 1-7 黑色金属硬度对照表(GB/T 1172—1999 摘录)

洛氏 HRC	维氏 HV	布氏 $F/D^2=$ 30HBW	洛氏 HRC	维氏 HV	布氏 $F/D^2=$ 30HBW	洛氏 HRC	维氏 HV	布氏 $F/D^2=$ 30HBW	洛氏 HRC	维氏 HV	布氏 $F/D^2=$ 30HBW
68	909	—	55	596	585	42	404	392	29	280	276
67	879	—	54	578	569	41	393	381	28	273	269
66	850	—	53	561	552	40	381	370	27	266	263
65	822	—	52	544	535	39	371	360	26	259	257
64	795	—	51	527	518	38	360	350	25	253	251
63	770	—	50	512	502	37	350	341	24	247	245
62	745	—	49	497	486	36	340	332	23	241	240
61	721	—	48	482	470	35	331	323	22	235	234
60	698	647	47	468	455	34	321	314	21	230	229
59	676	639	46	454	441	33	313	306	20	226	225
58	655	628	45	441	428	32	304	298			
57	635	616	44	428	415	31	296	291			
56	615	601	43	416	403	30	288	283			

注:表中 F 为试验力,kgf;D 为试验用球的直径,mm。

表 1-8 常用材料的摩擦因数

摩擦副材料	摩擦因数 μ		摩擦副材料	摩擦因数 μ	
	无润滑	有润滑		无润滑	有润滑
钢-钢	0.1	0.05~0.1	青铜-青铜	0.15~0.20	0.04~0.10
钢-软钢	0.2	0.1~0.2	青铜-钢	0.16	0.1~0.15
钢-铸铁	0.18	0.05~0.15	青铜-夹布胶木	0.23	—
钢-黄铜	0.19	0.03	铝-不淬火的 T8 钢	0.18	0.03
钢-青铜	0.15~0.18	0.1~0.15	铝-淬火的 T8 钢	0.17	0.02
钢-铝	0.17	0.02	铝-黄铜	0.27	0.02
钢-轴承合金	0.2	0.04	铝-青铜	0.22	—
钢-夹布胶木	0.22	—	铝-钢	0.30	0.02
铸铁-铸铁	0.15	0.07~0.12	铝-夹布胶木	0.26	—
铸铁-青铜	0.15~0.21	0.07~0.15	钢-粉末冶金	0.35~0.55	
软钢-铸铁	—	0.05~0.15	木材-木材	0.2~0.5	0.07~0.10
软钢-青铜	—	0.07~0.15	铜-铜	0.20	—

表 1-9　物体的摩擦因数

名　称		摩擦因数 μ	名　称	摩擦因数 μ
滑动轴承	液体摩擦	0.001 ~ 0.008	深沟球轴承	0.002 ~ 0.004
	半液体摩擦	0.008 ~ 0.08	调心球轴承	0.001 5
	半干摩擦	0.1 ~ 0.5	圆柱滚子轴承	0.002
密封软填料盒中填料与轴的摩擦		0.2	调心滚子轴承	0.004
制动器普通石棉制动带（无润滑） $p = 0.2 \sim 0.6$ MPa		0.35 ~ 0.46	角接触球轴承	0.003 ~ 0.005
离合器装有黄铜丝的压制石棉 $p = 0.2 \sim 1.2$ MPa		0.40 ~ 0.43	圆锥滚子轴承	0.008 ~ 0.02
			推力球轴承	0.003

（滚动轴承一列标题：滚动轴承）

表 1-10　滚动摩擦力臂

圆柱沿平面滚动，滚动阻力矩为

$$M = F_N k = Fr$$

k 为滚动摩擦力臂

两个具有固定轴线的圆柱，其中主动圆柱以 F_N 力压另一圆柱，两个圆柱相对滚动。主动圆柱上遇到的滚动阻力矩为

$$M = F_N k \left(1 + \frac{r_1}{r_2} \right)$$

k 为滚动摩擦力臂

重物压在圆辊支承的平台上移动，每个圆辊承受的载重为 F_N。克服一个辊子上摩擦阻力所需的牵引力 F

$$F = \frac{F_N}{d} (k + k_1)$$

k 和 k_1 依次是平台与圆辊之间和圆辊与固定支持物之间的滚动摩擦力臂

摩擦材料	滚动摩擦力臂 k/mm	摩擦材料	滚动摩擦力臂 k/mm
软钢与软钢	0.05	表面淬火车轮与钢轨	
淬火钢与淬火钢	0.01	圆锥形车轮	0.8 ~ 1
铸铁与铸铁	0.05	圆柱形车轮	0.5 ~ 0.7
木材与钢	0.3 ~ 0.4	橡胶轮胎对沥青路面	2.5
木材与木材	0.5 ~ 0.8	橡胶轮胎对土路面	10 ~ 15

表 1-11　常用法定计量单位及换算关系

量 的 名 称	法定计量单位		非法定计量单位		换 算 关 系
	名　称	符　号	名　称	符　号	
转速	转每分	r/min			$1\ r/min = (1/60)\ r/s$
长度	米	m	埃 英寸	Å in	$1\ \text{Å} = 0.1\ nm = 10^{-10}\ m$ $1\ in = 0.025\ 4\ m = 25.4\ mm$
面积	平方米	m^2	公顷 市亩	ha	$1\ ha = 10^4\ m^2$ $1\ 市亩 = 666.67\ m^2$
体积、容积	立方米 升	m^3 l, L ($1\ l = 1\ dm^3$)	立方英尺 加仑(英) 加仑(美)	ft^3 gal(英) gal(美)	$1\ ft^3 = 0.028\ 316\ 8\ m^3 = 28.316\ 8\ dm^3$ $1\ gal(英) = 4.546\ 09\ dm^3$ $1\ gal(美) = 3.785\ 41\ dm^3$
质量	千克(公斤) 吨	kg t	磅 长吨、英吨	lb	$1\ lb = 0.453\ 592\ 37\ kg$ $1\ 英吨 = 1\ 长吨 = 1\ 016.05\ kg$
力、重力	牛[顿]	N	达因 千克力 吨力	dyn kgf tf	$1\ dyn = 10^{-5}\ N$ $1\ kgf = 9.806\ 65\ N$ $1\ tf = 9.806\ 65 \times 10^3\ N$
力矩	牛[顿]米	$N \cdot m$	千克力米	$kgf \cdot m$	$1\ kgf \cdot m = 9.806\ 65\ N \cdot m$
压力、压强	帕[斯卡]	Pa	巴 标准大气压 约定毫米汞柱 工程大气压	bar atm mmHg at(kgf/cm^2)	$1\ bar = 0.1\ MPa = 10^5\ Pa(1\ Pa = 1\ N/m^2)$ $1\ atm = 101\ 325\ Pa$ $1\ mmHg = 133.322\ 4\ Pa$ $1\ at = 1\ kgf/cm^2 = 9.806\ 65 \times 10^4\ Pa$
应力			千克力每平方毫米	kgf/mm^2	$1\ kgf/mm^2 = 9.806\ 65 \times 10^6\ Pa$
[动力]黏度	帕[斯卡]秒	$Pa \cdot s$	泊	P	$1\ P = 0.1\ Pa \cdot s$
运动黏度	二次方米每秒	m^2/s	斯[托克斯]	St	$1\ St = 1\ cm^2/s = 10^{-4}\ m^2/s$
能[量]，功 热量	焦[耳]	J	千克力米 尔格 热化学卡	$kgf \cdot m$ erg cal_{th}	$1\ kgf \cdot m = 9.806\ 65\ J$ $1\ erg = 10^{-7}\ J$ $1\ cal_{th} = 4.184\ 0\ J$
功率	瓦[特]	W	[米制]马力		$1\ [米制]马力 = 735.498\ 75\ W$
比热容	焦[耳]每千克开[尔文]	$J/(kg \cdot K)$			
传热系数	瓦[特]每平方米开[尔文]	$W/(m^2 \cdot K)$			
热导率，(导热系数)	瓦[特]每米开[尔文]	$W/(m \cdot K)$			

二、一般标准

表 1-12　图纸幅面、图样比例

留装订边						不留装订边	

图纸幅面(GB/T 14689—2008 摘录)/mm						图样比例(GB/T 14690—1993)		
基本幅面(第一选择)					加长幅面(第二选择)		原值比例	缩小比例	放大比例

基本幅面(第一选择)					加长幅面(第二选择)		原值比例	缩小比例	放大比例
幅面代号	$B \times L$	a	c	e	幅面代号	$B \times L$	1:1	$1:2$　$1:2 \times 10^n$ $1:5$　$1:5 \times 10^n$ $1:10$　$1:1 \times 10^n$	$5:1$　$5 \times 10^n:1$ $2:1$　$2 \times 10^n:1$ 　　$1 \times 10^n:1$
A0	841×1 189	25	10	20	A3×3	420×891			
A1	594×841				A3×4	420×1 189		必要时允许选取 $1:1.5$　$1:1.5 \times 10^n$	必要时允许选取 $4:1$　$4 \times 10^n:1$
A2	420×594				A4×3	297×630		$1:2.5$　$1:2.5 \times 10^n$ $1:3$　$1:3 \times 10^n$	$2.5:1$　$2.5 \times 10^n:1$
A3	297×420			10	A4×4	297×841		$1:4$　$1:4 \times 10^n$	
A4	210×297		5		A4×5	297×1 051		$1:6$　$1:6 \times 10^n$	n—正整数

注: 1. 加长幅面的图框尺寸按所选用的基本幅面大一号图框尺寸确定,例如对 A3×4,按 A2 的图框尺寸确定,即 e 为 10(或 c 为 10);

　　2. 加长幅面(第三选择)的尺寸见 GB/T 14689。

明细表格式(本课程用)

⋯⋯	⋯⋯	⋯⋯		⋯⋯	⋯⋯
02	滚动轴承7210C	2		GB/T 292—2007	
01	箱座	1	HT200		
序号	名称	数量	材料	标准	备注
10	45	10	20	40	(25)

150

装配图或零件图标题栏格式(本课程用)

15	25	15	30

(14)	(装配图或零件图名称)		比例		图号	
			数量		材料	
	设计		(日期)	(课程名称)		(校名班号)
	绘图					
	审阅					

15	35	15	40	(45)

150

注:主框线型为粗实线(b);分格线为细实线($b/2$)。

表 1-13　机构运动简图用图形符号（GB/T 4460—2013 摘录）

名　称	基本符号	可用符号	名　称	基本符号	可用符号
机架 轴、杆 　组成部分与轴（杆）的固定连接			锥齿轮		
连杆 　平面机构 曲柄（或摇杆） 　平面机构			圆柱蜗杆传动		
偏心轮			齿条传动 　一般表示		
导杆			扇形齿轮传动		
滑块			盘形凸轮		
摩擦传动 　圆柱轮			圆柱凸轮 凸轮从动杆		
圆锥轮			尖顶		
可调圆锥轮			曲面		
可调冕状轮			滚子		
齿轮传动 （不指明齿线） 圆柱齿轮			槽轮机构 　一般符号		
			棘轮机构 　外啮合		
			内啮合		

名　称	基本符号	可用符号	名　称	基本符号	可用符号
联轴器 　一般符号（不指明类型）			轴上飞轮		
刚性联轴器			向心轴承 　滑动轴承		
有弹性元件挠性联轴器			滚动轴承		
啮合式离合器 　单向式			推力轴承 　单向		
双向式			双向		
摩擦离合器 　单向式			滚动轴承 向心推力轴承		
双向式			单向		
电磁离合器			双向		
安全离合器 　带有易损元件			滚动轴承		
无易损元件			弹簧 　压缩弹簧		
制动器 　一般符号			拉伸弹簧		
带传动 　一般符号（不指明类型）		若需指明类型可采用下列符号： 　V 带传动	扭转弹簧		
链传动 　一般符号（不指明类型）		滚子链传动	涡卷弹簧		
螺杆传动 　整体螺母					
挠性轴					

表 1-14　标准尺寸(直径、长度、高度等 GB/T 2822—2005 摘录)　　　mm

R			R'			R			R'			R			R'		
R10	R20	R40	R'10	R'20	R'40	R10	R20	R40	R'10	R'20	R'40	R10	R20	R40	R'10	R'20	R'40
2.50	2.50		2.5	2.5		40.0	40.0	40.0	40	40	40		280	280		280	280
	2.80			2.8				42.5			42			300			300
3.15	3.15		3.0	3.0			45.0	45.0		45	45	315	315	315	320	320	320
	3.55			3.5				47.5			48			335			340
4.00	4.00		4.0	4.0		50.0	50.0	50.0	50	50	50		355	355		360	360
	4.50			4.5				53.0			53			375			380
5.00	5.00		5.0	5.0			56.0	56.0		56	56	400	400	400	400	400	400
	5.60			5.5				60.0			60			425			420
6.30	6.30		6.0	6.0		63.0	63.0	63.0	63	63	63		450	450		450	450
	7.10			7.0				67.0			67			475			480
8.00	8.00		8.0	8.0			71.0	71.0		71	71	500	500	500	500	500	500
	9.00			9.0				75.0			75			530			530
10.0	10.0		10.0	10.0		80.0	80.0	80.0	80	80	80		560	560		560	560
	11.2			11				85.0			85			600			600
12.5	12.5	12.5	12	12	12		90.0	90.0		90	90	630	630	630	630	630	630
		13.2			13			95.0			95			670			670
	14.0	14.0		14	14	100	100	100	100	100	100		710	710		710	710
		15.0			15			106			105			750			750
16.0	16.0	16.0	16	16	16		112	112		110	110	800	800	800	800	800	800
		17.0			17			118			120			850			850
	18.0	18.0		18	18	125	125	125	125	125	125		900	900		900	900
		19.0			19			132			130			950			950
20.0	20.0	20.0	20	20	20		140	140		140	140	1 000	1 000	1 000	1 000	1 000	1 000
		21.2			21			150			150			1 060			
	22.4	22.4		22	22	160	160	160	160	160	160		1 120	1 120			
		23.6			24			170			170			1 180			
25.0	25.0	25.0	25	25	25		180	180		180	180	1 250	1 250	1 250			
		26.5			26			190			190			1 320			
	28.0	28.0		28	28	200	200	200	200	200	200		1 400	1 400			
		30.0			30			212			210			1 500			
31.5	31.5	31.5	32	32	32		224	224		220	220	1 600	1 600	1 600			
		33.5			34			236			240			1 700			
	35.5	35.5		36	36	250	250	250	250	250	250		1 800	1 800			
		37.5			38			265			260			1 900			

注：1. 选择系列及单个尺寸时,应首先在优先数系 R 系列中选用标准尺寸,选用顺序为 R10、R20、R40,如果必须将数值圆整,可在相应的 R' 系列中选用标准尺寸,选用顺序为 R'10、R'20、R'40。

2. 本标准适用于有互换性或系列化要求的主要尺寸,其他结构尺寸也应尽可能采用。本标准不适用于由主要尺寸导出的因变量尺寸和工艺上工序间的尺寸和已有专用标准规定的尺寸。

表 1-15　滚花(GB/T 6403.3—2008)　　　mm

直纹滚花　　网纹滚花

模数 m	h	r	节距 P
0.2	0.132	0.06	0.628
0.3	0.198	0.09	0.942
0.4	0.264	0.12	1.257
0.5	0.326	0.16	1.571

模数 $m=0.3$,直纹滚花(或网纹滚花)的标记示例：
直纹(或网纹)$m0.3$　GB/T 6403.3—2008

注：1. 滚花前工件表面粗糙度轮廓算术平均偏差 $Ra \leqslant 12.5\ \mu m$;
2. 滚花后工件直径大于滚花前直径,其值 $\Delta \approx (0.8 \sim 1.6)\,m$,$m$ 为模数。

表 1-16　圆锥的锥度与锥角系列（GB/T 157—2001 摘录）

$$C = \frac{D-d}{L}$$

$$C = 2\tan\frac{\alpha}{2} = 1 : \frac{1}{2}\cot\frac{\alpha}{2}$$

一般用途圆锥的锥度与锥角

基 本 值		推 算 值			备　注
系列1	系列2	圆锥角 α		锥度 C	
120°	—	—	—	1:0.288 675	螺纹孔内倒角,填料盒内填料的锥度
90°	—	—	—	1:0.500 000	沉头螺钉头,螺纹倒角,轴的倒角
	75°	—	—	1:0.651 613	沉头带榫螺栓的螺栓头
60°	—	—	—	1:0.866 025	车床顶尖,中心孔
45°	—	—	—	1:1.207 107	用于轻型螺纹管接口的锥形密合
30°	—	—	—	1:1.866 025	摩擦离合器
1:3		18°55′28.7″	18.924 644°	—	具有极限转矩的摩擦圆锥离合器
	1:4	14°15′0.1″	14.250 033°	—	
1:5		11°25′16.3″	11.421 186°	—	易拆零件的锥形连接,锥形摩擦离合器
	1:6	9°31′38.2″	9.527 283°	—	
	1:7	8°10′16.4″	8.171 234°	—	重型机床顶尖,旋塞
	1:8	7°9′9.6″	7.152 669°	—	联轴器和轴的圆锥面连接
1:10		5°43′29.3″	5.724 810°	—	受轴向力及横向力的锥形零件的接合面,电机及其他机械的锥形轴端
	1:12	4°46′18.8″	4.771 888°	—	固定球及滚子轴承的衬套
	1:15	3°49′5.9″	3.818 305°	—	受轴向力的锥形零件的接合面,活塞与其杆的连接
1:20		2°51′51.1″	2.864 192°	—	机床主轴的锥度,刀具尾柄,米制锥度铰刀,锥齿轮
1:30		1°54′34.9″	1.909 683°	—	装柄的铰刀及扩孔钻
	1:40	1°25′56.8″	1.432 222°	—	
1:50		1°8′45.2″	1.145 877°	—	圆锥销,定位销,圆锥销孔的铰刀
1:100		0°34′22.6″	0.572 953°	—	承受陡振及静、变载荷的不需拆开的连接零件,楔键
1:200		0°17′11.3″	0.286 478°	—	承受陡振及冲击变载荷的需拆开的连接零件,锥齿轮
1:500		0°6′52.5″	0.114 592°	—	

特殊用途圆锥的锥度与锥角

7:24		16°35′39.4″	16.594 290°	1:3.428 571	机床主轴,工具配合
6:100		3°26′12.2″	3.436 716°	—	医疗设备
1:19.002		3°0′52.4″	3.014 544°	—	莫氏锥度 No.5
1:19.180		2°59′11.7″	2.986 591°	—	No.6
1:19.212		2°58′53.8″	2.981 618°	—	No.0
1:19.254		2°58′30.4″	2.975 117°	—	No.4
1:19.922		2°52′31.4″	2.875 402°	—	No.3
1:20.020		2°51′40.8″	2.861 332°	—	No.2
1:20.047		2°51′26.9″	2.857 480°	—	No.1

注:优先选用第一系列,当不能满足需要时选用第二系列。

表 1-17　中心孔（GB/T 145—2001 摘录）　　　　　　　　mm

A型　　　　B型　　　　C型　　　　R型

D	D1		l1（参考）		t（参考）	l_min	r_max	r_min	D	D1	D2	l	l1（参考）	选择中心孔的参考数据		
A、B、R型	A型 R	B型	A型	B型	A型 B型 R	R型			C型					原料端部最小直径 D0	轴状原料最大直径 Dc	工件最大质量 t
1.60	3.35	5.00	1.52	1.99	1.4	3.5	5.00	4.00								
2.00	4.25	6.30	1.95	2.54	1.8	4.4	6.30	5.00						8	>10～18	0.12
2.50	5.30	8.00	2.42	3.20	2.2	5.5	8.00	6.30						10	>18～30	0.2
3.15	6.70	10.00	3.07	4.03	2.8	7.0	10.00	8.00	M3	3.2	5.8	2.6	1.8	12	>30～50	0.5
4.00	8.50	12.50	3.90	5.05	3.5	8.9	12.50	10.00	M4	4.3	7.4	3.2	2.1	15	>50～80	0.8
(5.00)	10.60	16.00	4.85	6.41	4.4	11.2	16.00	12.50	M5	5.3	8.8	4.0	2.4	20	>80～120	1
6.30	13.20	18.00	5.98	7.36	5.5	14.0	20.00	16.00	M6	6.4	10.5	5.0	2.8	25	>120～180	1.5
(8.00)	17.00	22.40	7.79	9.36	7.0	17.9	25.00	20.00	M8	8.4	13.2	6.0	3.3	30	>180～220	2
10.00	21.20	28.00	9.70	11.66	8.7	22.5	31.50	25.00	M10	10.5	16.3	7.5	3.8	35	>180～220	2.5
									M12	13.0	19.8	9.5	4.4	42	>220～260	3

注：1. A 型和 B 型中心孔的尺寸 l 取决于中心钻的长度，此值不应小于 t 值；
　2. 括号内的尺寸尽量不采用；
　3. 选择中心孔的参考数据不属 GB/T 145—2001 内容，仅供参考。

表 1-18　中心孔表示法（GB/T 4459.5—1999 摘录）

标注示例	解　释	标注示例	解　释
GB/T 4459.5-B3.15/10	要求做出 B 型中心孔 $D=3.15$ mm，$D_1=10$ mm 在完工的零件上要求保留中心孔	GB/T 4459.5-A4/8.5	用 A 型中心孔 $D=4$ mm，$D_1=8.5$ mm 在完工的零件上不允许保留中心孔
GB/T 4459.5-A4/8.5	用 A 型中心孔 $D=4$ mm，$D_1=8.5$ mm 在完工的零件上是否保留中心孔都可以	2×GB/T 4459.5-B3.15/10	同一轴的两端中心孔相同，可只在其一端标注，但应注出数量

表 1-19　齿轮滚刀外径尺寸（GB/T 6083—2016 摘录）　　　　　　　　mm

模数 m		1，1.25	1.5	2	2.5	3	4	5	6	7	8	9	10
滚刀外径 d_e	Ⅰ型	63	71	80	90	100	112	125	140	140	160	180	200
	Ⅱ型	50	63	71	71	80	90	100	112	118	125	140	150

注：Ⅰ型适用于技术条件按 JB/T 3327 的高精度齿轮滚刀或按 GB/T 6084 中 AA 级的齿轮滚刀，Ⅱ型适用于技术条件按 GB/T 6084 的齿轮滚刀。

表 1-20　齿轮加工退刀槽　　mm

插齿空刀槽													
模数	1.5	2	2.5	3	4	5	6	7	8	9	10	12	14	16
h_{min}	5	5	6		7				8			9		
b_{min}	4	5	6	7.5	10.5	13	15	16	19	22	24	28	33	38
r	0.5				1.0									

滚切人字齿轮退刀槽

法向模数 m_n	螺旋角 β				法向模数 m_n	螺旋角 β			
	25°	30°	35°	40°		25°	30°	35°	40°
	b_{min}					b_{min}			
4	46	50	52	54	10	94	100	104	108
5	58	58	62	64	12	118	124	130	136
6	64	66	72	74	14	130	138	146	152
7	70	74	78	82	16	148	158	165	174
8	78	82	86	90	18	164	175	184	192
9	84	90	94	98	20	185	198	208	218

表 1-21　滑移齿轮的齿端倒圆和倒角尺寸（参考）　　mm

模数 m	1.5	1.75	2	2.25	2.5	3	3.5	4	5	6	8	10
r	1.2	1.4	1.6	1.8	2	2.4	2.8	3.1	3.9	4.7	6.3	7.9
h_1	1.7	2	2.2	2.5	2.8	3.5	4	4.5	5.6	6.7	8.8	11
d_a	≤50		50~80		80~120		120~180		180~260		>260	
a_{max}	2.5		3		4		5		6		8	

表 1-22　三面刃铣刀尺寸（GB/T 6119—2012 摘录）　　mm

铣刀直径 D	铣刀厚度 L 系列
50	4,5,6,8,10
63	4,5,6,8,10,12,14,16
80	5,6,8,10,12,14,16,18,20
100	6,8,10,12,14,16,18,20,22,25
125	8,10,12,14,16,18,20,22,25,28
160	10,12,14,16,18,20,22,25,28,32
200	12,14,16,18,20,22,25,28,32,36,40

表 1-23 砂轮越程槽(GB/T 6403.5—2008 摘录)   mm

回转面及端面砂轮越程槽的形式及尺寸

磨外圆   磨内圆   磨外端面

磨内端面   磨外圆及端面   磨内圆及端面

b_1	b_2	h	r	d
0.6	2.0	0.1	0.2	~10
1.0	3.0	0.2	0.5	
1.6				
2.0	4.0	0.3	0.8	>10 ~50
3.0		0.4	1.0	
4.0	5.0			>50 ~100
5.0		0.6	1.6	
8.0	8.0	0.8	2.0	>100
10	10	1.2	3.0	

平面砂轮及 V 形砂轮越程槽

b	2	3	4	5
r	0.5	1.0	1.2	1.6
h	1.6	2.0	2.5	3.0

燕尾导轨砂轮越程槽

矩形导轨砂轮越程槽

H	≤5	6	8	10	12	16	20	25	32	40	50	63	80
b	1	2		3			4			5			6
h													
r	0.5			1.0			1.6						2.0

H	8	10	12	16	20	25	32	40	50	63	80	100
b	2				3				5		8	
h	1.6				2.0				3.0		5.0	
r	0.5				1.0				1.6		2.0	

表 1-24 刨切越程槽   mm

名 称	刨切越程
龙门刨	$a+b = 100 \sim 200$
牛头刨床、立刨床	$a+b = 50 \sim 75$

表 1-25　零件倒圆与倒角（GB/T 6403.4—2008 摘录）　　　　　　　　　mm

倒圆、倒角形式	倒圆、倒角（45°）的四种装配形式

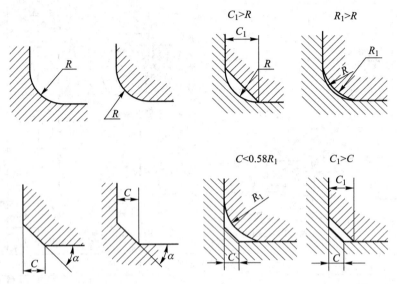

倒圆、倒角尺寸

R 或 C	0.1	0.2	0.3	0.4	0.5	0.6	0.8	1.0	1.2	1.6	2.0	2.5	3.0
	4.0	5.0	6.0	8.0	10	12	16	20	25	32	40	50	—

与直径 ϕ 相应的倒角 C、倒圆 R 的推荐值

ϕ	~3	>3 ~6	>6 ~10	>10 ~18	>18 ~30	>30 ~50	>50 ~80	>80 ~120	>120 ~180	>180 ~250	>250 ~320	>320 ~400	>400 ~500	>500 ~630	>630 ~800	>800 ~1 000
C 或 R	0.2	0.4	0.6	0.8	1.0	1.6	2.0	2.5	3.0	4.0	5.0	6.0	8.0	10	12	16

内角倒角、外角倒圆时 C_{max} 与 R_1 的关系

R_1	0.1	0.2	0.3	0.4	0.5	0.6	0.8	1.0	1.2	1.6	2.0	2.5	3.0	4.0	5.0	6.0	8.0	10	12	16	20	25
C_{max} ($C<0.58R_1$)	—	0.1		0.2		0.3	0.4	0.5	0.6	0.8	1.0	1.2	1.6	2.0	2.5	3.0	4.0	5.0	6.0	8.0	10	12

注：α 一般采用 45°，也可采用 30°或 60°。

表 1-26　圆形零件自由表面过渡圆角（参考）　　　　　　　mm

$D-d$	2	5	8	10	15	20	25	30	35	40
R	1	2	3	4	5	8	10	12	12	16
$D-d$	50	55	65	70	90	100	130	140	170	180
R	16	20	20	25	25	30	30	40	40	50

注：尺寸 $D-d$ 是表中数值的中间值时，则按较小尺寸来选取 R。例如 $D-d=98$ mm，则按 90 mm 选 $R=25$ mm。

表 1-27　圆柱形轴伸（GB/T 1569—2005 摘录）

mm

d	L 长系列	L 短系列	d	L 长系列	L 短系列
6,7	16	—	80,85,90,95	170	130
8,9	20	—	100,110,120,125	210	165
10,11	23	20	130,140,150	250	200
12,14	30	25	160,170,180	300	240
16,18,19	40	28	190,200,220	350	280
20,22,24	50	36	240,250,260	410	330
25,28	60	42	280,300,320	470	380
30,32,35,38	80	58	340,360,380	550	450
40,42,45,48,50,55,56	110	82	400,420,440,450,460,480,500	650	540
60,63,65,70,71,75	140	105	530,560,600,630	800	680

d 的极限偏差

d	6~30	32~50	55~630
极限偏差	j6	k6	m6

表 1-28　机器轴高（GB/T 12217—2005 摘录）

mm

系列	轴高的基本尺寸 h
Ⅰ	25,40,63,100,160,250,400,630,1 000,1 600
Ⅱ	25,32,40,50,63,80,100,125,160,200,250,315,400,500,630,800,1 000,1 250,1 600
Ⅲ	25,28,32,36,40,45,50,56,63,71,80,90,100,112,125,140,160,180,200,225,250,280,315,355,400,450,500,560,630,710,800,900,1 000,1 120,1 250,1 400,1 600
Ⅳ	25,26,28,30,32,34,36,38,40,42,45,48,50,53,56,60,63,67,71,75,80,85,90,95,100,105,112,118,125,132,140,150,160,170,180,190,200,212,225,236,250,265,280,300,315,335,355,375,400,425,450,475,500,530,560,600,630,670,710,750,800,850,900,950,1 000,1 060,1 120,1 180,1 250,1 320,1 400,1 500,1 600

轴高 h	轴高的极限偏差 电动机、从动机器、减速器等	轴高的极限偏差 除电动机以外的主动机器	平行度公差 L>2.5h	平行度公差 2.5h≤L≤4h	平行度公差 L>4h
25~50	0 −0.4	+0.4 0	0.2	0.3	0.4
>50~250	0 −0.5	+0.5 0	0.25	0.4	0.5
>250~630	0 −1.0	+1.0 0	0.5	0.75	1.0
>630~1 000	0 −1.5	+1.5 0	0.75	1.0	1.5
>1 000	0 −2.0	+2.0 0	1.0	1.5	2.0

注：1. 机器轴高应优先选用第 Ⅰ 系列数值，如不能满足需要时，可选用第 Ⅱ 系列数值，其次选用第 Ⅲ 系列数值，尽量不采用第 Ⅳ 系列数值；

　　2. h 不包括安装时所用的垫片；L 为轴的全长。

表 1-29　轴肩和轴环尺寸（参考）

mm

$a = (0.07 \sim 0.1)d$

$b \approx 1.4a$

定位用 $a>R$

R—倒圆半径，见表 1-25

操　作　件
表 1-30　定位手柄座（JB/T 7272.4—2014 摘录）　　　　　　　　　　mm

标记示例：

　　定位手柄座 $d = 16$, $D = 60$，材料为 HT200，喷砂镀铬：

　　手柄座　16×60　JB/T 7272.4

镀前
√ = √ Ra 1.6

√ Ra 12.5 (√)

基本尺寸	极限偏差 H8	D	A	H	d_1	d_2	d_3	d_4	h	h_1	h_2	h_3	钢球	压缩弹簧
12	+0.027 0	50	16	26	M8	11	5	6.7	11	18	20	19	6.5	0.8×5×24
16		60	20	32	M10	13		8.5	13	21	23	23	8	1.2×7×35
18	+0.033 0	70	25	32	M10	13	6							
22		80	30	36	M12	17						25		

表 1-31　手柄球（JB/T 7271.1—2014 摘录）　　　　　　　　　　mm

A型

B型

标记示例：

手柄球 A 型, $d = $ M10, $SD = $ 32, 黑色：手柄球　M10×32　JB/T 7271.1
手柄球 B 型, $d = $ M10, $SD = $ 32, 红色：手柄球　BM10×32(红)　JB/T 7271.1

d	SD	H	l	嵌套 JB/T 7275	d	SD	H	l	嵌套 JB/T 7275
M5	16	14	12	BM5×12	M12	40	36	25	BM12×25
M6	20	18	14	BM6×14	M16	50	45	32	BM16×32
M8	25	22.5	16	BM8×16	M20	63	56	40	BM20×36
M10	32	29	20	BM10×20					

推荐材料为塑料。

表 1-32　手柄套（JB/T 7271.3—2014摘录）　　　　　　　　　　　　　　　　mm

标记示例：

A 型, d = M12, L = 40 mm, 黑色手柄套：
手柄套　M12×40　JB/T 7271.3

A 型, d = M12, L = 40 mm, 红色手柄套：
手柄套　M12×40（红）　JB/T 7271.3

B 型, d = M12, L = 40 mm, 黑色手柄套：
手柄套　BM12×40　JB/T 7271.3

A型　　　　　B型

d	L	D	D_1	l	l_1	d	L	D	D_1	l	l_1
M5	16	12	9	12	3	M12	40	32	25	25	6
M6	20	16	12	14	3	M16	50	40	32	32	7
M8	25	20	15	16	4	M20	63	50	40	40	8
M10	32	25	20	20	5						

推荐材料为塑料

表 1-33　手柄杆（JB/T 7271.6—2014摘录）　　　　　　　　　　　　　　　　mm

标记示例：

A 型, d = 8 mm, L = 50 mm, l = 12 mm, 35 钢, 喷砂镀铬手柄杆：手柄杆　8×50×12　JB/T 7271.6

B 型, d = 8 mm, L = 50 mm, l = 12 mm, 35 钢, 喷砂镀铬手柄杆：手柄杆　BM8×50×12　JB/T 7271.6

d		d_1	l			l_1	D	l_2	l_3 参考	s		L 参考
基本尺寸	极限偏差 k7									基本尺寸	极限偏差 h13	
5	+0.013	M5	6	8	10	8	6	6	4	5	0	12~80
6	+0.001	M6	8	10	12	10	8			6	−0.180	12~100
8	+0.016	M8	10	12	16	12	10	8	6	8	0	20~125
10	+0.001	M10	12	16	20	14	12			10	−0.220	20~200
12	+0.019	M12	16	20	25	16	16	10	8	13	0	25~320
16	+0.001	M16	20	25	32	20	20			16	−0.270	25~630
20	+0.023 +0.002	M20	25	32	40	25	25	12	10	21	0 −0.330	32~630

推荐材料为 35 钢、Q235A。

表 1-34 铸件最小壁厚（不小于） mm

铸造方法	铸件尺寸	铸 钢	灰铸铁	球墨铸铁	可锻铸铁	铝合金	铜合金
砂 型	~200×200	8	~6	6	5	3	3~5
	>200×200~500×500	10~12	>6~10	12	8	4	6~8
	>500×500	15~20	15~20			6	

表 1-35 铸造斜度

斜度 $b:h$	角度 β	使用范围
1:5	11°30′	$h<25$ mm 的钢和铁铸件
1:10	5°30′	h 在 25~500 mm 时的钢和铁铸件
1:20	3°	
1:50	1°	$h>500$ mm 时的钢和铁铸件
1:100	30′	有色金属铸件

注：当设计不同壁厚的铸件时，在转折点处的斜角最大还可增大到 30°~45°。

表 1-36 铸造过渡斜度（JB/ZQ 4254—2006 摘录）mm

适用于减速器、连接管、气缸及其他连接法兰

铸铁和铸钢件的壁厚 δ	K	h	R
10~15	3	15	5
>15~20	4	20	5
>20~25	5	25	5
>25~30	6	30	8
>30~35	7	35	8
>35~40	8	40	10
>40~45	9	45	10
>45~50	10	50	10

表 1-37 铸造外圆角（JB/ZQ 4256—2006 摘录）

表面的最小边尺寸 P /mm	R/mm					
	外 圆 角 α					
	<50°	51°~75°	76°~105°	106°~135°	136°~165°	>165°
≤25	2	2	2	4	6	8
>25~60	2	4	4	6	10	16
>60~160	4	4	6	8	16	25
>160~250	4	6	8	12	20	30
>250~400	6	8	10	16	25	40
>400~600	6	8	12	20	30	50

表 1-38 铸造内圆角（JB/ZQ 4255—2006 摘录）

$a \approx b$

$b<0.8a$ 时

$R_1 = R+a$

$R_1 = R+b+c$

$\dfrac{a+b}{2}$	R/mm											
	内圆角 α											
	≤50°		>50°~75°		>75°~105°		>105°~135°		>135°~165°		>165°	
	钢	铁	钢	铁	钢	铁	钢	铁	钢	铁	钢	铁
≤8	4	4	4	4	6	4	8	6	16	10	20	16
9~12	4	4	4	6	10	8	16	12	25	20		
13~16	4	4	6	4	8	6	12	10	20	16	30	25
17~20	6	4	8	6	10	8	16	12	25	20	40	30
21~27	6	6	10	8	12	10	20	16	30	25	50	40

c 和 h/mm

b/a	<0.4	>0.4~0.65	>0.65~0.8	>0.8
$c \approx$	0.7($a-b$)	0.8($a-b$)	$a-b$	—
$h \approx$ 钢	8c			
铁	9c			

表 1-39　焊缝符号表示法（GB/T 324—2008 摘录）

基本符号

名　　称	示　意　图	符号	名　　称	示　意　图	符号
卷边焊缝 * （卷边完全熔化）		八	封底焊缝		◡
Ⅰ形焊缝		‖	角焊缝		△
V形焊缝		V	塞焊缝或槽焊缝		⊓
单边V形焊缝		V			
带钝边V形焊缝		Y	点焊缝		○
带钝边单边V形焊缝		Y			
带钝边U形焊缝		Y	缝焊缝		⊖
带钝边J形焊缝		Y			

补 充 符 号

名称	示　意　图	符号	名称	示　意　图	符号	名称	示　意　图	符号	名称	示　意　图	符号
平面符号		—	凸面符号		⌒	三面焊缝符号		⊐	永久衬垫		M
									临时衬垫		MR
凹面符号		◡				周围焊缝符号		○	现场符号		▶
									尾部符号		＜

焊缝尺寸符号

符号	名　称	示　意　图	符号	名　称	示　意　图
δ	工件厚度		e	焊缝间距	
α	坡口角度		K	焊脚尺寸	
b	根部间隙		d	熔核直径	
p	钝边		S	焊缝有效厚度	
c	焊缝宽度		N	相同焊缝数量符号	
R	根部半径		H	坡口深度	
l	焊缝长度		h	余高	
n	焊缝段数		β	坡口面角度	

焊缝尺寸符号及其标注位置

$$p\cdot H\cdot K\cdot h\cdot s\cdot R\cdot c\cdot d\,(基本符号)\,n\times l(e)$$
$$p\cdot H\cdot K\cdot h\cdot s\cdot R\cdot c\cdot d\,(基本符号)\,n\times l(e)$$

$\alpha\cdot\beta\cdot b$ 上
$\alpha\cdot\beta\cdot b$ 下
N

$$p\cdot H\cdot K\cdot h\cdot s\cdot R\cdot c\cdot d\,(基本符号)\,n\times l(e)$$
$$p\cdot H\cdot K\cdot h\cdot s\cdot R\cdot c\cdot d\,(基本符号)\,n\times l(e)$$

$\alpha\cdot\beta\cdot b$
$\alpha\cdot\beta\cdot b$
N

标注方法说明：

1. 指引线一般由箭头线和两条基准线（一条为实线，另一条为虚线）两部分组成。如果焊缝在接头的箭头侧，则将基本符号标在基准线的实线侧（参见表 1-40 中 1）；如果焊缝在接头的非箭头侧，则将基本符号标在基准线的虚线侧（参见表 1-40 中 4 下部）；标注对称焊缝及双面焊缝时，可不加虚线（参见表 1-40 中 3 及 5 上部）。

2. 基本符号左侧标注焊缝横截面上的尺寸，基本符号右侧标注焊缝长度方向尺寸，基本符号的上侧或下侧标注坡口角度、坡口面角度、根部间隙等尺寸。

3. 相同焊缝数量符号标在尾部。

4. 当标注的尺寸数据较多又不易分辨时，可在数据前面增加相应的尺寸符号

注：* 不完全熔化的卷边焊缝用 I 形焊缝符号来表示，并加注焊缝有效厚度 s。

表 1-40　焊缝符号应用举例（GB/T 324—2008 摘录）

序号	符　号	示　意　图	标　注　示　例	备　注
1	V			
2	Y			
3	◣			
4	X			
5	K			
6	⊻			
7	⋈			
8	◿			

第二章 材 料

一、黑色金属材料

表 2-1 钢的常用热处理方法及应用

名 称	说 明	应 用
退火（焖火）	退火是将钢件（或钢坯）加热到适当温度，保温一段时间，然后再缓慢地冷却下来（一般用炉冷）	用来消除铸、锻、焊零件的内应力，降低硬度，以易于切削加工，细化金属晶粒，改善组织，增加韧度
正火（正常化）	正火是将钢件加热到相变点以上 30~50 ℃，保温一段时间，然后在空气中冷却，冷却速度比退火快	用来处理低碳和中碳结构钢材及渗碳零件，使其组织细化，增加强度及韧度，减小内应力，改善切削性能
淬 火	淬火是将钢件加热到相变点以上某一温度，保温一段时间，然后放入水、盐水或油中（个别材料在空气中）急剧冷却，使其得到高硬度	用来提高钢的硬度和强度极限。但淬火时会引起内应力使钢变脆，所以淬火后必须回火
回 火	回火是将淬硬的钢件加热到相变点以下的某一温度，保温一段时间，然后在空气中或油中冷却下来	用来消除淬火后的脆性和内应力，提高钢的塑性和冲击韧度
调 质	淬火后高温回火	用来使钢获得高的韧度和足够的强度，很多重要零件是经过调质处理的
表面淬火	仅对零件表层进行淬火。使零件表层有高的硬度和耐磨性，而心部保持原有的强度和韧度	常用来处理轮齿的表面
时 效	将钢加热≤120~130 ℃，长时间保温后，随炉或取出在空气中冷却	用来消除或减小淬火后的微观应力，防止变形和开裂，稳定工件形状及尺寸以及消除机械加工的残余应力
渗 碳	使表面增碳，渗碳层深度 0.4~6 mm 或 >6 mm，硬度为 56~65 HRC	增加钢件的耐磨性能、表面硬度、抗拉强度及疲劳极限 适用于低碳、中碳（$w_C<0.40\%$）结构钢的中小型零件和大型的重负荷、受冲击、耐磨的零件
碳氮共渗	使表面增加碳与氮，扩散层深度较浅，为 0.02~3.0 mm；硬度高，在共渗层为 0.02~0.04 mm 时具有 66~70 HRC	增加结构钢、工具钢制件的耐磨性能、表面硬度和疲劳极限，提高刀具切削性能和使用寿命 适用于要求硬度高、热处理变形小、耐磨的中、小型及薄片的零件和刀具等
渗 氮	表面增氮，氮化层为 0.025~0.8 mm，而渗氮时间需 40~50 多小时，硬度很高（1 200 HV），耐磨、抗蚀性能高	增加钢件的耐磨性能、表面硬度、疲劳极限和抗蚀能力 适用于结构钢和铸铁件，如气缸套、气门座、机床主轴、丝杠等耐磨零件，以及在潮湿碱水和燃烧气体介质的环境中工作的零件，如水泵轴、排气阀等零件

表 2-2 常用热处理工艺及代号（GB/T 12603—2005 摘录）

工 艺	代 号	工 艺	代 号	工艺代号意义
退火	511	表面淬火和回火	521	
正火	512	感应淬火和回火	521-04	例：
调质	515	火焰淬火和回火	521-05	513 - O
淬火	513	渗碳	531	└─ 冷却介质（油）
空冷淬火	513-A	固体渗碳	531-09	
油冷淬火	513-O	盐浴（液体）渗碳	531-03	└─ 工艺名称（淬火）
水冷淬火	513-W	可控气氛（气体）渗碳	531-01	└─ 工艺类型（整体热处理）
感应加热淬火	513-04	渗氮	533	└─ 热处理
淬火和回火	514	碳氮共渗	532	

表 2-3　灰铸铁（GB/T 9439—2010 摘录）

牌号	铸件壁厚/mm >	铸件壁厚/mm ≤	最小抗拉强度 R_m 单铸试棒/MPa	铸件本体预期抗拉强度 R_m/MPa	应用举例
HT100	5	40	100		盖、外罩、油盘、手轮、手把、支架等
HT150	5	10	150	155	端盖、汽轮泵体、轴承座、阀壳、管及管路附件、手轮、一般机床底座、床身及其他复杂零件、滑座、工作台等
HT150	10	20	150	130	
HT150	20	40	150	110	
HT200	5	10	200	205	气缸、齿轮、底架、箱体、飞轮、齿条、衬套、一般机床铸有导轨的床身及中等压力（8 MPa 以下）的油缸、液压泵和阀的壳体等
HT200	10	20	200	180	
HT200	20	40	200	155	
HT225	5	10	225	230	
HT225	10	20	225	200	
HT225	20	40	225	170	
HT250	5	10	250	250	阀壳、油缸、气缸、箱体、齿轮、齿轮箱体、飞轮、衬套、凸轮、轴承座等
HT250	10	20	250	225	
HT250	20	40	250	195	
HT275	10	20	275	250	
HT275	20	40	275	220	
HT300	10	20	300	270	齿轮、凸轮、车床卡盘、剪床及压力机的床身、导板、转塔自动车床及其他重负荷机床铸有导轨的床身、高压油缸、液压泵和滑阀的壳体等
HT300	20	40	300	240	
HT350	10	20	350	315	
HT350	20	40	350	280	

表 2-4　球墨铸铁（GB/T 1348—2009 摘录）

牌号	抗拉强度 R_m /MPa(min)	屈服强度 $R_{p0.2}$ /MPa(min)	断后伸长率 A/%(min)	布氏硬度/ HBW	用途
QT350-22	350	220	22	≤160	减速器箱体、管、阀体、阀座、压缩机气缸、拨叉、离合器壳体等
QT400-18	400	250	18	120~175	
QT400-15	400	250	15	120~180	
QT450-10	450	310	10	160~210	油泵齿轮、阀体、车辆轴瓦、凸轮、犁铧、减速器箱体、轴承座等
QT500-7	500	320	7	170~230	
QT550-5	550	350	5	180~250	
QT600-3	600	370	3	190~270	曲轴、凸轮轴、齿轮轴、机床主轴、缸体、缸套、连杆、矿车轮、农机零件等
QT700-2	700	420	2	225~305	
QT800-2	800	480	2	245~335	
QT900-2	900	600	2	280~360	曲轴、凸轮轴、连杆、拖拉机链轨板等

表 2-5　一般工程用铸造碳钢（GB/T 11352—2009 摘录）

牌　号	抗拉强度 R_m /MPa	屈服强度 $R_{eH}(R_{p0.2})$ /MPa	断后伸长率 A /%	断面收缩率 Z /%	冲击吸收功 A_{KV} /J	正火回火/HBW	表面淬火/HRC	应用举例
				根据合同选择		硬　度		
	最　小　值							
ZG200-400	400	200	25	40	30			各种形状的机件,如机座、变速箱壳等
ZG230-450	450	230	22	32	25	≥131		铸造平坦的零件,如机座、机盖、箱体、铁砧台,工作温度在450℃以下的管路附件等。焊接性良好
ZG270-500	500	270	18	25	22	≥143	40~45	各种形状的机件,如飞轮、机架、蒸汽锤、桩锤、联轴器、水压机工作缸、横梁等。焊接性尚可
ZG310-570	570	310	15	21	15	≥153	40~50	各种形状的机件,如联轴器、气缸、齿轮、齿轮圈及重负荷机架等
ZG340-640	640	340	10	18	10	169~229	45~55	起重运输机中的齿轮、联轴器及重要的机件等

注：1. 各牌号铸钢的性能,适用于厚度为 100 mm 以下的铸件,当厚度超过 100 mm 时,仅表中规定的 $R_{p0.2}$ 屈服强度可供设计使用;

　　2. 表中力学性能的试验环境温度为（20±10）℃;

　　3. 表中硬度值非 GB/T 11352—2009 内容,仅供参考。

表 2-6　碳素结构钢（GB/T 700—2006 摘录）

牌号	等级	屈服强度 R_{eH}/MPa ≤16	>16~40	>40~60	>60~100	>100~150	>150	抗拉强度 R_m/MPa	断后伸长率 A/% ≤40	>40~60	>60~100	>100~150	>150~200	温度 /℃	V型冲击吸收功(纵向) A_{KV}/J	应用举例
		力　学　性　能（钢材厚度(直径)/mm，不小于）							钢材厚度(直径)/mm，不小于					冲击试验（不小于）		
Q195	—	(195)	(185)	—	—	—	—	315~390	33	—	—	—	—	—	—	塑性好,常用其轧制薄板、轧制线材、制钉和焊接钢管
Q215	A	215	205	195	185	175	165	335~410	31	30	29	27	26	—	—	金属结构件、拉杆、套圈、铆钉、螺栓、短轴、心轴、凸轮(载荷不大的)、垫圈、渗碳零件及焊接件
	B													20	27	
Q235	A	235	225	215	205	195	185	375~460	26	25	24	22	21	—	—	金属结构构件,心部强度要求不高的渗碳或碳氮共渗零件、吊钩、拉杆、套圈、气缸、齿轮、螺栓、螺母、连杆、轮轴、楔、盖及焊接件等
	B													20	27	
	C													0		
	D													−20		
Q275	A	275	265	255	245	235	225	410~540	22	21	20	18	17	—	—	轴、轴销、刹车杆、螺母、螺栓、垫圈、连杆、齿轮以及其他强度较高的零件,焊接性尚可
	B													20	27	
	C													—		
	D													−20		

注：括号内的数值仅供参考。表中 A、B、C、D 为 4 种质量等级。

表 2-7　优质碳素结构钢（GB/T 699—2015 摘录）

牌号	推荐热处理/℃			试样毛坯尺寸/mm	力学性能					钢材交货状态硬度/HBW 不大于		应用举例
	正火	淬火	回火		抗拉强度 R_m /MPa	下屈服强度 R_{eL} /MPa	断后伸长率 A /%	断面收缩率 Z /%	冲击吸收能量 KU_2 /J	未热处理钢	退火钢	
					不小于							
08	930			25	325	195	33	60		131		用于需塑性好的零件,如管子、垫片、垫圈;心部强度要求不高的渗碳和碳氮共渗零件,如套筒、短轴、挡块、支架、靠模、离合器盘
10	930			25	335	205	31	55		137		用于制造拉杆、卡头、钢管垫片、垫圈、铆钉。这种钢无回火脆性,焊接性好,用来制造焊接零件
15	920			25	375	225	27	55		143		用于受力不大、韧性要求较高的零件、渗碳零件、紧固件、冲模锻件及不需要热处理的低负荷零件,如螺栓、螺钉、拉条、法兰盘及化工贮器、蒸汽锅炉
20	910			25	410	245	25	55		156		用于不经受很大应力而要求很大韧性的机械零件,如杠杆、轴套、螺钉、起重钩等。也用于制造压力<6 MPa、温度<450 ℃,在非腐蚀介质中使用的零件,如管子、导管等。还可用于表面硬度高而心部强度要求不大的渗碳与氰化零件
25	900	870	600	25	450	275	23	50	71	170		用于制造焊接设备,以及经锻造、热冲压和机械加工的不承受高应力的零件,如轴、辊子、连接器、垫圈、螺栓、螺钉及螺母
35	870	850	600	25	530	315	20	45	55	197		用于制造曲轴、转轴、轴销、杠杆、连杆、横梁、链轮、圆盘、套筒钩环、垫圈、螺钉、螺母。这种钢多在正火和调质状态下使用,一般不作焊接
40	860	840	600	25	570	335	19	45	47	217	187	用于制造辊子、轴、曲柄销、活塞杆、圆盘
45	850	840	600	25	600	355	16	40	39	229	197	用于制造齿轮、齿条、链轮、轴、键、销、蒸汽透平机的叶轮、压缩机及泵的零件、轧辊等。可代替渗碳钢做齿轮、轴、活塞销等,但要经高频或火焰表面淬火
50	830	830	600	25	630	375	14	40	31	241	207	用于制造齿轮、拉杆、轧辊、轴、圆盘
55	820			25	645	380	13	35		255	217	用于制造齿轮、连杆、轮缘、扁弹簧及轧辊等
60	810			25	675	400	12	35		255	229	用于制造轧辊、轴、轮箍、弹簧、弹簧垫圈、离合器、凸轮、钢绳等
20Mn	910			25	450	275	24	50		197		用于制造凸轮轴、齿轮、联轴器、铰链、拖杆等
30Mn	880	860	600	25	540	315	20	45	63	217	187	用于制造螺栓、螺母、螺钉、杠杆及刹车踏板等

牌号	推荐热处理/℃			试样毛坯尺寸/mm	力学性能					钢材交货状态硬度/HBW 不大于		应用举例
	正火	淬火	回火		抗拉强度 R_m	下屈服强度 R_{eL}	断后伸长率 A	断面收缩率 Z	冲击吸收能量 KU_2	未热处理	退火钢	
					/MPa		/%		/J			
					不 小 于							
40Mn	860	840	600	25	590	355	17	45	47	229	207	用以制造承受疲劳负荷的零件,如轴、万向联轴器、曲轴、连杆及在高应力下工作的螺栓、螺母等
50Mn	830	830	600	25	645	390	13	40	31	255	217	用于制造耐磨性要求很高、在高负荷作用下的热处理零件,如齿轮、齿轮轴、摩擦盘、凸轮和截面在80 mm以下的心轴等
60Mn	810			25	690	410	11	35		269	229	适于制造弹簧、弹簧垫圈、弹簧环和片以及冷拔钢丝(≤7 mm)和发条

注:表中所列正火推荐保温时间不少于30 min,空冷;淬火推荐保温时间不少于30 min,水冷;回火推荐保温时间不少于1 h。

表 2-8　弹簧钢(GB/T 1222—2016摘录)

牌号	热处理温度			力学性能				交货状态硬度/HBW 不大于		应用举例
	淬火温度/℃	淬火介质	回火温度/℃	抗拉强度 R_m	下屈服强度 R_{eL}	断后伸长率 A $A_{11.3}$	断面收缩率 Z	热轧	冷拉+热处理	
				/MPa		/%				
				不小于						
65	840	油	500	980	785	9	35	285	321	调压调速弹簧,柱塞弹簧,测力弹簧,一般机械的圆、方螺旋弹簧
70	830		480	1 030	835	8	30			
65Mn	830	油	540	980	785	8	30	302	321	小尺寸的扁、圆弹簧,坐垫弹簧,发条、离合器簧片,弹簧环,刹车弹簧
55SiMnVB	860	油	460	1 375	1 225	5	30	321	321	汽车、拖拉机、机车的减震板簧和螺旋弹簧、气缸安全阀簧,止回阀簧,250 ℃以下使用的耐热弹簧
55SiCr			450	1 450	1 300	6	25			
60Si2Mn	870		440	1 570	1 375		20			
55CrMn	840	油	485	1 225	1 080 ($R_{p0.2}$)	9	20	321	321	用于车辆、拖拉机上负荷较重、应力较大的板簧和直径较大的螺旋弹簧
60CrMn			490							
60Si2Cr	870	油	420	1 765	1 570	6	20	321 (热轧+热处理)	321	用于高应力及温度在(300~350)℃以下使用的弹簧,如调速器、破碎机、汽轮机汽封用弹簧
60Si2CrV	850		410	1 860	1 665					

注:1. 表中所列性能适用于截面尺寸≤80 mm的钢材,对>80 mm的钢材允许其A、Z值较表内规定分别降低1个单位及5个单位;

2. 除规定热处理上下限外,表中热处理允许偏差为:淬火±20 ℃,回火±50 ℃。

表 2-9　合金结构钢（GB/T 3077—2015 摘录）

牌号	热处理				试样毛坯尺寸 /mm	力学性能					钢材退火或高温回火供应状态布氏硬度 /HBW 不大于	特性及应用举例
	淬火		回火			抗拉强度 R_m	下屈服强度 R_{eL}	断后伸长率 A	断面收缩率 Z	冲击吸收能量 KU_2		
	温度 /℃	冷却剂	温度 /℃	冷却剂		/MPa		/%		/J		
						≥						
20Mn2	850 880	水、油 水、油	200 440	水、空 水、空	15	785	590	10	40	47	187	截面小时与 20 Cr 相当,用于做渗碳小齿轮、小轴、钢套、链板等,渗碳淬火后硬度 56~62 HRC
35Mn2	840	水	500	水	25	835	685	12	45	55	207	对于截面较小的零件可代替 40 Cr,可做直径 ≤15 mm 的重要用途的冷镦螺栓及小轴等,表面淬火后硬度 40~50 HRC
45Mn2	840	油	550	水、油	25	885	735	10	45	47	217	用于制造在较高应力与磨损条件下的零件。在直径 ≤60 mm 时,与 40 Cr 相当。可做万向联轴器、齿轮、齿轮轴、蜗杆、曲轴、连杆、花键轴和摩擦盘等,表面淬火后硬度 45~55 HRC
35SiMn	900	水	570	水、油	25	885	735	15	45	47	229	除了要求低温(−20 ℃ 以下)及冲击韧性很高的情况外,可全面代替 40 Cr 作调质钢,亦可部分代替 40 CrNi,可做中小型轴类、齿轮等零件以及在 430 ℃ 以下工作的重要紧固件,表面淬火后硬度 45~55 HRC
42SiMn	880	水	590	水	25	885	735	15	40	47	229	与 35 SiMn 钢同。可代替 40 Cr、34 CrMo 钢做大齿圈。适于作表面淬火件,表面淬火后硬度 45~55 HRC
20MnV	880	水、油	200	水、空	15	785	590	10	40	55	187	相当于 20 CrNi 的渗碳钢,渗碳淬火后硬度 56~62 HRC
40MnB	850	油	500	水、油	25	980	785	10	45	47	207	可代替 40 Cr 做重要调质件,如齿轮、轴、连杆、螺栓等
37SiMn2MoV	870	水、油	650	水、空	25	980	835	12	50	63	269	可代替 34 CrNiMo 等做高强度重负荷轴、曲轴、齿轮、蜗杆等零件,表面淬火后硬度 50~55 HRC
20CrMnTi	第一次 880 第二次 870	油	200	水、空	15	1 080	850	10	45	55	217	强度、韧性均高,是铬镍钢的代用品。用于承受高速、中等或重负荷以及冲击磨损等的重要零件,如渗碳齿轮、凸轮等,渗碳淬火后硬度 56~62 HRC
20CrMnMo	850	油	200	水、空	15	1 180	885	10	45	55	217	用于要求表面硬度高、耐磨、心部有较高强度、韧性的零件,如传动齿轮和曲轴等,渗碳淬火后硬度 56~62 HRC

牌号	热处理				试样毛坯尺寸 /mm	力学性能					钢材退火或高温回火供应状态布氏硬度 /HBW 不大于	特性及应用举例
	淬火		回火			抗拉强度 R_m	下屈服强度 R_{eL}	断后伸长率 A	断面收缩率 Z	冲击吸收能量 KU_2		
	温度 /℃	冷却剂	温度 /℃	冷却剂		/MPa		/%		/J		
						≥						
38CrMoAl	940	水、油	640	水、油	30	980	835	14	50	71	229	用于要求高耐磨性、高疲劳强度和相当高的强度且热处理变形最小的零件,如镗杆、主轴、蜗杆、齿轮、套筒、套环等,渗氮后表面硬度1 100 HV
20Cr	第一次 880 第二次 780~820	水、油	200	水、空	15	835	540	10	40	47	179	用于要求心部强度较高,承受磨损、尺寸较大的渗碳零件,如齿轮、齿轮轴、蜗杆、凸轮、活塞销等;也用于速度较大受中等冲击的调质零件,渗碳淬火后硬度56~62 HRC
40Cr	850	油	520	水、油	25	980	785	9	45	47	207	用于承受交变负荷、中等速度、中等负荷、强烈磨损而无很大冲击的重要零件,如重要的齿轮、轴、曲轴、连杆、螺栓、螺母等零件,并用于直径大于400 mm要求低温冲击韧性的轴与齿轮等,表面淬火后硬度48~55 HRC
20CrNi	850	水、油	460	水、油	25	785	590	10	50	63	197	用于制造承受较高载荷的渗碳零件,如齿轮、轴、花键轴、活塞销等
40CrNi	820	油	500	水、油	25	980	785	10	45	55	241	用于制造要求强度高、韧性高的零件,如齿轮、轴、链条、连杆等
40CrNiMo	850	油	600	水、油	25	980	835	12	55	78	269	用于特大截面的重要调质件,如机床主轴、传动轴、转子轴等

表 2-10 非调质机械结构钢(GB/T 15712—2016 摘录)

序号	牌号	钢材直径或边长 /mm	抗拉强度 R_m/MPa	下屈服强度 R_{eL}/MPa	断后伸长率 A/%	断面收缩率 Z/%
1	F35VS	≤40	≥590	≥390	≥18	≥40
2	F40VS	≤40	≥640	≥420	≥16	≥35
3	F45VS	≤40	≥685	≥440	≥15	≥30
4	F30MnVS	≤60	≥700	≥450	≥14	≥30
5	F35MnVS	≤40	≥735	≥460	≥17	≥35
6	F38MnVS	≤60	≥800	≥520	≥12	≥25
7	F40MnVS	≤40	≥785	≥490	≥15	≥33
8	F45MnVS	≤40	≥835	≥510	≥13	≥28

二、型钢及型材

表 2-11 冷轧钢板和钢带（GB/T 708—2006 摘录）

mm

公称厚度	厚度允许偏差					
	普通精度 PT.A			较高精度 PT.B		
	公称宽度			公称宽度		
	≤1 200	>1 200~1 500	>1 500	≤1 200	>1 200~1 500	>1 500
≤0.40	±0.04	±0.05	±0.06	±0.025	±0.035	±0.045
>0.40~0.60	±0.05	±0.06	±0.07	±0.035	±0.045	±0.050
>0.60~0.80	±0.06	±0.07	±0.08	±0.040	±0.050	±0.050
>0.80~1.00	±0.07	±0.08	±0.09	±0.045	±0.060	±0.060
>1.00~1.20	±0.08	±0.09	±0.10	±0.055	±0.070	±0.070
>1.20~1.60	±0.10	±0.11	±0.11	±0.070	±0.080	±0.080
>1.60~2.00	±0.12	±0.13	±0.13	±0.080	±0.090	±0.090

注：1. 钢板和钢带的公称厚度 0.3~4.00 mm；

2. 钢板和钢带的公称宽度 600~2 050 mm；

3. 钢板和钢带的公称厚度在规定范围内，公称厚度小于 1 mm 的钢板和钢带按 0.05 mm 倍数的任何尺寸，公称厚度不小于 1 mm 的钢板和钢带按 0.1 mm 倍数的任何尺寸；

4. 钢板和钢带的公称宽度在规定范围内，按 10 mm 倍数的任何尺寸。

表 2-12 热轧钢板和钢带（GB/T 709—2006 摘录）

mm

公称厚度	下列公称宽度单轧钢板（N 类）的厚度允许偏差			
	≤1 500	>1 500~2 500	>2 500~4 000	>4 000~4 800
3.00~5.00	±0.45	±0.55	±0.65	—
>5.00~8.00	±0.50	±0.60	±0.75	—
>8.00~15.0	±0.55	±0.65	±0.80	±0.90
>15.0~25.0	±0.65	±0.75	±0.90	±1.10
>25.0~40.0	±0.70	±0.80	±1.00	±1.20
>40.0~60.0	±0.80	±0.90	±1.10	±1.30
>60.0~100	±0.90	±1.10	±1.30	±1.50
>100~150	±1.20	±1.40	±1.60	±1.80
>150~200	±1.40	±1.60	±1.80	±1.90
>200~250	±1.60	±1.80	±2.00	±2.20
>250~300	±1.80	±2.00	±2.20	±2.40
>300~400	±2.00	±2.20	±2.40	±2.60

注：1. 单轧钢板公称厚度 3~400 mm，公称宽度 600~4 800 mm；

2. 钢带公称厚度 0.8~25.4 mm；公称宽度 600~2 200 mm；

3. 单轧钢板公称厚度在规定范围内，厚度小于 30 mm 的钢板按 0.5 mm 倍数的任何尺寸，厚度不小于 30 mm 的钢板按 1 mm 倍数的任何尺寸；

4. 单轧钢板的公称宽度在规定范围内，按 10 mm 或 50 mm 倍数的任何尺寸；

5. 钢带（包括连轧钢板）的公称厚度在规定范围内，按 0.1 mm 倍数的任何尺寸；

6. 钢带（包括连轧钢板）的公称宽度在规定范围内，按 10 mm 倍数的任何尺寸。

表 2-13 热轧圆钢直径和方钢边长尺寸（GB/T 702—2008 摘录）　　　　　mm

5.5	6	6.5	7	8	9	10	11	12	13	14	15	16	17	18	19	20	21
22	23	24	25	26	27	28	29	30	31	32	33	34	35	36	38	40	42
45	48	50	53	55	56	58	60	63	65	68	70	75	80	85	90	95	100
105	110	115	120	125	130	135	140	145	150	155	160	165	170	180	190	200	210
220	230	240	250	260	270	280	290	300	310								

注：1. 本标准适用于直径为 5.5~310 mm 的热轧圆钢和边长为 5.5~200 mm 的热轧方钢。

　　2. 普通质量钢的长度为 4~10 m（截面尺寸≤25 mm），3~9 m（截面尺寸>25 mm）；工具钢（截面尺寸>75 mm）的长度为 1~6 m，优质及特殊质量钢长度为 2~7 m。

表 2-14 热轧等边角钢（GB/T 706—2016 摘录）

J—惯性矩
i—惯性半径

规格表示方法：
"∠"与边宽度值×边宽度值×边厚度值
如：∠200×200×24（简记为∠200×24）

角钢号数	尺寸/mm			截面面积 /cm²	参考数值 x—x		重心距离 Z_0/cm	角钢号数	尺寸/mm			截面面积 /cm²	参考数值 x—x		重心距离 Z_0/cm
	b	d	r		J_x/cm⁴	i_x/cm			b	d	r		J_x/cm⁴	i_x/cm	
2	20	3	3.5	1.132	0.40	0.59	0.60	7	70	4	8	5.570	26.4	2.18	1.86
		4		1.459	0.50	0.58	0.64			5		6.86	32.2	2.16	1.91
2.5	25	3		1.432	0.82	0.76	0.73			6		8.160	37.8	2.15	1.95
		4		1.859	1.03	0.74	0.76			7		9.424	43.1	2.14	1.99
3	30	3		1.749	1.46	0.91	0.85			8		10.67	48.2	2.12	2.03
		4		2.276	1.84	0.90	0.89	7.5	75	5	9	7.412	40.0	2.33	2.04
3.6	36	3	4.5	2.109	2.58	1.11	1.00			6		8.797	47.0	2.31	2.07
		4		2.756	3.29	1.09	1.04			7		10.16	53.6	2.30	2.11
		5		3.382	3.95	1.08	1.07			8		11.50	60.0	2.28	2.15
4	40	3	5	2.359	3.59	1.23	1.09			10		14.13	72.0	2.26	2.22
		4		3.086	4.60	1.22	1.13	8	80	5	9	7.912	48.8	2.48	2.15
		5		3.792	5.53	1.21	1.17			6		9.397	57.4	2.47	2.19
4.5	45	3	5	2.659	5.17	1.40	1.22			7		10.86	65.6	2.46	2.23
		4		3.486	6.65	1.38	1.26			8		12.30	73.5	2.44	2.27
		5		4.292	8.04	1.37	1.30			10		15.13	88.4	2.42	2.35
		6		5.077	9.33	1.36	1.33	9	90	6	10	10.64	82.8	2.79	2.44
5	50	3	5.5	2.971	7.18	1.55	1.34			7		12.30	94.8	2.78	2.48
		4		3.897	9.26	1.54	1.38			8		13.94	106	2.76	2.52
		5		4.803	11.2	1.53	1.42			10		17.17	129	2.74	2.59
		6		5.688	13.1	1.52	1.46			12		20.31	149	2.71	2.67
5.6	56	3	6	3.343	10.2	1.75	1.48			6		11.93	115	3.10	2.67
		4		4.390	13.2	1.73	1.53			7		13.80	132	3.09	2.71
		5		5.415	16.0	1.72	1.57			8		15.64	148	3.08	2.76
		8		8.367	23.6	1.68	1.68	10	100	10	12	19.26	180	3.05	2.84
6.3	63	4	7	4.978	19.0	1.96	1.70			12		22.80	209	3.03	2.91
		5		6.143	23.2	1.94	1.74			14		26.26	237	3.00	2.99
		6		7.288	27.1	1.93	1.78			16		29.63	263	2.98	3.06
		8		9.515	34.5	1.90	1.85								
		10		11.66	41.1	1.88	1.93								

注：1. 角钢长度为：角钢号 2~9，长度 4~12 m；角钢号 10~14，长度 4~19 m。

　　2. $r_1 = \dfrac{1}{3}d$。

表 2-15 热轧槽钢（GB/T 706—2016 摘录）

W_x, W_y—截面系数

规格表示方法：

"["与高度值×腿宽度值×腰厚度值；

如：[200 × 75 × 9（简记为 [20b）。

型号	尺寸/mm h	b	d	t	r	r1	截面面积/cm²	W_x/cm³	W_y/cm³	重心距离 Z_0/cm
5	50	37	4.5	7.0	7.0	3.5	6.925	10.4	3.55	1.35
6.3	63	40	4.8	7.5	7.5	3.8	8.446	16.1	4.50	1.36
8	80	43	5.0	8.0	8.0	4.0	10.24	25.3	5.79	1.43
10	100	48	5.3	8.5	8.5	4.2	12.74	39.7	7.80	1.52
12.6	126	53	5.5	9.0	9.0	4.5	15.69	62.1	10.2	1.59
14a	140	58	6.0	9.5	9.5	4.8	18.51	80.5	13.0	1.71
14b	140	60	8.0	9.5	9.5	4.8	21.31	87.1	14.1	1.67
16a	160	63	6.5	10.0	10.0	5.0	21.95	108	16.3	1.80
16b	160	65	8.5	10.0	10.0	5.0	25.15	117	17.6	1.75
18a	180	68	7.0	10.5	10.5	5.2	25.69	141	20.0	1.88
18b	180	70	9.0	10.5	10.5	5.2	29.29	152	21.5	1.84
20a	200	73	7.0	11.0	11.0	5.5	28.83	178	24.2	2.01
20b	200	75	9.0	11.0	11.0	5.5	32.83	191	25.9	1.95
22a	220	77	7.0	11.5	11.5	5.8	31.83	218	28.2	2.10
22b	220	79	9.0	11.5	11.5	5.8	36.23	234	30.1	2.03
25a	250	78	7.0	12.0	12.0	6.0	34.91	270	30.6	2.7
25b	250	80	9.0	12.0	12.0	6.0	39.91	282	32.7	1.98
25c	250	82	11.0	12.0	12.0	6.0	44.91	295	35.9	1.92
28a	280	82	7.5	12.5	12.5	6.2	40.02	340	35.7	2.10
28b	280	84	9.5	12.5	12.5	6.2	45.62	366	37.9	2.02
28c	280	86	11.5	12.5	12.5	6.2	51.22	393	40.3	1.95
32a	320	88	8.0	14.0	14.0	7.0	48.50	475	46.5	2.24
32b	320	90	10.0	14.0	14.0	7.0	54.90	509	49.2	2.16
32c	320	92	12.0	14.0	14.0	7.0	61.30	543	52.6	2.09
36a	360	96	9.0	16.0	16.0	8.0	60.89	660	63.5	2.44
36b	360	98	11.0	16.0	16.0	8.0	68.09	703	66.9	2.37
36c	360	100	13.0	16.0	16.0	8.0	75.29	746	70.0	2.34

注：槽钢长度：型号 5~8，长度为 5~12 m；型号 10~18，长度为 5~19 m；型号 20~36，长度为 6~19 m。

表 2-16 热轧工字钢（GB/T 706—2016 摘录）

W_x, W_y—截面系数

规格表示方法：

"I"与高度值×腿宽度值×腰厚度值；

如：I450×150×11.5（简记为 I45a）。

型号	尺寸/mm h	b	d	t	r	r1	截面面积/cm²	W_x/cm³	W_y/cm³
10	100	68	4.5	7.6	6.5	3.3	14.33	49.0	9.72
12.6	126	74	5.0	8.4	7.0	3.5	18.10	77.5	12.7
14	140	80	5.5	9.1	7.5	3.8	21.50	102	16.1
16	160	88	6.0	9.9	8.0	4.0	26.11	141	21.2
18	180	94	6.5	10.7	8.5	4.3	30.74	185	26.0
20a	200	100	7.0	11.4	9.0	4.5	35.55	237	31.5
20b	200	102	9.0	11.4	9.0	4.5	39.55	250	33.1
22a	220	110	7.5	12.3	9.5	4.8	42.10	309	40.9
22b	220	112	9.5	12.3	9.5	4.8	46.50	325	42.7
25a	250	116	8.0	13.0	10.0	5.0	48.51	402	48.3
25b	250	118	10.0	13.0	10.0	5.0	53.51	423	52.4
28a	280	122	8.5	13.7	10.5	5.3	55.37	508	56.6
28b	280	124	10.5	13.7	10.5	5.3	60.97	534	61.2
32a	320	130	9.5	15.0	11.5	5.8	67.12	692	70.8
32b	320	132	11.5	15.0	11.5	5.8	73.52	726	76.0
32c	320	134	13.5	15.0	11.5	5.8	79.92	760	81.2
36a	360	136	10.0	15.8	12.0	6.0	76.44	875	81.2
36b	360	138	12.0	15.8	12.0	6.0	83.64	919	84.3
36c	360	140	14.0	15.8	12.0	6.0	90.84	962	87.4
40a	400	142	10.5	16.5	12.5	6.3	86.07	1 090	93.2
40b	400	144	12.5	16.5	12.5	6.3	94.07	1 140	96.2
40c	400	146	14.5	16.5	12.5	6.3	102.1	1 190	99.6
45a	450	150	11.5	18.0	13.5	6.8	102.4	1 430	114
45b	450	152	13.5	18.0	13.5	6.8	111.4	1 500	118
45c	450	154	15.5	18.0	13.5	6.8	120.4	1 570	122
50a	500	158	12.0	20.0	14.0	7.0	119.2	1 860	142
50b	500	160	14.0	20.0	14.0	7.0	129.2	1 940	146
50c	500	162	16.0	20.0	14.0	7.0	139.2	2 080	151

注：工字钢长度：型号 10~18，长度为 5~19 m；型号 20~50，长度为 6~19 m。

三、有色金属材料

表 2-17　铸造铜合金、铸造铝合金和铸造轴承合金

合金牌号	合金名称（或代号）	铸造方法	合金状态	力学性能（不低于）			应用举例
				抗拉强度 R_m	屈服强度 $R_{p0.2}$	断后伸长率 A	布氏硬度 /HBW
				/MPa		/%	

合金牌号	合金名称（或代号）	铸造方法	合金状态	R_m /MPa	$R_{p0.2}$ /MPa	A /%	布氏硬度 /HBW	应用举例
铸造铜合金（GB/T 1176—2013 摘录）								
ZCuSn5Pb5Zn5	5-5-5 锡青铜	S、J、R Li、La		200 250	90 100	13	60 65	较高负荷、中速下工作的耐磨耐蚀件，如轴瓦、衬套、缸套及蜗轮等
ZCuSn10P1	10-1 锡青铜	S、R J Li La		220 310 330 360	130 170 170 170	3 2 4 6	80 90 90 90	高负荷（20 MPa 以下）和高滑动速度（8 m/s）下工作的耐磨件，如连杆、衬套、轴瓦、蜗轮等
ZCuSn10Pb5	10-5 锡青铜	S J		195 245		10	70	耐蚀、耐酸件及破碎机衬套、轴瓦等
ZCuPb17Sn4Zn4	17-4-4 铅青铜	S J		150 175		5 7	55 60	一般耐磨件、轴承等
ZCuAl10Fe3	10-3 铝青铜	S J Li、La		490 540 540	180 200 200	13 15 15	100 110 110	要求强度高、耐磨、耐蚀的零件，如轴套、螺母、蜗轮、齿轮等
ZCuAl10Fe3Mn2	10-3-2 铝青铜	S、R J		490 540		15 20	110 120	
ZCuZn38	38 黄铜	S J		295	95	30	60 70	一般结构件和耐蚀件，如法兰、阀座、螺母等
ZCuZn40Pb2	40-2 铅黄铜	S、R J		220 280	95 120	15	80 90	一般用途的耐磨、耐蚀件，如轴套、齿轮等
ZCuZn38Mn2Pb2	38-2-2 锰黄铜	S J		245 345		10 18	70 80	一般用途的结构件，如套筒、衬套、轴瓦、滑块等
ZCuZn16Si4	16-4 硅黄铜	S、R J		345 390	180	15 20	90 100	接触海水工作的管配件以及水泵、叶轮等
铸造铝合金（GB/T 1173—2013 摘录）								
ZAlSi12	ZL102 铝硅合金	SB、JB、RB、KB J	F T2 F T2	145 135 155 145		4 2 3	50	气缸活塞以及高温工作的承受冲击载荷的复杂薄壁零件
ZAlSi9Mg	ZL104 铝硅合金	S、J、R、K J SB、RB、KB J、JB	F T1 T6 T6	150 200 230 240		2 1.5 2 2	50 65 70 70	形状复杂的高温静载荷或受冲击作用的大型零件，如扇风机叶片、水冷气缸头
ZAlMg5Si	ZL303 铝镁合金	S、J、R、K	F	145		1	55	高耐蚀性或在高温度下工作的零件
ZAlZn11Si7	ZL401 铝锌合金	S、R、K J	T1	195 245		2 1.5	80 90	铸造性能较好，可不热处理，用于形状复杂的大型薄壁零件，耐蚀性差
铸造轴承合金（GB/T 1174—1992 摘录）								
ZSnSb12Pb10Cu4	锡基轴承合金	J					29	汽轮机、压缩机、机车、发电机、球磨机、轧机减速器、发动机等各种机器的滑动轴承衬
ZSnSb11Cu6		J					27	
ZSnSb8Cu4		J					24	
ZPbSb16Sn16Cu2	铅基轴承合金	J					30	
ZPbSb15Sn10		J					24	
ZPbSb15Sn5		J					20	

注：1. 铸造方法代号：S—砂型铸造；J—金属型铸造；Li—离心铸造；La—连续铸造；R—熔模铸造；K—壳型铸造；B—变质处理。
　　2. 合金状态代号：F—铸态；T1—人工时效；T2—退火；T6—固溶处理加人工完全时效。

表 2-18　铜及铜合金拉制棒材的力学性能（GB/T 4423—2007 摘录）

牌号	状态	直径、对边距/mm	抗拉强度 R_m/MPa	断后伸长率 A/%	牌号	状态	直径、对边距/mm	抗拉强度 R_m/MPa	断后伸长率 A/%
			不小于					不小于	
T2 T3	Y	3~40	275	10	H65	Y	3~40	390	
		40~60	245	12		M	3~40	295	44
		60~80	210	16	H62	Y_2	3~30	370	18
	M	3~80	200	40			40~80	335	24
TU1 TU2 TP2	Y	3~80			H68	Y_2	3~12	370	18
							12~40	315	30
							40~80	295	34
H96	Y	3~40	275	8		M	13~35	295	50
		40~60	245	10	HPb61-1	Y_2	3~20	390	11
		60~80	205	14	HPb59-1	Y_2	3~20	420	12
	M	3~80	200	40			20~40	390	14
H90	Y	3~40	330				40~80	370	19
H80	Y	3~40	390		HPb61-0.1 H63	Y_2	3~20	370	18
	M	3~40	275	50			20~40	340	21

表 2-19　铜及铜合金板材的力学性能（GB/T 2040—2008 摘录）

牌号	状态	厚度/mm	抗拉强度 R_m/MPa(min)	断后伸长率 A/%(min)	牌号	状态	厚度/mm	抗拉强度 R_m/MPa(min)	断后伸长率 A/%(min)
T2	R	4~14	≥195	≥30	H80	M	0.3~10	≥265	≥50
T3	M		≥205	≥30		Y		≥390	≥3
TP1	Y_1		215~275	≥25	H70	R	4~14	≥290	≥40
TP2	Y_2	0.3~10	245~345	≥8		M		≥290	≥40
TU1	Y		295~380		H70	Y_1		325~410	≥35
TU2	T		≥350		H68	Y_2	0.3~10	355~440	≥25
H96	M	0.3~10	≥215	≥30	H65	Y		410~540	≥10
	Y		≥320	≥3		T		520~620	≥3
H90	M	0.3~10	≥245	≥35		TY		≥570	
	Y_2		305~380	≥5		R	4~14	≥290	≥30
	Y		≥390	≥3	H63 H62	M		≥290	≥35
H85	M	0.3~10	≥260	≥35		Y_1	0.3~10	350~470	≥20
	Y_2		305~380	≥15		Y		410~630	≥10
	Y		≥350	≥3		T		≥585	≥2.5

注：状态 Y—硬；M—软；Y_2—半硬；T—特硬；R—热加工状态。

表 2-20　铝及铝合金挤压棒材的力学性能（GB/T 3191—2010 摘录）

牌号	状态	直径、对边距/mm	抗拉强度 R_m/MPa	断后伸长率 A/%	牌号	状态	直径、对边距/mm	抗拉强度 R_m/MPa	断后伸长率 A/%
			不小于					不小于	
3003	H112	≤250	90	25	2A06	T1、T6	>22~100	440	9
5A03	H112	≤150	175	13			>100~150	430	10
5A05	H112	≤150	265	15	6A02		≤150	295	12
5A06	H112	≤150	315	15	2A50		≤150	355	12
5A12	H112	≤150	370	15	2A14		≤22	440	10
2A11	T1、T4	≤150	370	12			>22~150	450	10
2A12	T1、T4	≤22	390	12	6061	T6	≤150	260	9
		>22~150	420	12		T4	≤150	180	14
2A13		≤22	315	4	6063	T5	≤200	175	8
		>22~150	345	4		T6	≤150	215	10
2A02	T1、T6	≤150	430	10			>150~200	195	10
2A16		≤150	355	8	7A04	T1、T6	≤22	490	7
2A06		≤22	430	10	7A09		>22~150	530	6

表 2-21　铝及铝合金板带的力学性能（GB/T 3880.2—2012 摘录）

牌号	状态	抗拉强度 R_m/MPa	牌号	状态	抗拉强度 R_m/MPa	牌号	状态	抗拉强度 R_m/MPa
1070	O	55~95	3005	O、H111	115~165	5A03	O	195
	H12	70~100		H12	145~195		H14、H24	225
	H14	85~120		H14	170~215		H112	165~185
	H16	100~135		H16	195~240	5A05	O	275
	H18	120		H18	220		H112	255~275
	H112	55~75		H22	145~195	5052	O、H111	170~215
1060	O	60~100		H24	170~215		H12	210~260
	H12	80~120		H26	195~240		H14	230~280
	H14	95~135		H28	220		H16	250~300
	H16	110~155	3102	H18	160		H18	270
	H18	125	5182	O、H111	255~315		H22、H32	210~260
	H112	60~75		H19	380		H24、H34	230~280
1080A	O、H111	60~90	5A02	O	165~225		H26、H36	250~300
	H14、H24	100~140		H14、H24、H34	235		H28、H38	270
	H112	70		H112	155~175		H112	170~190

注：状态代号：O—退火状态；H1＊—单纯加工硬化状态；H2＊—加工硬化后不完全退火状态；
　　H 后面第 2 位数字表示最终加工硬化程度；H 后面第 3 位数字表示影响产品性能的特殊处理。

四、工程塑料

表 2-22 常用工程塑料性能

| 品种 | 力学性能 | | | | | | | 热性能 | | | | 应用举例 |
	抗拉强度 /MPa	抗压强度 /MPa	抗弯强度 /MPa	伸长率 /%	冲击韧性 /(MJ·m⁻²)	弹性模量 /(10³MPa)	硬度	熔点 /℃	马丁耐热 /℃	脆化温度 /℃	线胀系数 /(10⁻⁵℃⁻¹)	
尼龙6	53~77	59~88	69~98	150~250	带缺口 0.0031	0.83~2.6	85~114 HRR	215~223	40~50	-20~-30	7.9~8.7	具有优良的机械强度和耐磨性,广泛用作机械、化工及电气零件,例如轴承、齿轮、凸轮、滚子、辊轴、泵叶轮、风扇叶轮、蜗轮、螺钉、螺母、垫圈、高压密封圈、阀座、输油管、储油容器等。尼龙粉末还可喷涂于各种零件表面,以提高耐磨性能和密封性能
尼龙9	57~64		79~84		无缺口 0.25~0.30	0.97~1.2		209~215	12~48		8~12	
尼龙66	66~82	88~118	98~108	60~200	带缺口 0.0039	1.4~3.3	100~118 HRR	265	50~60	-25~30	9.1~10.0	
尼龙610	46~59	69~88	69~98	100~240	带缺口 0.0035~0.0055	1.2~2.3	90~113 HRR	210~223	51~56		9.0~12.0	
尼龙1010	51~54	108	81~87	100~250	带缺口 0.0040~0.0050	1.6	7.1HB	200~210	45	-60	10.5	
MC尼龙(无填充)	90	105	156	20	无缺口 0.520~0.624	3.6 (拉伸)	21.3 HB		55		8.3	强度特高,适于制造大型齿轮、蜗轮、轴套、大型阀门密封面、导向环、导轨、滚动轴承保持架、船尾轴承、起重汽车吊索绞盘蜗轮、柴油发动机燃料泵齿轮、矿山铲掘机轴承、水压机立柱导套、大型轧钢机辊道轴瓦等
聚甲醛(均聚物)	69 (屈服)	125	96	15	带缺口 0.0076	2.9 (弯曲)	17.2 HB		60~64		8.1~10.0 (当温度在 0~40℃时)	具有良好的摩擦磨损性能,尤其是优越的干摩擦性能。用于制造轴承、齿轮、凸轮、滚轮、辊子、阀门上的阀杆螺母、垫圈、法兰、垫片、泵叶轮、鼓风机叶片、弹簧、管道等
聚碳酸酯	65~69	82~86	104	100	带缺口 0.064~0.075	2.2~2.5 (拉伸)	9.7~10.4 HB	220~230	110~130	-100	6~7	具有高的冲击韧性和优异的尺寸稳定性。用于制造齿轮、蜗轮、蜗杆、齿条、凸轮、心轴、轴承、滑轮、铰链、传动链、螺栓、螺母、垫圈、铆钉、泵叶轮、汽车化油器部件、节流阀、各种外壳等

五、常用材料大致价格比

表 2-23 常用材料大致价格比

材料种类	Q235	45	40Cr	铸铁	角钢	槽钢工字钢	铝锭	黄铜	青铜	尼龙
价格比	1	1.05~1.15	1.4~1.6	~0.5	0.8~0.9	~1	4~5	8~9	9~10	10~11

注:本表以 Q235 中等尺寸圆钢单位重量价格为 1 计算,其他为相对值。由于市场价格变化,本表仅供课程设计参考。

第三章　螺纹连接和螺纹零件结构要素

一、螺纹

表 3-1　普通螺纹基本尺寸（GB/T 196—2003 摘录）　　　　mm

$H = 0.866P$
$d_2 = d - 0.649\,5P$
$d_1 = d - 1.082\,5P$
D、d—内、外螺纹基本大径（公称直径）
D_2、d_2—内、外螺纹基本中径
D_1、d_1—内、外螺纹基本小径
P—螺距

标记示例：
M20-6H（公称直径 20 粗牙右旋内螺纹，中径和大径的公差带均为 6H）
M20-6g（公称直径 20 粗牙右旋外螺纹，中径和大径的公差带均为 6g）
M20-6H/6g（上述规格的螺纹副）
M20×2 左-5g6g-S（公称直径 20、螺距 2 的细牙左旋外螺纹，中径、大径的公差带分别为 5g、6g，短旋合长度）

公称直径 D、d 第一系列	第二系列	螺距 P	中径 D_2、d_2	小径 D_1、d_1
3		**0.5**	2.675	2.459
		0.35	2.773	2.621
	3.5	**(0.6)**	3.110	2.850
		0.35	3.273	3.121
4		**0.7**	3.545	3.242
		0.5	3.675	3.459
	4.5	**(0.75)**	4.013	3.688
		0.5	4.175	3.959
5		**0.8**	4.480	4.134
		0.5	4.675	4.459
6		**1**	5.350	4.917
		0.75	5.513	5.188
	7	**1**	6.350	5.917
		0.75	6.513	6.188
8		**1.25**	7.188	6.647
		1	7.350	6.917
		0.75	7.513	7.188
10		**1.5**	9.026	8.376
		1.25	9.188	8.647
		1	9.350	8.917
		0.75	9.513	9.188
12		**1.75**	10.863	10.106
		1.5	11.026	10.376
		1.25	11.188	10.647
		1	11.350	10.917
	14	**2**	12.701	11.835
		1.5	13.026	12.376
		1	13.350	12.917
16		**2**	14.701	13.835
		1.5	15.026	14.376
		1	15.350	14.917
	18	**2.5**	16.376	15.294
		2	16.701	15.835

公称直径 D、d 第一系列	第二系列	螺距 P	中径 D_2、d_2	小径 D_1、d_1
18		1.5	17.026	16.376
		1	17.350	16.917
20		**2.5**	18.376	17.294
		2	**18.701**	17.835
		1.5	19.026	18.376
		1	19.350	18.917
	22	2.5	20.376	19.294
		2	20.701	19.835
		1.5	21.026	20.376
		1	21.350	20.917
24		**3**	22.051	20.752
		2	22.701	21.835
		1.5	23.026	22.376
		1	23.350	22.917
27		**3**	25.051	23.752
		2	25.701	24.835
		1.5	26.026	25.376
		1	26.350	25.917
30		**3.5**	27.727	26.211
		3	28.051	26.752
		2	28.701	27.835
		1.5	29.026	28.376
		1	29.350	28.917
	33	**3.5**	30.727	29.211
		3	31.051	29.752
		2	31.701	30.835
		1.5	32.026	31.376
36		**4**	33.402	31.670
		3	34.051	32.752
		2	34.701	33.835
		1.5	35.026	34.376
	39	**4**	36.402	34.670
		3	37.051	35.752

公称直径 D、d 第一系列	第二系列	螺距 P	中径 D_2、d_2	小径 D_1、d_1
	39	2	37.701	36.835
		1.5	38.026	37.376
42		**4.5**	39.077	37.129
		3	40.051	38.752
		2	40.701	39.835
		1.5	41.026	40.376
	45	**4.5**	42.077	40.129
		4	42.402	40.670
		3	43.051	41.752
		2	43.701	42.835
		1.5	44.026	43.376
48		**5**	44.752	42.587
		4	45.402	43.670
		3	46.051	44.752
		2	46.701	45.835
		1.5	47.026	46.376
	52	**5**	48.752	46.587
		4	49.402	47.670
		3	50.051	48.752
		2	50.701	49.835
		1.5	51.026	50.376
56		**5.5**	52.428	50.046
		4	53.402	51.670
		3	54.051	52.752
		2	54.701	53.835
		1.5	55.026	54.376
	60	**5.5**	56.428	54.046
		4	57.402	55.670
		3	58.051	56.752
		2	58.701	57.835
		1.5	59.026	58.376
64		**6**	60.103	57.505
		4	61.402	59.670
		3	62.051	60.752

注：1. "螺距 P"栏中第一个数值（黑体字）为粗牙螺距，其余为细牙螺距；
　　2. 优先选用第一系列，其次第二系列，第三系列（表中未列出）尽可能不用；
　　3. 括号内尺寸尽可能不用。

表 3-2　普通螺纹旋合长度（GB/T 197—2003 摘录）　　　　　　　　mm

公称直径 D、d >	公称直径 D、d ≤	螺距 P	旋合长度 S ≤	旋合长度 N >	旋合长度 N ≤	旋合长度 L >	公称直径 D、d >	公称直径 D、d ≤	螺距 P	旋合长度 S ≤	旋合长度 N >	旋合长度 N ≤	旋合长度 L >
1.4	2.8	0.25	0.6	0.6	1.9	1.9	22.4	45	1	4	4	12	12
		0.35	0.8	0.8	2.6	2.6			1.5	6.3	6.3	19	19
		0.4	1	1	3	3			2	8.5	8.5	25	25
		0.45	1.3	1.3	3.8	3.8			3	12	12	36	36
2.8	5.6	0.35	1	1	3	3			3.5	15	15	45	45
		0.5	1.5	1.5	4.5	4.5			4	18	18	53	53
		0.6	1.7	1.7	5	5			4.5	21	21	63	63
		0.7	2	2	6	6	45	90	1.5	7.5	7.5	22	22
		0.75	2.2	2.2	6.7	6.7			2	9.5	9.5	28	28
		0.8	2.5	2.5	7.5	7.5			3	15	15	45	45
5.6	11.2	0.75	2.4	2.4	7.1	7.1			4	19	19	56	56
		1	3	3	9	9			5	24	24	71	71
		1.25	4	4	12	12			5.5	28	28	85	85
		1.5	5	5	15	15			6	32	32	95	95
11.2	22.4	1	3.8	3.8	11	11	90	180	2	12	12	36	36
		1.25	4.5	4.5	13	13			3	18	18	53	53
		1.5	5.6	5.6	16	16			4	24	24	71	71
		1.75	6	6	18	18	180	355	3	20	20	60	60
		2	8	8	24	24			4	26	26	80	80
		2.5	10	10	30	30			6	40	40	118	118
									8	50	50	150	150

注：S—短旋合长度；N—中等旋合长度；L—长旋合长度。

表 3-3　米制锥螺纹（GB/T 1415—2008 摘录）　　　　　　　　mm

$\varphi = 1°47'24''$
锥度 $2\tan\varphi = 1:16$
$H = 0.866P$
$h = 0.6495P$

标记示例：ZM10（公称直径为 10，标准基准距离）
　　　　　ZM10-S（公称直径为 10，短基准距离）
　　　　　ZM10/ZM10（圆锥内螺纹与圆锥外螺纹的配合）

螺纹公称直径 d、D	螺距 P	基面上螺纹直径 大径 d=D	基面上螺纹直径 中径 d2=D2	基面上螺纹直径 小径 d1=D1	基准距离 L1 标准基准距离	基准距离 L1 短基准距离	有效螺纹长度 L2 标准有效螺纹长度	有效螺纹长度 L2 短有效螺纹长度
8		8	7.350	6.917				
10	1	10	9.350	8.917	5.5	2.5	8	5.5
12		12	11.350	10.917				
14		14	13.026	12.376				
16	1.5	16	15.026	14.376	7.5	3.5	11	8.5
20		20	19.026	18.376				
27		27	25.701	24.835				
33		33	31.701	30.835				
42		42	40.701	39.835				
48	2	48	46.701	45.835	11	5	16	12
60		60	58.701	57.835				
76		76	74.701	73.835				
90		90	88.701	87.835				

表 3-4 55°密封管螺纹（GB/T 7306—2000 摘录）

mm

$$P = \frac{25.4}{n}$$

$$H = 0.960\ 237P$$

$$h = 0.640\ 327P$$

$$r = 0.137\ 278P$$

标记示例：

$R_c 1\frac{1}{2}$（$1\frac{1}{2}$圆锥内螺纹）

$R_2 1\frac{1}{2}$（$1\frac{1}{2}$圆锥外螺纹）

$R_c / R_2 1\frac{1}{2}$（$1\frac{1}{2}$圆锥内螺纹与圆锥外螺纹的配合）

尺寸代号	每 25.4 mm 内的牙数 n	螺距 P	牙高 h	圆弧半径 $r \approx$	基面上的基本直径			基准距离	有效螺纹长度
					大径（基准直径） $d = D$	中径 $d_2 = D_2$	小径 $d_1 = D_1$		
1/8	28	0.907	0.581	0.125	9.728	9.147	8.566	4.0	6.5
1/4	19	1.337	0.856	0.184	13.157	12.301	11.445	6.0	9.7
3/8	19	1.337	0.856	0.184	16.662	15.806	14.950	6.4	10.1
1/2	14	1.814	1.162	0.249	20.955	19.793	18.631	8.2	13.2
3/4	14	1.814	1.162	0.249	26.441	25.279	24.117	9.5	14.5
1	11	2.309	1.479	0.317	33.249	31.770	30.291	10.4	16.8
$1\frac{1}{4}$	11	2.309	1.479	0.317	41.910	40.431	38.952	12.7	19.1
$1\frac{1}{2}$	11	2.309	1.479	0.317	47.803	46.324	44.845	12.7	19.1
2	11	2.309	1.479	0.317	59.614	58.135	56.656	15.9	23.4
$2\frac{1}{2}$	11	2.309	1.479	0.317	75.184	73.705	72.226	17.5	26.7
3	11	2.309	1.479	0.317	87.884	86.405	84.926	20.6	29.8

注：本标准包括圆锥内螺纹与圆锥外螺纹、圆柱内螺纹与圆锥外螺纹两种连接形式。

表 3-5 55°非密封管螺纹（GB/T 7307—2001 摘录）

mm

$$H = 0.960\ 491P \qquad P = \frac{25.4}{n}$$

$$h = 0.640\ 327P$$

$$r = 0.137\ 329P \qquad \frac{H}{6} = 0.160\ 082P$$

D、d——内、外螺纹大径

D_2、d_2——内、外螺纹中径

D_1、d_1——内、外螺纹小径

标记示例：$G1\frac{1}{2}$（$1\frac{1}{2}$内螺纹）

$G1\frac{1}{2}A$（$1\frac{1}{2}$外螺纹，公差等级为 A 级）

（注：外螺纹分 A、B 两级公差等级）

尺寸代号	每 25.4 mm 内的牙数 n	螺距 P	牙高 h	圆弧半径 $r \approx$	基本直径		
					大径 $d = D$	中径 $d_2 = D_2$	小径 $d_1 = D_1$
1/4	19	1.337	0.856	0.184	13.157	12.301	11.445
3/8	19	1.337	0.856	0.184	16.662	15.806	14.950
1/2	14	1.814	1.162	0.249	20.955	19.793	18.631
5/8	14	1.814	1.162	0.249	22.911	21.749	20.587
3/4	14	1.814	1.162	0.249	26.441	25.279	24.117
7/8	14	1.814	1.162	0.249	30.201	29.039	27.877
1	11	2.309	1.479	0.317	33.249	31.770	30.291
$1\frac{1}{8}$	11	2.309	1.479	0.317	37.897	36.418	34.939
$1\frac{1}{4}$	11	2.309	1.479	0.317	41.910	40.431	38.952
$1\frac{1}{2}$	11	2.309	1.479	0.317	47.803	46.324	44.845
$1\frac{3}{4}$	11	2.309	1.479	0.317	53.746	52.267	50.788
2	11	2.309	1.479	0.317	59.614	58.135	56.656

表 3-6　梯形螺纹设计牙型尺寸（GB/T 5796.1—2005摘录） mm

标记示例：

Tr40×7-7H（梯形内螺纹，公称直径 $d=40$、螺距 $P=7$、精度等级 7H）

Tr40×14（P7）LH-7e（多线左旋梯形外螺纹，公称直径 $d=40$、导程=14、螺距 $P=7$、精度等级 7e）

Tr40×7-7H/7e（梯形螺旋副，公称直径 $d=40$、螺距 $P=7$、内螺纹精度等级 7H、外螺纹精度等级 7e）

螺距 P	a_c	$H_4=h_3$	R_{1max}	R_{2max}	螺距 P	a_c	$H_4=h_3$	R_{1max}	R_{2max}	螺距 P	a_c	$H_4=h_3$	R_{1max}	R_{2max}
1.5	0.15	0.9	0.075	0.15	9		5			24		13		
2		1.25			10	0.5	5.5	0.25	0.5	28		15		
3	0.25	1.75	0.125	0.25	12		6.5			32		17		
4		2.25			14		8			36	1	19	0.5	1
5		2.75			16		9			40		21		
6		3.5			18	1	10	0.5	1	44		23		
7	0.5	4	0.25	0.5	20		11							
8		4.5			22		12							

表 3-7　梯形螺纹直径与螺距系列（GB/T 5796.2—2005摘录） mm

公称直径 d		螺距 P	公称直径 d		螺距 P	公称直径 d		螺距 P	公称直径 d		螺距 P
第一系列	第二系列		第一系列	第二系列		第一系列	第二系列		第一系列	第二系列	
8		1.5*	28	26	8,5*,3	52	50	12,8*,3		110	20,12*,4
10	9	2*,1.5		30	10,6*,3		55	14,9*,3	120	130	22,14*,6
	11	3,2*	32		10,6*,3	60		14,9*,3	140		24,14*,6
12		3*,2	36	34		70	65	16,10*,4		150	24,16*,6
	14	3*,2		38	10,7*,3	80	75	16,10*,4	160		28,16*,6
16	18	4*,2	40	42			85	18,12*,4		170	28,16*,6
20		4*,2	44		12,7*,3	90	95	18,12*,4	180		28,18*,8
24	22	8,5*,3	48	46	12,8*,3	100		20,12*,4		190	32,18*,8

注：优先选用第一系列的直径，带 * 者为对应直径优先选用的螺距。

表 3-8　梯形螺纹基本尺寸（GB/T 5796.3—2005摘录） mm

螺距 P	外螺纹小径 d_3	内、外螺纹中径 D_2、d_2	内螺纹大径 D_4	内螺纹小径 D_1	螺距 P	外螺纹小径 d_3	内、外螺纹中径 D_2、d_2	内螺纹大径 D_4	内螺纹小径 D_1
1.5	$d-1.8$	$d-0.75$	$d+0.3$	$d-1.5$	8	$d-9$	$d-4$	$d+1$	$d-8$
2	$d-2.5$	$d-1$	$d+0.5$	$d-2$	9	$d-10$	$d-4.5$	$d+1$	$d-9$
3	$d-3.5$	$d-1.5$	$d+0.5$	$d-3$	10	$d-11$	$d-5$	$d+1$	$d-10$
4	$d-4.5$	$d-2$	$d+0.5$	$d-4$	12	$d-13$	$d-6$	$d+1$	$d-12$
5	$d-5.5$	$d-2.5$	$d+0.5$	$d-5$	14	$d-16$	$d-7$	$d+2$	$d-14$
6	$d-7$	$d-3$	$d+1$	$d-6$	16	$d-18$	$d-8$	$d+2$	$d-16$
7	$d-8$	$d-3.5$	$d+1$	$d-7$	18	$d-20$	$d-9$	$d+2$	$d-18$

注：1. d 为公称直径（即外螺纹大径）；

2. 表中所列的数值是按下式计算的：$d_3=d-2h_3$；D_2、$d_2=d-0.5P$；$D_4=d+2a_c$；$D_1=d-P$。

二、螺栓、螺柱、螺钉

表 3-9　六角头螺栓—A 和 B 级（GB/T 5782—2016 摘录）、

六角头螺栓—全螺纹—A 和 B 级（GB/T 5783—2016 摘录）　　　　　mm

标记示例：

螺纹规格 d=M12、公称长度 l=80、性能等级为 8.8 级、表面氧化、A 级的六角头螺栓的标记为

螺栓　GB/T　5782　M12×80

标记示例：

螺纹规格 d=M12、公称长度 l=80、性能等级为 8.8 级、表面氧化、全螺纹、A 级的六角头螺栓的标记为

螺栓　GB/T　5783　M12×80

螺纹规格 d			M3	M4	M5	M6	M8	M10	M12	(M14)	M16	(M18)	M20	(M22)	M24	(M27)	M30	M36
b 参考	$l \leq 125$		12	14	16	18	22	26	30	34	38	42	46	50	54	60	66	
	$125 < l \leq 200$		18	20	22	24	28	32	36	40	44	48	52	56	60	66	72	84
	$l > 200$		31	33	35	37	41	45	49	53	57	61	65	69	73	79	85	97
a	max		1.5	2.1	2.4	3	4	4.5	5.3	6	6	7.5	7.5	7.5	9	9	10.5	12
c	max		0.4	0.4	0.5	0.5	0.6	0.6	0.6	0.6	0.8	0.8	0.8	0.8	0.8	0.8	0.8	0.8
	min		0.15	0.15	0.15	0.15	0.15	0.15	0.15	0.15	0.2	0.2	0.2	0.2	0.2	0.2	0.2	0.2
d_w	min	A	4.57	5.88	6.88	8.88	11.63	14.63	16.63	19.64	22.49	25.34	28.19	31.71	33.61	—	—	—
		B	4.45	5.74	6.74	8.74	11.47	14.47	16.47	19.15	22	24.85	27.7	31.35	33.25	38	42.75	51.11
e	min	A	6.01	7.66	8.79	11.05	14.38	17.77	20.03	23.36	26.75	30.14	33.53	37.72	39.98	—	—	—
		B	5.88	7.50	8.63	10.89	14.20	17.59	19.85	22.78	26.17	29.56	32.95	37.29	39.55	45.2	50.85	60.79
K	公称		2	2.8	3.5	4	5.3	6.4	7.5	8.8	10	11.5	12.5	14	15	17	18.7	22.5
r	min		0.1	0.2	0.2	0.25	0.4	0.4	0.6	0.6	0.6	0.6	0.8	0.8	0.8	1	1	1
s	公称		5.5	7	8	10	13	16	18	21	24	27	30	34	36	41	46	55
l 范围			20~30	25~40	25~50	30~60	40~80	45~100	50~120	60~140	65~160	70~180	80~200	90~220	90~240	100~260	110~300	140~360
l 范围（全螺线）			6~30	8~40	10~50	12~60	16~80	20~100	25~120	30~140	30~150	35~150	40~150	45~200	50~150	55~200	60~200	70~200
l 系列			6,8,10,12,16,20~70（5 进位），80~160（10 进位），180~360（20 进位）															

技术条件	材料	力学性能等级	螺纹公差	公差产品等级		表面处理
	钢	5.6、8.8、10.9	6g	A 级用于 $d \leq 24$ 和 $l \leq 10d$ 或 $l \leq 150$	氧化或镀锌钝化	
				B 级用于 $d > 24$ 或 $l > 10d$ 或 $l > 150$		

注：1. A、B 为产品等级，A 级最精确，C 级最不精确，C 级产品详见 GB/T 5780—2016、GB/T 5781—2016；

2. 括号内为非优选的螺纹规格，尽量不采用。

表3-10 六角头加强杆螺栓—A 和 B 级（GB/T 27—2013 摘录）　　mm

允许制造的形式

标记示例：

　　螺纹规格 $d=M12$、d_s 尺寸按表3-10规定，公称长度 $l=80$、性能等级为8.8级、表面氧化处理、A级的六角头加强杆螺栓的标记为

　　螺栓　GB/T 27　M12×80

　　当 d_s 按 m6 制造时应标记为　螺栓　GB/T　27　M12　m6×80

螺纹规格 d		M6	M8	M10	M12	(M14)	M16	(M18)	M20	(M22)	M24	(M27)	M30	M36
d_s(h9)	max	7	9	11	13	15	17	19	21	23	25	28	32	38
s	max	10	13	16	18	21	24	27	30	34	36	41	46	55
K	公　称	4	5	6	7	8	9	10	11	12	13	15	17	20
r	min	0.25	0.4	0.4	0.6	0.6	0.6	0.6	0.8	0.8	0.8	1	1	1
d_p		4	5.5	7	8.5	10	12	13	15	17	17	21	25	28
l_2		1.5		2		3			4			5		6
e_{min}	A	11.05	14.38	17.77	20.03	23.35	26.75	30.14	33.53	37.72	39.98	—	—	—
	B	10.89	14.20	17.59	19.85	22.78	26.17	29.56	32.95	37.29	39.55	45.2	50.85	60.79
g		2.5				3.5					5			
l_0		12	15	18	22	25	28	30	32	35	38	42	50	55
l 范围		25～65	25～80	30～120	35～180	40～180	45～200	50～200	55～200	60～200	65～200	75～200	80～230	90～300
l 系列		25,(28),30,(32),35,(38),40,45,50,(55),60,(65),70,(75),80,85,90,(95),100～260(10 进位),280,300												

注：1. 技术条件见表3-9；

　　2. 尽可能不采用括号内的规格；

　　3. 根据使用要求，螺杆上无螺纹部分杆径(d_s)允许按 m6、u8 制造；

　　4. GB/T 27—1988 名称为六角头铰制孔用螺栓。

表3-11 六角头螺杆带孔螺栓—A 和 B 级（GB/T 31.1—2013 摘录）　　mm

标记示例：

　　螺纹规格 $d=M12$，公称长度 $l=80$、性能等级为8.8级、不经表面处理、A级的六角头螺杆带孔螺栓的标记为

　　螺栓　GB/T 31.1 M12×80

　　该螺杆是在 GB/T 5782 的杆部制出开口销孔，其余的形式与尺寸按 GB/T 5782 规定，参见表3-9。

螺纹规格 d		M6	M8	M10	M12	(M14)	M16	(M18)	M20	(M22)	M24	(M27)	M30	M36
d_1	max	1.85	2.25	2.75	3.5	3.5	4.3	4.3	4.3	5.3	5.3	5.3	6.66	6.66
	min	1.6	2	2.5	3.2	3.2	4	4	4	5	5	5	6.3	6.3
l_e		3.3	4	5	6	6.5	7	8	8	9	10	10	12	13

注：1. l_e 数值是根据标准中 $l-l_h$ 得到的；

　　2. l_h 的公差按+IT14。

末端按 GB/T 2—2001 规定

$d_{smax} = d$（A 型）

$d_s \approx$ 螺纹中径（B 型）

$X_{max} = 1.5P$

标记示例：

两端均为粗牙普通螺纹，$d = 10$、$l = 50$、性能等级为 4.8 级、不经表面处理、B 型、$b_m = 1.25d$ 的双头螺柱的标记为

　　螺柱　GB/T 898　M10×50

旋入机体一端为粗牙普通螺纹，旋螺母一端为螺距 $P = 1$ 的细牙普通螺纹，$d = 10$、$l = 50$、性能等级为 4.8 级、不经表面处理、A 型、$b_m = 1.25d$ 的双头螺柱的标记为　螺柱　GB/T 898　AM10-M10×1×50

旋入机体一端为过渡配合螺纹的第一种配合，旋螺母一端为粗牙普通螺纹，$d = 10$、$l = 50$、性能等级为 8.8 级、镀锌钝化、B 型、$b_m = 1.25d$ 的双头螺柱的标记为　螺柱　GB/T 898　GM10-M10×50-8.8-Zn·D

螺纹规格 d		M5	M6	M8	M10	M12	（M14）	M16
b_m（公称）	$b_m = d$	5	6	8	10	12	14	16
	$b_m = 1.25d$	6	8	10	12	15	18	20
	$b_m = 1.5d$	8	10	12	15	18	21	24
$\dfrac{l（公称）}{b}$		$\dfrac{16 \sim 22}{10}$	$\dfrac{20 \sim 22}{10}$	$\dfrac{20 \sim 22}{12}$	$\dfrac{25 \sim 28}{14}$	$\dfrac{25 \sim 30}{16}$	$\dfrac{30 \sim 35}{18}$	$\dfrac{30 \sim 38}{20}$
		$\dfrac{25 \sim 50}{16}$	$\dfrac{25 \sim 30}{14}$	$\dfrac{25 \sim 30}{16}$	$\dfrac{30 \sim 38}{16}$	$\dfrac{32 \sim 40}{20}$	$\dfrac{38 \sim 45}{25}$	$\dfrac{40 \sim 55}{30}$
			$\dfrac{32 \sim 75}{18}$	$\dfrac{32 \sim 90}{22}$	$\dfrac{40 \sim 120}{26}$	$\dfrac{45 \sim 120}{30}$	$\dfrac{50 \sim 120}{34}$	$\dfrac{60 \sim 120}{38}$
					$\dfrac{130}{32}$	$\dfrac{130 \sim 180}{36}$	$\dfrac{130 \sim 180}{40}$	$\dfrac{130 \sim 200}{44}$

螺纹规格 d		（M18）	M20	（M22）	M24	（M27）	M30	M36
b_m（公称）	$b_m = d$	18	20	22	24	27	30	36
	$b_m = 1.25d$	22	25	28	30	35	38	45
	$b_m = 1.5d$	27	30	33	36	40	45	54
$\dfrac{l（公称）}{b}$		$\dfrac{35 \sim 40}{22}$	$\dfrac{35 \sim 40}{25}$	$\dfrac{40 \sim 45}{30}$	$\dfrac{45 \sim 50}{30}$	$\dfrac{50 \sim 60}{35}$	$\dfrac{60 \sim 65}{40}$	$\dfrac{65 \sim 75}{45}$
		$\dfrac{45 \sim 60}{35}$	$\dfrac{45 \sim 65}{35}$	$\dfrac{50 \sim 70}{40}$	$\dfrac{55 \sim 75}{45}$	$\dfrac{65 \sim 85}{50}$	$\dfrac{70 \sim 90}{50}$	$\dfrac{80 \sim 110}{60}$
		$\dfrac{65 \sim 120}{42}$	$\dfrac{70 \sim 120}{46}$	$\dfrac{75 \sim 120}{50}$	$\dfrac{80 \sim 120}{54}$	$\dfrac{90 \sim 120}{60}$	$\dfrac{95 \sim 120}{66}$	$\dfrac{120}{78}$
		$\dfrac{130 \sim 200}{48}$	$\dfrac{130 \sim 200}{52}$	$\dfrac{130 \sim 200}{56}$	$\dfrac{130 \sim 200}{60}$	$\dfrac{130 \sim 200}{66}$	$\dfrac{130 \sim 200}{72}$	$\dfrac{130 \sim 200}{84}$
							$\dfrac{210 \sim 250}{85}$	$\dfrac{210 \sim 300}{97}$

公称长度 l 的系列	16,（18）,20,（22）,25,（28）,30,（32）,35,（38）,40,45,50,（55）,60,（65）,70,（75）,80,（85）, 90,（95）,100 ~ 260（10 进位）,280,300

注：1. 尽可能不采用括号内的规格，GB/T 897 中的 M24、M30 为括号内的规格；

　　2. GB/T 898 为商品紧固件品种，应优先选用；

　　3. 当 $b - b_m \leqslant 5$ mm 时，旋螺母一端应制成倒圆端。

表 3-13 地脚螺栓(GB/T 799—1988 摘录)　　　　　　　　mm

标记示例：

　　$d = 20$、$l = 400$、性能等级为 3.6 级、不经表面处理的地脚螺栓的标记为

　　螺栓　GB/T 799 M20×400

螺纹规格 d		M6	M8	M10	M12	M16	M20	M24	M30	M36	M42
b	max	27	31	36	40	50	58	68	80	94	106
	min	24	28	32	36	44	52	60	72	84	96
X	max	2.5	3.2	3.8	4.2	5	6.3	7.5	8.8	10	11.3
D		10	10	15	20	20	30	30	45	60	60
h		41	46	65	82	93	127	139	192	244	261
l_1		$l+37$	$l+37$	$l+53$	$l+72$	$l+72$	$l+110$	$l+110$	$l+165$	$l+217$	$l+217$
l 范围		80~160	120~220	160~300	160~400	220~500	300~630	300~800	400~1 000	500~1 000	600~1 250
l 系列		80,120,160,220,300,400,500,630,800,1 000,1 250									

技术条件	材料	性能等级	螺纹公差	产品等级	表面处理
	钢	$d<39$,3.6级;$d>39$,按协议	8g	C	1. 不处理;2. 氧化;3. 镀锌

表 3-14 内六角圆柱头螺钉(GB/T 70.1—2008 摘录)　　　　　　　　mm

标记示例：

　　螺纹规格 $d = $ M8、公称长度 $l = 20$、性能等级为 8.8 级、表面氧化的 A 级内六角圆柱头螺钉的标记为

　　螺钉 GB/T 70.1 M8×20

螺纹规格 d	M5	M6	M8	M10	M12	M16	M20	M24	M30	M36
b(参考)	22	24	28	32	36	44	52	60	72	84
d_K(max)	8.5	10	13	16	18	24	30	36	45	54
e(min)	4.58	5.72	6.86	9.15	11.43	16	19.44	21.73	25.15	30.85
K(max)	5	6	8	10	12	16	20	24	30	36
s(公称)	4	5	6	8	10	14	17	19	22	27
t(min)	2.5	3	4	5	6	8	10	12	15.5	19
l 范围(公称)	8~50	10~60	12~80	16~100	20~120	25~160	30~200	40~200	45~200	55~200
制成全螺纹时 $l\leqslant$	25	30	35	40	50	60	70	80	100	110
l 系列(公称)	8,10,12,16,20~50(5 进位),(55),60,(65),70~160(10 进位),180,200									

技术条件	材料	性能等级	螺纹公差	产品等级	表面处理
	钢	8.8,10.9,12.9	12.9 级为 5g 或 6g,其他等级为 6g	A	氧化

注：括号内规格尽可能不采用。

表 3-15　十字槽盘头螺钉(GB/T 818—2016 摘录)、十字槽沉头螺钉(GB/T 819.1—2016 摘录)　　　　mm

十字槽盘头螺钉

无螺纹部分杆径≈中径

或 =螺纹大径

十字槽沉头螺钉

无螺纹部分杆径≈中径

或 =螺纹大径

标记示例:

螺纹规格 d = M5、公称长度 l = 20、性能等级为 4.8 级、不经表面处理的 A 级十字槽盘头螺钉(或十字槽沉头螺钉)的标记为
螺钉　GB/T 818　M5×20(或 GB/T 819.1　M5×20)

	螺纹规格 d		M1.6	M2	M2.5	M3	M4	M5	M6	M8	M10
	螺　距　P		0.35	0.4	0.45	0.5	0.7	0.8	1	1.25	1.5
	a	max	0.7	0.8	0.9	1	1.4	1.6	2	2.5	3
	b	min	25	25	25	25	38	38	38	38	38
	X	max	0.9	1	1.1	1.25	1.75	2	2.5	3.2	3.8
十字槽盘头螺钉	d_a	max	2	2.6	3.1	3.6	4.7	5.7	6.8	9.2	11.2
	d_K	max	3.2	4	5	5.6	8	9.5	12	16	20
	K	max	1.3	1.6	2.1	2.4	3.1	3.7	4.6	6	7.5
	r	min	0.1	0.1	0.1	0.1	0.2	0.2	0.25	0.4	0.4
	r_f	≈	2.5	3.2	4	5	6.5	8	10	13	16
	m	参考	1.6	2.1	2.6	2.8	4.3	4.7	6.7	8.8	9.9
	l 商品规格范围		3~16	3~20	3~25	4~30	5~40	6~45	8~60	10~60	12~60
十字槽沉头螺钉	d_K	max	3	3.8	4.7	5.5	8.4	9.3	11.3	15.8	18.3
	K	max	1	1.2	1.5	1.65	2.7	2.7	3.3	4.65	5
	r	max	0.4	0.5	0.6	0.8	1	1.3	1.5	2	2.5
	m	参考	1.6	1.9	2.8	3	4.4	4.9	6.6	8.8	9.8
	l 商品规格范围		3~16	3~20	3~25	4~30	5~40	6~50	8~60	10~60	12~60
	公称长度 l 的系列		3,4,5,6,8,10,12,(14),16,20~60(5 进位)								

技术条件	材料	性能等级	螺纹公差	公差产品等级	表面处理
	钢	4.8	6g	A	不经处理

注:1. 公称长度 l 中的(14)、(55)等规格尽可能不采用;

2. 对十字槽盘头螺钉,d≤M3、l≤25 mm 或 d>M4、l≤40 mm 时,制出全螺纹(b=l-a);

对十字槽沉头螺钉,d≤M3、l≤30 mm 或 d≥M4、l≤45 mm 时,制出全螺纹[b=l-(K+a)]。

表 3-16　开槽盘头螺钉(GB/T 67—2016 摘录)、开槽沉头螺钉(GB/T 68—2016 摘录)　　　mm

开槽盘头螺钉　　　　　　　　　　　　　　开槽沉头螺钉

无螺纹部分杆径≈中径或=螺纹大径

标记示例:

螺纹规格 d=M5、公称长度 l=20、性能等级为 4.8 级、不经表面处理的 A 级开槽盘头螺钉(或开槽沉头螺钉)的标记为

螺钉　GB/T 67　M5×20(或 GB/T 68　M5×20)

螺纹规格 d			M1.6	M2	M2.5	M3	M4	M5	M6	M8	M10
螺距 P			0.35	0.4	0.45	0.5	0.7	0.8	1	1.25	1.5
a		max	0.7	0.8	0.9	1	1.4	1.6	2	2.5	3
b		min	25	25	25	25	38	38	38	38	38
n		公称	0.4	0.5	0.6	0.8	1.2	1.2	1.6	2	2.5
X		max	0.9	1	1.1	1.25	1.75	2	2.5	3.2	3.8
开槽盘头螺钉	d_K	max	3.2	4	5	5.6	8	9.5	12	16	20
	d_a	max	2	2.6	3.1	3.6	4.7	5.7	6.8	9.2	11.2
	K	max	1	1.3	1.5	1.8	2.4	3	3.6	4.8	6
	r	min	0.1	0.1	0.1	0.1	0.2	0.2	0.25	0.4	0.4
	r_f	参考	0.5	0.6	0.8	0.9	1.2	1.5	1.8	2.4	3
	t	min	0.35	0.5	0.6	0.7	1	1.2	1.4	1.9	2.4
	w	min	0.3	0.4	0.5	0.7	1	1.2	1.4	1.9	2.4
	l 商品规格范围		2~16	2.5~20	3~25	4~30	5~40	6~50	8~60	10~80	12~80
开槽沉头螺钉	d_K	max	3	3.8	4.7	5.5	8.4	9.3	11.3	15.8	18.3
	K	max	1	1.2	1.5	1.65	2.7	2.7	3.3	4.65	5
	r	max	0.4	0.5	0.6	0.8	1	1.3	1.5	2	2.5
	t	min	0.32	0.4	0.5	0.6	1	1.1	1.2	1.8	2
	l 商品规格范围		2.5~16	3~20	4~25	5~30	6~40	8~50	8~60	10~80	12~80
公称长度 l 的系列			2,2.5,3,4,5,6,8,10,12,(14),16,20~80(5 进位)								

技术条件	材　料	性能等级	螺纹公差	公差产品等级	表面处理
	钢	4.8、5.8	6g	A	不经处理

注:1. 公称长度 l 中的(14)、(55)、(65)、(75)等规格尽可能不采用;

　　2. 对开槽盘头螺钉,$d \leqslant$M3、$l \leqslant 30$ mm 或 $d \geqslant$M4、$l \leqslant 40$ mm 时,制出全螺纹($b=l-a$);

　　对开槽沉头螺钉,$d \leqslant$M3、$l \leqslant 30$ mm 或 $d \geqslant$M4、$l \leqslant 45$ mm 时,制出全螺纹[$b=l-(K+a)$]。

表 3-17　紧　定　螺　钉　　　　　　　　　　mm

开槽锥端紧定螺钉
(GB/T 71—1985摘录)

开槽平端紧定螺钉
(GB/T 71—1985摘录)

开槽长圆柱端紧定螺钉
(GB/T 75—1985摘录)

标记示例：

螺纹规格 d＝M5、公称长度 l＝12、性能等级为 14H 级、表面氧化的开槽锥端紧定螺钉（或开槽平端，或开槽长圆柱端紧定螺钉）的标记为

螺钉　GB/T 71　M5×12(或 GB/T 73　M5×12,或 GB/T 75　M5×12)

螺纹规格 d		M3	M4	M5	M6	M8	M10	M12
螺距 P		0.5	0.7	0.8	1	1.25	1.5	1.75
$d_f≈$		螺　纹　小　径						
d_t	max	0.3	0.4	0.5	1.5	2	2.5	3
d_p	max	2	2.5	3.5	4	5.5	7	8.5
n	公称	0.4	0.6	0.8	1	1.2	1.6	2
t	min	0.8	1.12	1.28	1.6	2	2.4	2.8
z	max	1.75	2.25	2.75	3.25	4.3	5.3	6.3
不完整螺纹的长度 u		≤2P						
l 范围 （商品规格）	GB/T 71—1985	4～16	6～20	8～25	8～30	10～40	12～50	14～60
	GB/T 73—1985	3～16	4～20	5～25	6～30	8～40	10～50	12～60
	GB/T 75—1985	5～16	6～20	8～25	8～30	10～40	12～50	14～60
	短螺钉 GB/T 73—1985	3	4	5	6	—	—	—
	短螺钉 GB/T 75—1985	5	6	8	8、10	10,12,14	12,14,16	14,16,20
公称长度 l 的系列		3,4,5,6,8,10,12,(14),16,20,25,30,35,40,45,50,(55),60						

技术条件	材料	性能等级	螺纹公差	公差产品等级	表面处理
	钢	14H,22H	6g	A	氧化或镀锌钝化

注：1. 尽可能不采用括号内的规格；

2. ＊公称长度在表中 l 范围内的短螺钉应制成 120°；

3. ＊＊90°或 120°和 45°仅适用于螺纹小径以内的末端部分。

表 3-18　吊环螺钉（GB/T 825—1988 摘录） mm

标记示例:

规格为 20 mm、材料为 20 钢、经正火处理、不经表面处理的 A 型吊环螺钉的标记为

螺钉　GB/T 825　M20

螺纹规格（d）		M8	M10	M12	M16	M20	M24	M30	M36	M42	M48
d_1	max	9.1	11.1	13.1	15.2	17.4	21.4	25.7	30	34.4	40.7
D_1	公称	20	24	28	34	40	48	56	67	80	95
d_2	max	21.1	25.1	29.1	35.2	41.4	49.4	57.7	69	82.4	97.7
h_1	max	7	9	11	13	15.1	19.1	23.2	27.4	31.7	36.9
l	公称	16	20	22	28	35	40	45	55	65	70
d_4	参考	36	44	52	62	72	88	104	123	144	171
h		18	22	26	31	36	44	53	63	74	87
r_1		4	4	6	6	8	12	15	18	20	22
r	min	1	1	1	1	1	2	2	3	3	3
a_1	max	3.75	4.5	5.25	6	7.5	9	10.5	12	13.5	15
d_3	公称（max）	6	7.7	9.4	13	16.4	19.6	25	30.8	35.6	41
a	max	2.5	3	3.5	4	5	6	7	8	9	10
b		10	12	14	16	19	24	28	32	38	46
D_2	公称（min）	13	15	17	22	28	32	38	45	52	60
h_2	公称（min）	2.5	3	3.5	4.5	5	7	8	9.5	10.5	11.5
最大起吊重量 /t	单螺钉起吊	（参见右上图）		0.16	0.25	0.4	0.63	1	1.6	2.5	4	6.3	8
	双螺钉起吊			0.08	0.125	0.2	0.32	0.5	0.8	1.25	2	3.2	4

减速器类型	一级圆柱齿轮减速器						二级圆柱齿轮减速器				
中心距 a	100	125	160	200	250	315	100×140	140×200	180×250	200×280	250×355
重量 W/kN	0.26	0.52	1.05	2.1	4	8	1	2.6	4.8	6.8	12.5

注：1. M8～M36 为商品规格；

　　2. "减速器重量 W"非 GB/T 825 内容,仅供课程设计参考用。

三、螺母

表 3-19　I 型六角螺母—A 和 B 级（GB/T 6170—2015 摘录）、 六角薄螺母—A 和 B 级—倒角（GB/T 6172.1—2016 摘录）　　　　mm

允许制造形式(GB/T 6170)

标记示例：

螺纹规格 $D=$ M12、性能等级为 8 级、不经表面处理、A 级的 I 型六角螺母的标记为

螺母　GB/T 6170　M12

螺纹规格 $D=$ M12、性能等级为 04 级、不经表面处理、A 级的六角薄螺母的标记为

螺母　GB/T 6172.1　M12

螺纹规格 D		M3	M4	M5	M6	M8	M10	M12	(M14)	M16	(M18)	M20	(M22)	M24	(M27)	M30	M36
d_a	max	3.45	4.6	5.75	6.75	8.75	10.8	13	15.1	17.30	19.5	21.6	23.7	25.9	29.1	32.4	38.9
d_w	min	4.6	5.9	6.9	8.9	11.6	14.6	16.6	19.6	22.5	24.9	27.7	31.4	33.3	38	42.8	51.1
e	min	6.01	7.66	8.79	11.05	14.38	17.77	20.03	23.36	26.75	29.56	32.95	37.29	39.55	45.2	50.85	60.79
s	max	5.5	7	8	10	13	16	18	21	24	27	30	34	36	41	46	55
c	max	0.4	0.4	0.5	0.5	0.6	0.6	0.6	0.6	0.8	0.8	0.8	0.8	0.8	0.8	0.8	0.8
m	六角螺母	2.4	3.2	4.7	5.2	6.8	8.4	10.8	12.8	14.8	15.8	18	19.4	21.5	23.8	25.6	31
(max)	薄螺母	1.8	2.2	2.7	3.2	4	5	6	7	8	9	10	11	12	13.5	15	18

技术条件	材料	性能等级	螺纹公差	表面处理	公差产品等级
	钢	六角螺母 6,8,10(QT) 薄螺母 04、05(QT)	6H	不经处理或 镀锌钝化	A 级用于 $D\leqslant$ M16 B 级用于 $D>$ M16

注：尽可能不采用括号内的规格。QT—淬火并回火

表 3-20　I 型六角开槽螺母—A 和 B 级（GB/T 6178—1986 摘录）　　　　mm

标记示例：

螺纹规格 $D=$ M5、性能等级为 8 级、不经表面处理、A 级的 I 型六角开槽螺母的标记为

螺母　GB/T 6178　M5

螺纹规格 D		M4	M5	M6	M8	M10	M12	(M14)	M16	M20	M24	M30	M36
d_e	max	—	—	—	—	—	—	—	—	28	34	42	50
m	max	5	6.7	7.7	9.8	12.4	15.8	17.8	20.8	24	29.5	34.6	40
n	min	1.2	1.4	2	2.5	2.8	3.5	3.5	4.5	4.5	5.5	7	7
w	max	3.2	4.7	5.2	6.8	8.4	10.8	12.8	14.8	18	21.5	25.6	31
s	max	7	8	10	13	16	18	21	24	30	36	46	55
开口销		1×10	1.2×12	1.6×14	2×16	2.5×20	3.2×22	3.2×25	4×28	4×36	5×40	6.3×50	6.3×63

注：1. d_a、d_w、e 尺寸和技术条件与表 3-19 相同；

2. 尽可能不采用括号内的规格。

四、垫圈

表 3-21 小垫圈、平垫圈 mm

小垫圈—A级(GB/T 848—2002摘录)
平垫圈—A级(GB/T 97.1—2002摘录)

$\sqrt{} = \begin{cases} \sqrt{Ra\,1.6} & 用于\,h\leqslant3\ mm \\ \sqrt{Ra\,3.2} & 用于\,h>3\ mm \end{cases}$

平垫圈—倒角型—A级
(GB/T 97.2—2002摘录)

30°或45°　$C=(0.25或0.5)h$

$\sqrt{} = \begin{cases} \sqrt{Ra\,1.6} & 用于\,h\leqslant3\ mm \\ \sqrt{Ra\,3.2} & 用于\,h>3\ mm \end{cases}$

标记示例:

小系列（或标准系列）、公称规格 8 mm、由钢制造的硬度等级为 200 HV 级、不经表面处理、产品等级为 A 级的平垫圈的标记为

垫圈 GB/T 848 8（或 GB/T 97.1 8 或 GB/T 97.2 8）

公称尺寸（螺纹规格 d）		1.6	2	2.5	3	4	5	6	8	10	12	(14)	16	20	24	30	36
d_1	GB/T 848—2002	1.7	2.2	2.7	3.2	4.3	5.3	6.4	8.4	10.5	13	15	17	21	25	31	37
	GB/T 97.1—2002	1.7	2.2	2.7	3.2	4.3	5.3	6.4	8.4	10.5	13	15	17	21	25	31	37
	GB/T 97.2—2002	—	—	—	—	—	5.3	6.4	8.4	10.5	13	15	17	21	25	31	37
d_2	GB/T 848—2002	3.5	4.5	5	6	8	9	11	15	18	20	24	28	34	39	50	60
	GB/T 97.1—2002	4	5	6	7	9	10	12	16	20	24	28	30	37	44	56	66
	GB/T 97.2—2002	—	—	—	—	—	10	12	16	20	24	28	30	37	44	56	66
h	GB/T 848—2002	0.3	0.3	0.5	0.5	0.5	1	1.6	1.6	1.6	2	2.5	2.5	3	4	4	5
	GB/T 97.1—2002	0.3	0.3	0.5	0.5	0.8	1	1.6	1.6	2	2.5	2.5	3	3	4	4	5
	GB/T 97.2—2002	—	—	—	—	—	1	1.6	1.6	2	2.5	2.5	3	3	4	4	5

表 3-22 标准型弹簧垫圈（GB/T 93—1987 摘录）、轻型弹簧垫圈（GB/T 859—1987 摘录） mm

标记示例:

规格为16、材料为65Mn、表面氧化的标准型（或轻型）弹簧垫圈的标记为

垫圈 GB/T 93 16

（或 GB/T 859 16）

规格（螺纹大径）			3	4	5	6	8	10	12	(14)	16	(18)	20	(22)	24	(27)	30	(33)	36
GB/T 93 —1987	$s(b)$	公称	0.8	1.1	1.3	1.6	2.1	2.6	3.1	3.6	4.1	4.5	5.0	5.5	6.0	6.8	7.5	8.5	9
	H	min	1.6	2.2	2.6	3.2	4.2	5.2	6.2	7.2	8.2	9	10	11	12	13.6	15	17	18
		max	2	2.75	3.25	4	5.25	6.5	7.75	9	10.25	11.25	12.5	13.75	15	17	18.75	21.25	22.5
	m	≤	0.4	0.55	0.65	0.8	1.05	1.3	1.55	1.8	2.05	2.25	2.5	2.75	3	3.4	3.75	4.25	4.5
GB/T 859 —1987	s	公称	0.6	0.8	1.1	1.3	1.6	2	2.5	3	3.2	3.6	4	4.5	5	5.5	6	—	—
	b	公称	1	1.2	1.5	2	2.5	3	3.5	4	4.5	5	5.5	6	7	8	9	—	—
	H	min	1.2	1.6	2.2	2.6	3.2	4	5	6	6.4	7.2	8	9	10	11	12	—	—
		max	1.5	2	2.75	3.25	4	5	6.25	7.5	8	9	10	11.25	12.5	13.75	15	—	—
	m	≤	0.3	0.4	0.55	0.65	0.8	1.0	1.25	1.5	1.6	1.8	2.0	2.25	2.5	2.75	3.0	—	—

注：尽可能不采用括号内的规格。

表 3-23 外舌止动垫圈(GB/T 856—1988 摘录)   mm

标记示例:

  规格为 10、材料为 Q235-A、经退火、表面氧化处理的外舌止动垫圈的标记为

  垫圈 GB/T 856 10

规 格 (螺纹大径)		3	4	5	6	8	10	12	(14)	16	(18)	20	(22)	24	(27)	30	36
d	max	3.5	4.5	5.6	6.76	8.76	10.93	13.43	15.43	17.43	19.52	21.52	23.52	25.52	28.52	31.62	37.62
	min	3.2	4.2	5.3	6.4	8.4	10.5	13	15	17	19	21	23	25	28	31	37
D	max	12	14	17	19	22	26	32	32	40	45	45	50	50	58	63	75
	min	11.57	13.57	16.57	18.48	21.48	25.48	31.38	31.38	39.38	44.38	44.38	49.38	49.38	57.26	62.26	74.26
b	max	2.5	2.5	3.5	3.5	3.5	4.5	4.5	4.5	5.5	6	6	7	7	8	8	11
	min	2.25	2.25	3.2	3.2	3.2	4.2	4.2	4.2	5.2	5.7	5.7	6.64	6.64	7.64	7.64	10.57
L		4.5	5.5	7	7.5	8.5	10	12	12	15	18	18	20	20	23	25	31
s		0.4	0.4	0.5	0.5	0.5	0.5	1	1	1	1	1	1	1	1.5	1.5	1.5
d_1		3	3	4	4	4	5	5	5	6	7	7	8	8	9	9	12
t		3	3	4	4	4	5	5	6	6	7	7	7	7	10	10	10

注:尽可能不采用括号内的规格。

表 3-24 工字钢、槽钢用方斜垫圈   mm

工字钢用方斜垫圈(GB/T 852—1988 摘录)   槽钢用方斜垫圈(GB/T 853—1988 摘录)

标记示例:

  规格为 16、材料为 Q235-A、不经表面处理的工字钢用(槽钢用)方斜垫圈的标记为

  垫圈 GB/T 852 16(GB/T 853 16)

规格 (螺纹大径)		6	8	10	12	16	(18)	20	(22)	24	(27)	30	36
d	max	6.96	9.36	11.43	13.93	17.93	20.52	22.52	24.52	26.52	30.52	33.62	39.62
	min	6.6	9	11	13.5	17.5	20	22	24	26	30	33	39
B		16	18	22	28	35	40	40	40	50	50	60	70
H		2					3						
H_1	GB/T 852—1988	4.7	5.0	5.7	6.7	7.7	9.7	9.7	9.7	11.3	11.3	13.0	14.7
	GB/T 853—1988	3.6	3.8	4.2	4.8	5.4	7	7	7	8	8	9	10

注:尽可能不采用括号内的规格。

五、螺纹零件的结构要素

表 3-25 普通螺纹收尾、肩距、退刀槽、倒角（GB/T 3—1997摘录） mm

螺距	外螺纹									内螺纹							
	收尾 X		肩距 a			退刀槽				收尾 X		肩距 A			退刀槽		
	max		max			g_2	g_1	r		max		max			G_1		R
P	一般	短的	一般	长的	短的	max	min	$\approx$	d_g	一般	短的	一般	长的	短的	一般	短的	$\approx$	D_g
0.5	1.25	0.7	1.5	2	1	1.5	0.8	0.2	d-0.8	2	1	3	4		2	1	0.2	
0.6	1.5	0.75	1.8	2.4	1.2	1.8	0.9	0.4	d-1	2.4	1.2	3.2	4.8		2.4	1.2	0.3	
0.7	1.75	0.9	2.1	2.8	1.4	2.1	1.1		d-1.1	2.8	1.4	3.5	5.6		2.8	1.4	0.4	D+0.3
0.75	1.9	1	2.25	3	1.5	2.25	1.2		d-1.2	3	1.5	3.8	6		3	1.5	0.4	
0.8	2	1	2.4	3.2	1.6	2.4	1.3		d-1.3	3.2	1.6	4	6.4		3.2	1.6	0.4	
1	2.5	1.25	3	4	2	3	1.6	0.6	d-1.6	4	2	5	8		4	2	0.5	
1.25	3.2	1.6	4	5	2.5	3.75	2		d-2	5	2.5	6	10		5	2.5	0.6	
1.5	3.8	1.9	4.5	6	3	4.5	2.5	0.8	d-2.3	6	3	7	12		6	3	0.8	
1.75	4.3	2.2	5.3	7	3.5	5.25	3	1	d-2.6	7	3.5	9	14		7	3.5	0.9	
2	5	2.5	6	8	4	6	3.4		d-3	8	4	10	16		8	4	1	
2.5	6.3	3.2	7.5	10	5	7.5	4.4	1.2	d-3.6	10	5	12	18		10	5	1.2	
3	7.5	3.8	9	12	6	9	5.2	1.6	d-4.4	12	6	14	22		12	6	1.5	D+0.5
3.5	9	4.5	10.5	14	7	10.5	6.2		d-5	14	7	16	24		14	7	1.8	
4	10	5	12	16	8	12	7	2	d-5.7	16	8	18	26		16	8	2	
4.5	11	5.5	13.5	18	9	13.5	8		d-6.4	18	9	21	29		18	9	2.2	
5	12.5	6.3	15	20	10	15	9	2.5	d-7	20	10	23	32		20	10	2.5	
5.5	14	7	16.5	22	11	17.5	11	3.2	d-7.7	22	11	25	35		22	11	2.8	
6	15	7.5	18	24	12	18	11		d-8.3	24	12	28	38		24	12	3	

注：1. 外螺纹倒角一般为45°，也可采用60°或30°倒角；倒角深度应大于或等于牙型高度，过渡角 α 应不小于30°。内螺纹入口端面的倒角一般为120°，也可采用90°倒角。端面倒角直径为(1.05~1)D（D为螺纹公称直径）。
2. 应优先选用"一般"长度的收尾和肩距。

表 3-26 单头梯形外螺纹与内螺纹的退刀槽 mm

P	$b=b_1$	d_2	d_3	$r=r_1$	$C=C_1$
2	2.5	d-3	d+1	1	1.5
3	4	d-4			2
4	5	d-5.1	d+1.1	1.5	2.5
5	6.5	d-6.6	d+1.6		3
6	7.5	d-7.8	d+1.8	2	3.5
8	10	d-9.8		2.5	4.5
10	12.5	d-12	d+2	3	5.5
12	15	d-14			6.5
16	20	d-19.2	d+3.2	4	9
20	24	d-23.5	d+3.5	5	11

表 3-27　螺栓和螺钉通孔及沉孔尺寸　　　　　　　　　　　　　　　mm

螺纹规格	螺栓和螺钉通孔直径 d_h (GB/T 5277—1985 摘录)			沉头螺钉用沉孔 (GB/T 152.2—2014 摘录)				内六角圆柱头螺钉的圆柱头沉孔 (GB/T 152.3—1988 摘录)				六角头螺栓和六角螺母的沉孔 (GB/T 152.4—1988 摘录)			
d	精装配	中等装配	粗装配	d_2	$t\approx$	d_1	a	d_2	t	d_3	d_1	d_2	d_3	d_1	t
M3	3.2	3.4	3.6	6.3	1.55	3.4		6.0	3.4		3.4	9		3.4	
M4	4.3	4.5	4.8	9.4	2.55	4.5		8.0	4.6		4.5	10		4.5	
M5	5.3	5.5	5.8	10.4	2.58	5.5		10.0	5.7		5.5	11		5.5	
M6	6.4	6.6	7	12.6	3.13	6.6		11.0	6.8		6.6	13		6.6	
M8	8.4	9	10	17.3	4.28	9		15.0	9.0		9.0	18	—	9.0	只要能制出与通孔轴线垂直的圆平面即可
M10	10.5	11	12	20.0	4.65	11		18.0	11.0		11.0	22		11.0	
M12	13	13.5	14.5				90°±1°	20.0	13.0	16	13.5	26	16	13.5	
M14	15	15.5	16.5					24.0	15.0	18	15.5	30	18	13.5	
M16	17	17.5	18.5					26.0	17.5	20	17.5	33	20	17.5	
M18	19	20	21					—	—	—	—	36	22	20.0	
M20	21	22	24					33.0	21.5	24	22.0	40	24	22.0	
M22	23	24	26					—	—	—	—	43	26	24	
M24	25	26	28					40.0	25.5	28	26.0	48	28	26	
M27	28	30	32					—	—	—	—	53	33	30	
M30	31	33	35					48.0	32.0	36	33.0	61	36	33	
M36	37	39	42					57.0	38.0	42	39.0	71	42	39	

表 3-28　普通粗牙螺纹的余留长度、钻孔余留深度（JB/ZQ 4247—2006）　　　mm

拧入深度 L 参见表 3-29 或由设计者决定；
钻孔深度 $L_2=L+l_2$；螺孔深度 $L_1=L+l_1$

螺纹直径 d	余 留 长 度			末端长度 a
	内螺纹 l_1	外螺纹 l	钻孔 l_2	
5	1.5	2.5	6	2~3
6	2	3.5	7	2.5~4
8	2.5	4	9	
10	3	4.5	10	3.5~5
12	3.5	5.5	13	
14,16	4	6	14	4.5~6.5
18,20,22	5	7	17	
24、27	6	8	20	5.5~8
30	7	10	23	
36	8	11	26	7~11
42	9	12	30	
48	10	13	33	10~15
56	11	16	36	

表 3-29 粗牙螺栓、螺钉的拧入深度和螺纹孔尺寸(参考)　　mm

d	d_0	用于钢或青铜		用于铸铁		用于铝	
		h	L	h	L	h	L
6	5	8	6	12	10	15	12
8	6.8	10	8	15	12	20	16
10	8.5	12	10	18	15	24	20
12	10.2	15	12	22	18	28	24
16	14	20	16	28	24	36	32
20	17.5	25	20	35	30	45	40
24	21	30	24	42	35	55	48
30	26.5	36	30	50	45	70	60
36	32	45	36	65	55	80	72
42	37.5	50	42	75	65	95	85

注:h 为内螺纹通孔长度;L 为双头螺栓或螺钉拧入深度;d_0 为攻螺纹前的钻孔直径。

表 3-30 扳手空间(JB/ZQ 4005—2006)　　mm

螺纹直径 d	s	A	A_1	$E=K$	M	L	L_1	R	D
6	10	26	18	8	15	46	38	20	24
8	13	32	24	11	18	55	44	25	28
10	16	38	28	13	22	62	50	30	30
12	18	42	—	14	24	70	55	32	—
14	21	48	36	15	26	80	65	36	40
16	24	55	38	16	30	85	70	42	45
18	27	62	45	19	32	95	75	46	52
20	30	68	48	20	35	105	85	50	56
22	34	76	55	24	40	120	95	58	60
24	36	80	58	24	42	125	100	60	70
27	41	90	65	26	46	135	110	65	76
30	46	100	72	30	50	155	125	75	82
33	50	108	76	32	55	165	130	80	88
36	55	118	85	36	60	180	145	88	95
39	60	125	90	38	65	190	155	92	100
42	65	135	96	42	70	205	165	100	106
45	70	145	105	45	75	220	175	105	112
48	75	160	115	48	80	235	185	115	126
52	80	170	120	48	84	245	195	125	132
56	85	180	126	52	90	260	205	130	138
60	90	185	134	58	95	275	215	135	145
64	95	195	140	58	100	285	225	140	152
68	100	205	145	65	105	300	235	150	158

第四章 键连接和销连接

一、键连接

表 4-1 平键连接的剖面和键槽尺寸（GB/T 1095—2003 摘录）、普通平键的形式和尺寸（GB/T 1096—2003 摘录）

mm

标记示例：

GB/T 1096 键 16×10×100［圆头普通平键（A 型）、$b=16$、$h=10$、$L=100$］
GB/T 1096 键 B16×10×100［平头普通平键（B 型）、$b=16$、$h=10$、$L=100$］
GB/T 1096 键 C16×10×100［单圆头普通平键（C 型）、$b=16$、$h=10$、$L=100$］

轴	键		键 槽											
			宽 度 b						深 度				半径 r	
				极 限 偏 差					轴 t		毂 t_1			
公称直径 d	公称尺寸 $b×h$	公称尺寸 b	松连接		正常连接		紧密连接		公称尺寸	极限偏差	公称尺寸	极限偏差	最小	最大
			轴 H9	毂 D10	轴 N9	毂 JS9	轴和毂 P9							
自 6~8	2×2	2	+0.025 0	+0.060 +0.020	−0.004 −0.029	±0.0125	−0.006 −0.031		1.2	+0.1 0	1	+0.1 0	0.08	0.16
>8~10	3×3	3							1.8		1.4			
>10~12	4×4	4	+0.030 0	+0.078 +0.030	0 −0.030	±0.015	−0.012 −0.042		2.5		1.8			
>12~17	5×5	5							3.0		2.3			
>17~22	6×6	6							3.5		2.8		0.16	0.25
>22~30	8×7	8	+0.036 0	+0.098 +0.040	0 −0.036	±0.018	−0.015 −0.051		4.0		3.3			
>30~38	10×8	10							5.0		3.3			
>38~44	12×8	12	+0.043 0	+0.120 +0.050	0 −0.043	±0.0215	−0.018 −0.061		5.0	+0.2 0	3.3	+0.2 0	0.25	0.40
>44~50	14×9	14							5.5		3.8			
>50~58	16×10	16							6.0		4.3			
>58~65	18×11	18							7.0		4.4			
>65~75	20×12	20	+0.052 0	+0.149 +0.065	0 −0.052	±0.026	−0.022 −0.074		7.5		4.9			
>75~85	22×14	22							9.0		5.4		0.40	0.60
>85~95	25×14	25							9.0		5.4			
>95~110	28×16	28							10.0		6.4			
键的长度系列	6,8,10,12,14,16,18,20,22,25,28,32,36,40,45,50,56,63,70,80,90,100,110,125,140,160,180,200,220,250,280,320,360													

注：1. 在工作图中，轴槽深用 t 或 $(d-t)$ 标注，轮毂槽深用 $(d+t_1)$ 标注；
    2. $(d-t)$ 和 $(d+t_1)$ 两组合尺寸的极限偏差按相应的 t 和 t_1 极限偏差选取，但 $(d-t)$ 极限偏差值应取负号（−）；
    3. 键尺寸的极限偏差 b 为 h8，h 为 h11，L 为 h14；
    4. 键材料的抗拉强度应不小于 590 MPa；
    5. 公称直径 d 供选择键和键槽尺寸时参考。

表 4-2　导向平键的形式和尺寸（GB/T 1097—2003 摘录）　　　mm

标记示例：

GB/T 1097　键　16×100［A 型导向平键（圆头）、$b=16$、$h=10$、$L=100$］

GB/T 1097　键　B16×100［B 型导向平键（平头）、$b=16$、$h=10$、$L=100$］

b	8	10	12	14	16	18	20	22	25	28	32
h	7	8	8	9	10	11	12	14	14	16	18
C 或 r	0.25~0.4	0.40~0.60					0.60~0.80				
h_1	2.4	3	3.5		4.5			6			7
d	M3	M4	M5		M6			M8			M10
d_1	3.4	4.5	5.5		6.6			9			11
D	6	8.5	10		12			15			18
c_1	0.3		0.5								
L_0	7	8	10		12			15			18
螺钉（$d_0 \times L_4$）	M3×8	M3×10	M4×10	M5×10		M6×12		M6×16	M8×16		M10×20
L	25~90	25~110	28~140	36~160	45~180	50~200	56~220	63~250	70~280	80~320	90~360

L,L_1,L_2,L_3 对应长度系列

L	25	28	32	36	40	45	50	56	63	70	80	90	100	110	125	140	160	180	200	220	250	280	320	360
L_1	13	14	16	18	20	23	26	30	35	40	48	54	60	66	75	80	90	100	110	120	140	160	180	200
L_2	12.5	14	16	18	20	22.5	25	28	31.5	35	40	45	50	55	62	70	80	90	100	110	125	140	160	180
L_3	6	7	8	9	10	11	12	13	14	15	16	18	20	22	25	30	35	40	45	50	55	60	70	80

注：1. 固定用螺钉应符合 GB/T 822 或 GB/T 65 的规定；

　　2. 键的截面尺寸（$b×h$）的选取及键槽尺寸见表 4-1；

　　3. 导向平键常用材料为 45 钢。

表 4-3 矩形花键的尺寸、公差（GB/T 1144—2001 摘录） mm

标记示例：花键，$N=6$，$d=23\dfrac{H7}{f7}$、$D=26\dfrac{H10}{a11}$，$B=6\dfrac{H11}{d10}$ 的标记为

花键规格：$N\times d\times D\times B$

6×23×26×6

花键副：$6\times23\dfrac{H7}{f7}\times26\dfrac{H10}{a11}\times6\dfrac{H11}{d10}$　GB/T 1144—2001

内花键：6×23H 7×26H10×6H11　GB/T 1144—2001

外花键：6×23f 7×26a11×6d10　GB/T 1144—2001

小径 d	基本尺寸系列和键槽截面尺寸									
	轻 系 列					中 系 列				
	规 格 $N\times d\times D\times B$	C	r	参 考		规 格 $N\times d\times D\times B$	C	r	参 考	
				d_{1min}	a_{min}				d_{1min}	a_{min}
18						6×18×22×5	0.3	0.2	16.6	1.0
21						6×21×25×5			19.5	2.0
23	6×23×26×6	0.2	0.1	22	3.5	6×23×28×6			21.2	1.2
26	6×26×30×6			24.5	3.8	6×26×32×6			23.6	1.2
28	6×28×32×7			26.6	4.0	6×28×34×7			25.8	1.4
32	8×32×36×6	0.3	0.2	30.3	2.7	8×32×38×6	0.4	0.3	29.4	1.0
36	8×36×40×7			34.4	3.5	8×36×42×7			33.4	1.0
42	8×42×46×8			40.5	5.0	8×42×48×8			39.4	2.5
46	8×46×50×9			44.6	5.7	8×46×54×9			42.6	1.4
52	8×52×58×10			49.6	4.8	8×52×60×10	0.5	0.4	48.6	2.5
56	8×56×62×10			53.5	6.5	8×56×65×10			52.0	2.5
62	8×62×68×12			59.7	7.3	8×62×72×12			57.7	2.4
72	10×72×78×12	0.4	0.3	69.6	5.4	10×72×82×12			67.7	1.0
82	10×82×88×12			79.3	8.5	10×82×92×12	0.6	0.5	77.0	2.9
92	10×92×98×14			89.6	9.9	10×92×102×14			87.3	4.5
102	10×102×108×16			99.6	11.3	10×102×112×16			97.7	6.2

内、外花键的尺寸公差带

内 花 键			外 花 键			装配形式
d	D	B	d	D	B	
		拉削后不热处理　拉削后热处理				
一 般 用 公 差 带						
H7	H10	H9　　　　　H11	f7	a11	d10	滑　动
			g7		f9	紧滑动
			h7		h10	固　定
精 密 传 动 用 公 差 带						
H5	H10	H7、H9	f5	a11	d8	滑　动
			g5		f7	紧滑动
			h5		h8	固　定
H6			f6	a11	d8	滑　动
			g6		f7	紧滑动
			h6		d8	固　定

注：1. 精密传动用的内花键，当需要控制键侧配合间隙时，槽宽可选用 H7，一般情况下可选用 H9。

　　2. d 为 H6 和 H7 的内花键，允许与提高一级的外花键配合。

二、销连接

表 4-4　圆柱销（GB/T 119.1—2000 摘录）、圆锥销（GB/T 117—2000 摘录）　　　　mm

d 的公差为 h8 或 m6

公差 m6：表面粗糙度 $Ra \leq 0.8\ \mu m$
公差 h8：表面粗糙度 $Ra \leq 1.6\ \mu m$

标记示例：

公称直径 $d=6$、公差为 m6、公称长度 $l=30$、材料为钢、不经淬火、不经表面处理的圆柱销的标记为

销　GB/T 119.1　6　m6×30

公称直径 $d=6$、长度 $l=30$、材料为 35 钢、热处理硬度 28～38 HRC、表面氧化处理的 A 型圆锥销的标记为

销　GB/T 117　6×30

$R_2 \approx \dfrac{a}{2} + d + \dfrac{0.021^2}{8a}$

$\sqrt{Ra\ 6.3}\ \left(\sqrt{\ }\right)$

	公称直径 d	3	4	5	6	8	10	12	16	20	25
圆柱销	d h8 或 m6	3	4	5	6	8	10	12	16	20	25
	$c \approx$	0.5	0.63	0.8	1.2	1.6	2.0	2.5	3.0	3.5	4.0
	l（公称）	8～30	8～40	10～50	12～60	14～80	18～95	22～140	26～180	35～200	50～200
圆锥销	d h10　min	2.96	3.95	4.95	5.95	7.94	9.94	11.93	15.93	19.92	24.92
	max	3	4	5	6	8	10	12	16	20	25
	$a \approx$	0.4	0.5	0.63	0.8	1.0	1.2	1.6	2.0	2.5	3.0
	l（公称）	12～45	14～55	18～60	22～90	22～120	26～160	32～180	40～200	45～200	50～200
l（公称）的系列		12～32（2 进位），35～100（5 进位），100～200（20 进位）									

表 4-5　螺尾锥销（GB/T 881—2000 摘录）　　　　mm

$\sqrt{Ra\ 6.3}\ \left(\sqrt{\ }\right)$

标记示例：

公称直径 $d_1=6$、长度 $l=50$、材料为 Y12 或 Y15、不经热处理、不经表面处理的螺尾锥销的标记为

销　GB/T 881　6×50

d_1	公称	5	6	8	10	12	16	20	25	30	40	50
h10	min	4.952	5.952	7.942	9.942	11.930	15.930	19.916	24.916	29.916	39.90	49.90
	max	5	6	8	10	12	16	20	25	30	40	50
a	max	2.4	3	4	4.5	5.3	6	6	7.5	9	10.5	12
b	max	15.6	20	24.5	27	30.5	39	39	45	52	65	78
	min	14	18	22	24	27	35	35	40	46	58	70
d_2		M5	M6	M8	M10	M12	M16	M16	M20	M24	M30	M36
d_3	max	3.5	4	5.5	7	8.5	12	12	15	18	23	28
	min	3.25	3.7	5.2	6.6	8.1	11.5	11.5	14.5	17.5	22.5	27.5
z	max	1.5	1.75	2.25	2.75	3.25	4.3	4.3	5.3	6.3	7.5	9.4
	min	1.25	1.5	2	2.5	3	4	4	5	6	7	9
l	公称	40～50	45～60	55～75	65～100	85～120	100～160	120～190	140～250	160～280	190～320	220～400
l 的系列		40～75（5 进位），85，100，120，140，160，190，220，280，320，360，400										

表 4-6　内螺纹圆柱销（GB/T 120.1—2000 摘录）、内螺纹圆锥销（GB/T 118—2000 摘录）　　　　mm

内螺纹圆柱销　　　　　　　　　　　　　　　内螺纹圆锥销

标记示例：

　　公称直径 $d=6$、公差为 m6、公称长度 $l=30$、材料为钢、不经淬火、不经表面处理的内螺纹圆柱销标记为

　　销 GB/T 120.1　6×30

　　公称直径 $d=10$、长度 $l=60$、材料为 35 钢、热处理硬度 28~38HRC、表面氧化处理的 A 型内螺纹圆锥销的标记为

　　销　GB/T 118　10×60

锥销锁紧挡圈

公称直径 d			6	8	10	12	16	20	25	30	40	50
$a\approx$			0.8	1	1.2	1.6	2	2.5	3	4	5	6.3
内螺纹圆柱销	d m6	min	6.004	8.006	10.006	12.007	16.007	20.008	25.008	30.008	40.009	50.009
		max	6.012	8.015	10.015	12.018	16.018	20.021	25.021	30.021	40.025	50.025
	$c\approx$		1.2	1.6	2	2.5	3	3.5	4	5	6.3	8
	d_1		M4	M5	M6	M6	M8	M10	M16	M20	M20	M24
	t	min	6	8	10	12	16	18	24	30	30	36
	t_1		10	12	16	20	25	28	35	40	40	50
	l（公称）		16~60	18~80	22~100	26~120	32~160	40~200	50~200	60~200	80~200	100~200
内螺纹圆锥销	d h10	min	5.952	7.942	9.942	11.93	15.93	19.916	24.916	29.916	39.9	49.9
		max	6	8	10	12	16	20	25	30	40	50
	d_1		M4	M5	M6	M8	M10	M12	M16	M20	M20	M24
	t		6	8	10	12	16	18	24	30	30	36
	t_1	min	10	12	16	20	25	28	35	40	40	50
	$C\approx$		0.8	1	1.2	1.6	2	2.5	3	4	5	6.3
	l（公称）		16~60	18~80	22~100	26~120	32~160	40~200	50~200	60~200	80~200	100~200
l（公称）的系列			16~32（2 进位），35~100（5 进位），100~200（20 进位）									

表 4-7　开口销（GB/T 91—2000 摘录）　　　　mm

允许制造的形式　　　标记示例：

　　公称直径 $d=5$、长度 $l=50$、材料为低碳钢、不经表面处理的开口销标记为

　　销　GB/T 91　5×50

公称直径 d		0.6	0.8	1	1.2	1.6	2	2.5	3.2	4	5	6.3	8	10	13
a	max		1.6				2.5		3.2	4			6.3		
c	max	1	1.4	1.8	2	2.8	3.6	4.6	5.8	7.4	9.2	11.8	15	19	24.8
	min	0.9	1.2	1.6	1.7	2.4	3.2	4	5.1	6.5	8	10.3	13.1	16.6	21.7
$b\approx$		2	2.4	3	3	3.2	4	5	6.4	8	10	12.6	16	20	26
l（公称）		4~12	5~16	6~20	8~25	8~32	10~40	12~50	14~63	18~80	22~100	32~125	40~160	45~200	71~250
l（公称）的系列		4,5,6~22（2 进位），25,28,32,36,40,45,50,56,63,71,80,90,100,112,125,140,160,180,200,224,250													

注：销孔的公称直径等于销的公称直径 d。

表 4-8　无头销轴（GB/T 880—2008 摘录）、销轴（GB/T 882—2008 摘录）

注：用于铁路和开口销承受交变横向力的场合时，推荐采用表中规定的下一档较大的开口销及相应的孔径。

① 其余尺寸、角度和表面粗糙度值见 A 型；

② 某些情况下，不能按 $l-l_e$ 计算 l_h 尺寸，所需要的尺寸应在标记中注明，但不允许 l_h 尺寸小于表中规定的数值。

d	h11	3	4	5	6	8	10	12	14	16	18	20	22	24	27	30	33	36	40	45	50	55	60	70	80	90	100
d_1	h13	0.8	1	1.2	1.6	2	3.2		4			5		6.3		8				10				13			
c	max	1		2			3					4								6							
GB/T 882	d_k	5	6	8	10	14	18	20	22	25	28	30	33	36	40	44	47	50	55	60	66	72	78	90	100	110	120
	k	1		1.6	2	3		4			4.5	5	5.5		6			8		9		11	12	13			
	r	0.6										1															
	e	0.5		1				1.6				2								3							
l_e	min	1.6	2.2	2.9	3.2	3.5	4.5	5.5	6		7	8		9		10				12		14		16			
l		6~30	8~40	10~50	12~60	16~80	20~100	24~120	28~140	32~160	35~180	40~200	45~200	50~200	55~200	60~200	65~200	70~200	80~200	90~200	100~200	120~200	120~200	140~200	160~200	180~200	200

注：长度 l 系列为 6~32（2 进位），35~100（5 进位），120~200（20 进位）。

第五章　轴系零件的紧固件

一、挡圈

表 5-1　轴肩挡圈（GB/T 886—1986 摘录）　　　mm

公称直径 d（轴径）	$D_1 \geqslant$	(0)2尺寸系列径向轴承用		(0)3尺寸系列径向轴承和(0)2尺寸系列角接触轴承用		(0)4尺寸系列径向轴承和(0)3尺寸系列角接触轴承用	
		D	H	D	H	D	H
20	22	—	—	27		30	
25	27	—	—	32		35	
30	32	36		38		40	
35	37	42		45	4	47	5
40	42	47	4	50		52	
45	47	52		55		58	
50	52	58		60		65	
55	58	65		68		70	
60	63	70		72		75	
65	68	75	5	78	5	80	6
70	73	80		82		85	
75	78	85		88		90	
80	83	90		95		100	
85	88	95		100		105	
90	93	100	6	105	6	110	8
95	98	110		110		115	
100	103	115	8	115	8	120	10

标记示例：

挡圈　GB/T 886—1986-40×52

（直径 d＝40、D＝52、材料为 35 钢、不经热处理及表面处理的轴肩挡圈）

表 5-2　锥销锁紧挡圈（GB/T 883—1986 摘录）、螺钉锁紧挡圈（GB/T 884—1986 摘录）　　mm

		锥销锁紧挡圈				螺钉锁紧挡圈			
d	D	H	d_1	C	圆锥销 GB/T 117—2000（推荐）	H	d_0	C	螺钉 GB/T 71—1985（推荐）
16	30								
(17)	32			0.5	4×32				
18		12	4			12	M6		M6×10
(19)	35				4×35				
20									
22	38				5×40				
25	42		5		5×45				
28	45	14			6×50	14	M8		M8×12
30	48								
32	52				6×55				
35	56	16	6		6×60	16		1	M10×16
40	62								
45	70				6×70				
50	80	18		1	8×80	18	M10		
55	85		8		8×90				M10×20
60	90								
65	95	20			10×100	20			
70	100								
75	110				10×110				
80	115	22	10		10×120	22			M12×25
85	120						M12		
90	125								
95	130	25		1.5	10×130	25		1.5	
100	135				10×140				

标记示例：

挡圈　GB/T 883　20

挡圈　GB/T 884　20

（直径 d＝20，材料为 Q235-A、不经表面处理的锥销锁紧挡圈和螺钉锁紧挡圈）

注：1. 括号内的尺寸，尽可能不采用；
　　2. 加工锥销锁紧挡圈的 d_1 孔时，只钻一面；装配时钻透并铰孔

表 5-3　轴端挡圈　　　　　　　　　　　　　　　　　　　　　　mm

螺钉紧固轴端挡圈(GB/T 891—1986摘录)　　　　　　螺栓紧固轴端挡圈(GB/T 892—1986摘录)

轴端单孔挡圈的固定

标记示例:

挡圈　GB/T 891　45(公称直径 D=45、材料为 Q235-A、不经表面处理的 A 型螺钉紧固轴端挡圈)

挡圈　GB/T 891　B45(公称直径 D=45、材料为 Q235-A、不经表面处理的 B 型螺钉紧固轴端挡圈)

轴径 ≤	公称直径 D	H	L	d	d_1	C	D_1	螺钉紧固轴端挡圈		螺栓紧固轴端挡圈			安装尺寸(参考)			
								螺 钉 GB/T 819.1 —2000 (推荐)	圆柱销 GB/T 119.1 —2000 (推荐)	螺 栓 GB/T 5783 —2000 (推荐)	圆柱销 GB/T 119.1 —2000 (推荐)	垫 圈 GB/T 93 —1987 (推荐)	L_1	L_2	L_3	h
14	20	4	—													
16	22	4	—													
18	25	4	—	5.5	2.1	0.5	11	M5×12	A2×10	M5×16	A2×10	5	14	6	16	4.8
20	28	4	7.5													
22	30	4	7.5													
25	32	5	10													
28	35	5	10													
30	38	5	10	6.6	3.2	1	13	M6×16	A3×12	M6×20	A3×12	6	18	7	20	5.6
32	40	5	12													
35	45	5	12													
40	50	5	12													
45	55	6	16													
50	60	6	16													
55	65	6	16	9	4.2	1.5	17	M8×20	A4×14	M8×25	A4×14	8	22	8	24	7.4
60	70	6	20													
65	75	6	20													
70	80	6	20													
75	90	8	25	13	5.2	2	25	M12×25	A5×16	M12×30	A5×16	12	26	10	28	10.6
85	100	8	25													

注: 1. 当挡圈装在带螺纹孔的轴端时,紧固用螺钉允许加长;

2. 材料:Q235-A、35 钢,45 钢;

3. "轴端单孔挡圈的固定"不属于 GB/T 891—1986、GB/T 892—1986,仅供参考。

表 5-4　孔用弹性挡圈(A 型)(GB/T 893—2017 摘录)　　　　mm

标记示例

孔径 $d_1 = 40$ mm、厚度 $s = 1.75$ mm、材料 C67S、表面磷化处理的 A 型孔用弹性挡圈的标记:

挡圈　GB/T 893 40

公称规格 d_1	挡圈				沟槽					轴 d_4 ≤	公称规格 d_1	挡圈				沟槽					轴 d_4 ≤
	d_3	s	b ≈	d_5 min	d_2 基本尺寸	极限偏差	m H13	t	n min			d_3	s	b ≈	d_5 min	d_2 基本尺寸	极限偏差	m H13	t	n min	
8	8.7	0.8	1.1	1.0	8.4	+0.09 0	0.9	0.20	0.6	3.0	48	51.5	1.75	4.5	2.5	50.5	0.30 0	1.85	1.25	3.8	34.5
9	9.8		1.3	1.0	9.4					3.7	50	54.2		4.6	2.5	53					36.3
10	10.8		1.4	1.2	10.4					3.3	52	56.2		4.7	2.5	55					37.9
11	11.8		1.5	1.2	11.4					4.1	55	59.2		5.0	2.5	58		2.15			40.7
12	13		1.7	1.5	12.5	+0.11 0		0.25	0.8	4.9	56	60.2	2	5.1	2.5	59					41.7
13	14.1		1.8	1.5	13.6			0.30	0.9	5.4	58	62.2		5.2	2.5	61			1.50	4.5	43.5
14	15.1		1.9	1.7	14.6					6.2	60	64.2		5.4	2.5	63	0.30 0				44.7
15	16.2		2.0	1.7	15.7			0.35	1.1	7.2	62	66.2		5.5	2.5	65					46.7
16	17.3	1	2.0	1.7	16.8		1.1	0.40	1.2	8.0	63	67.2		5.6	2.5	66					47.7
17	18.3		2.1	1.7	17.8					8.8	65	69.2		5.8	3.0	68					49.0
18	19.5		2.2	2.0	19					9.4	68	72.5		6.1	3.0	71					51.6
19	20.5		2.2	2.0	20	+0.13 0		0.50	1.5	10.4	70	74.5		6.2	3.0	73		2.65			53.6
20	21.5		2.3	2.0	21					11.2	72	76.5	2.5	6.4	3.0	75					55.6
21	22.5		2.4	2.0	22					12.2	75	79.5		6.6	3.0	78			1.75	5.3	58.6
22	23.5		2.5	2.0	23					13.2	78	82.5		6.6	3.0	81					60.1
24	25.9		2.6	2.0	25.2			0.60	1.8	14.8	80	85.5		6.8	3.0	83.5					62.1
25	26.9		2.7	2.0	26.2	+0.21 0				15.5	82	87.5		7.0	3.0	85.5	+0.35 0				64.1
26	27.9		2.8	2.0	27.2					16.1	85	90.5		7.0	3.5	88.5					66.9
28	30.1	1.2	2.9	2.0	29.4		1.3	0.70	2.1	17.9	88	93.5		7.2	3.5	91.5		3.15			69.9
30	32.1		3.0	2.0	31.4					19.9	90	95.5		7.6	3.5	93.5					71.9
31	33.4		3.2	2.5	32.7					20.0	92	97.5	3	7.8	3.5	95.5					73.7
32	34.4		3.2	2.5	33.7			0.85	2.6	20.6	95	100.5		8.1	3.5	98.5					76.5
34	36.5		3.3	2.5	35.7					22.6	98	103.5		8.3	3.5	101.5					79.0
35	37.8		3.4	2.5	37					23.6	100	105.5		8.4	3.5	103.5					80.6
36	38.8	1.5	3.5	2.5	38	+0.25 0	1.6	1.00	3	24.6	102	108		8.5	3.5	106					82.0
37	39.8		3.6	2.5	39					25.4	105	112		8.7	3.5	109					85.0
38	40.8		3.7	2.5	40					26.4	108	115		8.9	3.5	112	+0.54 0				88.0
40	43.5		3.9	2.5	42.5					27.8	110	117	4	9.0	3.5	114		4.15	2.00	6	88.2
42	45.5		4.1	2.5	44.5					29.6	112	119		9.1	3.5	116					90.0
45	48.5	1.75	4.3	2.5	47.5		1.85	1.25	3.8	32.0	115	122		9.3	3.5	119					93.0
47	50.5		4.4	2.5	49.5					33.5	120	127		9.7	3.5	124	+0.63 0				96.9

表 5-5　轴用弹性挡圈（A 型）（GB/T 894—2017 摘录）　　　　　mm

标记示例

轴径 $d_1 = 40$ mm、厚度 $s = 1.75$ mm，材料 C67S、表面磷化处理的 A 型轴用弹性挡圈的标记：

挡圈　GB/T 894 40

公称规格 d_1	挡圈				沟槽					孔
	d_3	s	$b \approx$	d_5 min	d_2 基本尺寸	d_2 极限偏差	m H13	t	n min	$d_4 \geqslant$
3	2.7	0.4	0.8	1.0	2.8	0 / −0.04	0.5	0.10	0.3	7.0
4	3.7	0.4	0.9	1.0	3.8	0 / −0.05	0.5	0.10	0.3	8.6
5	4.7	0.6	1.1	1.0	4.8	0 / −0.05	0.7	0.10	0.3	10.3
6	5.6	0.7	1.3	1.2	5.7	0 / −0.06	0.8	0.15	0.5	11.7
7	6.5	0.8	1.4	1.2	6.7	0 / −0.06	0.9	0.15	0.5	13.5
8	7.4	0.8	1.5	1.2	7.6	0 / −0.06	0.9	0.20	0.6	14.7
9	8.4	1.0	1.7	1.2	8.6	0 / −0.11	1.1	0.20	0.6	16.0
10	9.3	1.0	1.8	1.5	9.6	0 / −0.11	1.1	0.20	0.6	17.0
11	10.2	1.0	1.8	1.5	10.5	0 / −0.11	1.1	0.25	0.8	18.0
12	11.0	1.0	1.8	1.7	11.5	0 / −0.11	1.1	0.25	0.8	19.0
13	11.9	1.0	2.0	1.7	12.4	0 / −0.11	1.1	0.30	0.9	20.2
14	12.9	1.0	2.1	1.7	13.4	0 / −0.11	1.1	0.30	0.9	21.4
15	13.8	1.0	2.2	1.7	14.3	0 / −0.11	1.1	0.35	1.1	22.6
16	14.7	1.0	2.2	1.7	15.2	0 / −0.11	1.1	0.40	1.2	23.8
17	15.7	1.0	2.3	1.7	16.2	0 / −0.11	1.1	0.40	1.2	25.0
18	16.5	1.2	2.4	2.0	17.0	0 / −0.13	1.3	0.50	1.5	26.2
19	17.5	1.2	2.5	2.0	18.0	0 / −0.13	1.3	0.50	1.5	27.2
20	18.5	1.2	2.6	2.0	19.0	0 / −0.13	1.3	0.50	1.5	28.4
21	19.5	1.2	2.7	2.0	20.0	0 / −0.13	1.3	0.50	1.5	29.6
22	20.5	1.2	2.8	2.0	21.0	0 / −0.13	1.3	0.50	1.5	30.8
24	22.2	1.2	3.0	2.0	22.9	0 / −0.21	1.3	0.55	1.7	33.2
25	23.2	1.2	3.0	2.0	23.9	0 / −0.21	1.3	0.55	1.7	34.2
26	24.2	1.2	3.1	2.0	24.9	0 / −0.21	1.3	0.55	1.7	35.5
28	25.9	1.5	3.2	2.0	26.6	0 / −0.21	1.6	0.70	2.1	37.9
29	26.9	1.5	3.4	2.0	27.6	0 / −0.21	1.6	0.70	2.1	39.1
30	27.9	1.5	3.5	2.0	28.6	0 / −0.21	1.6	0.70	2.1	40.5
32	29.6	1.5	3.6	2.5	30.3	0 / −0.25	1.6	0.85	2.6	43.0
34	31.5	1.5	3.8	2.5	32.3	0 / −0.25	1.6	0.85	2.6	45.4
35	32.2	1.5	3.9	2.5	33.0	0 / −0.25	1.6	1.00	3.0	46.8
36	33.2	1.75	4.0	2.5	34.0	0 / −0.25	1.85	1.00	3.0	47.8
38	35.2	1.75	4.2	2.5	36.0	0 / −0.25	1.85	1.00	3.0	50.2
40	36.5	1.75	4.4	2.5	37.0	0 / −0.25	1.85	1.25	3.8	52.6
42	38.5	1.75	4.5	2.5	39.5	0 / −0.25	1.85	1.25	3.8	55.7
45	41.5	1.75	4.7	2.5	42.5	0 / −0.25	1.85	1.25	3.8	59.1
48	44.5	1.75	5.0	2.5	45.5	0 / −0.25	1.85	1.25	3.8	62.5
50	45.8	2	5.1	2.5	47.0	0 / −0.30	2.15	1.50	4.5	64.5
52	47.8	2	5.2	2.5	49.0	0 / −0.30	2.15	1.50	4.5	66.7
55	50.8	2	5.4	2.5	52.0	0 / −0.30	2.15	1.50	4.5	70.2
56	51.8	2	5.5	2.5	53.0	0 / −0.30	2.15	1.50	4.5	71.6
58	53.8	2	5.6	2.5	55.0	0 / −0.30	2.15	1.50	4.5	73.6
60	55.8	2	5.8	2.5	57.0	0 / −0.30	2.15	1.50	4.5	75.6
62	57.8	2	6.0	2.5	59.0	0 / −0.30	2.15	1.50	4.5	77.8
63	58.8	2	6.2	2.5	60.0	0 / −0.30	2.15	1.50	4.5	79.0
65	60.8	2.5	6.3	3.0	62.0	0 / −0.30	2.65	1.50	4.5	81.4
68	63.5	2.5	6.5	3.0	65.0	0 / −0.30	2.65	1.50	4.5	84.8
70	65.5	2.5	6.6	3.0	67.0	0 / −0.30	2.65	1.50	4.5	87.0
72	67.5	2.5	6.8	3.0	69.0	0 / −0.30	2.65	1.50	4.5	89.2
75	70.5	2.5	7.0	3.0	72.0	0 / −0.30	2.65	1.50	4.5	92.7
78	73.5	2.5	7.3	3.0	75.0	0 / −0.30	2.65	1.50	4.5	96.1
80	74.5	2.5	7.4	3.0	76.5	0 / −0.30	2.65	1.75	5.3	98.1
82	76.5	3	7.6	3.0	78.5	0 / −0.35	3.15	1.75	5.3	100.3
85	79.5	3	7.8	3.5	81.5	0 / −0.35	3.15	1.75	5.3	103.3
88	82.5	3	8.0	3.5	84.5	0 / −0.35	3.15	1.75	5.3	106.5
90	84.5	3	8.2	3.5	86.5	0 / −0.35	3.15	1.75	5.3	108.5
95	89.5	3	8.6	3.5	91.5	0 / −0.35	3.15	1.75	5.3	114.8
100	94.5	3	9.0	3.5	96.5	0 / −0.35	3.15	1.75	5.3	120.2
105	98.0	4	9.3	3.5	101.0	0 / −0.54	4.15	2.00	6.0	125.8
110	103.0	4	9.6	3.5	106.0	0 / −0.54	4.15	2.00	6.0	131.2
115	108.0	4	9.8	3.5	111.0	0 / −0.54	4.15	2.00	6.0	137.3
120	113.0	4	10.2	3.5	116.0	0 / −0.54	4.15	2.00	6.0	143.1

二、圆螺母

表 5-6　圆螺母(GB/T 812—1988 摘录)、小圆螺母(GB/T 810—1988 摘录)　　　　mm

标记示例:螺母　GB/T 812　M16×1.5
　　　　　螺母　GB/T 810　M16×1.5
（螺纹规格 D = M16×1.5、材料为 45 钢、槽或全部热处理硬度 35~45 HRC、表面氧化的圆螺母和小圆螺母）

圆螺母(GB/T 812—1988)										小圆螺母(GB/T 810—1988)								
螺纹规格 $D×P$	d_K	d_1	m	h		t		C	C_1	螺纹规格 $D×P$	d_K	m	h		t		C	C_1
				max	min	max	min						max	min	max	min		
M10×1	22	16								M10×1	20							
M12×1.25	25	19		4.3	4	2.6	2			M12×1.25	22		4.3	4	2.6	2		
M14×1.5	28	20	8							M14×1.5	25	6						
M16×1.5	30	22						0.5		M16×1.5	28						0.5	
M18×1.5	32	24								M18×1.5	30							
M20×1.5	35	27								M20×1.5	32							
M22×1.5	38	30		5.3	5	3.1	2.5			M22×1.5	35							
M24×1.5	42	34								M24×1.5	38		5.3	5	3.1	2.5		
M25×1.5 *										M27×1.5	42							0.5
M27×1.5	45	37								M30×1.5	45	8						
M30×1.5	48	40						1	0.5	M33×1.5	48							
M33×1.5	52	43	10							M36×1.5	52							
M35×1.5 *										M39×1.5	55							
M36×1.5	55	46		6.3	6	3.6	3			M42×1.5	58		6.3	6	3.6	3		
M39×1.5	58	49								M45×1.5	62							
M40×1.5 *										M48×1.5	68						1	
M42×1.5	62	53								M52×1.5	72							
M45×1.5	68	59								M56×2	78							
M48×1.5	72	61								M60×2	80	10						
M50×1.5 *										M64×2	85		8.36	8	4.25	3.5		
M52×1.5	78	67								M68×2	90							
M55×2 *										M72×2	95							
M56×2	85	74	12	8.36	8	4.25	3.5			M76×2	100							1
M60×2	90	79								M80×2	105							
M64×2	95	84						1.5		M85×2	110	12	10.36	10	4.75	4		
M65×2 *										M90×2	115							
M68×2	100	88								M95×2	120						1.5	
M72×2	105	93								M100×2	125							
M75×2 *				10.36	10	4.75	4		1	M105×2	130	15	12.43	12	5.75	5		
M76×2	110	98	15															
M80×2	115	103																
M85×2	120	108																
M90×2	125	112																
M95×2	130	117																
M100×2	135	122	18	12.43	12	5.75	5											
M105×2	140	127																

注: 1. 槽数 n:当 $D ⩽$ M100×2,n = 4;当 $D ⩾$ M105×2,n = 6;
　　2. * 仅用于滚动轴承锁紧装置。

三、圆螺母用止动垫圈

表 5-7　圆螺母用止动垫圈（GB/T 858—1988 摘录）　　　　　　　　　　mm

标记示例：
　　垫圈　GB/T 858　16（规格为16、材料为 Q235-A、经退火、表面氧化的圆螺母用止动垫圈）

规格(螺纹大径)	d	D(参考)	D₁	s	b	a	h	轴端 b₁	轴端 t
10	10.5	25	16	1	3.8	8	3	4	7
12	12.5	28	19			9			8
14	14.5	32	20			11			10
16	16.5	34	22			13			12
18	18.5	35	24			15			14
20	20.5	38	27		4.8	17	4	5	16
22	22.5	42	30			19			18
24	24.5	45	34			21			20
25*	25.5					22			—
27	27.5	48	37			24			23
30	30.5	52	40			27			26
33	33.5	56	43			30	5		29
35*	35.5					32			—
36	36.5	60	46		5.7	33			32
39	39.5	62	49	1.5		36	6	6	35
40*	40.5					37			—
42	42.5	66	53			39			38
45	45.5	72	59			42			41
48	48.5	76	61	1.5	7.7	45	5	8	44
50*	50.5					47			—
52	52.5	82	67			49			48
55*	56					52	8		—
56	57	90	74			53			52
60	61	94	79			57	6		56
64	65	100	84			61			60
65*	66					62			—
68	69	105	88			65			64
72	73	110	93		9.6	69			68
75*	76					71	10	10	—
76	77	115	98			72			70
80	81	120	103			76			74
85	86	125	108			81	7		79
90	91	130	112	2	11.6	86		12	84
95	96	135	117			91			89
100	101	140	122			96			94
105	106	145	127			101			99

注：*仅用于滚动轴承锁紧装置。

四、轴上固定螺钉用的孔

表 5-8　轴上固定螺钉用孔（JB/ZQ 4251—2006）　　　　　　　　　mm

d	3	4	6	8	10	12	16	20	24
d_1			4.5	6	7	9	12	15	18
c_1			4	5	6	7	8	10	12
c_2	1.5	2	3	3	3.5	4	5	6	
$h_1 \geqslant$			4	5	6	7	8	10	12
h_2	1.5	2	3	3	3.5	4	5	6	

注：1. 工作图上除 c_1、c_2 外，其他尺寸应全部注出；
　　2. d 为螺纹规格。

第六章 滚动轴承

一、常用滚动轴承

表 6-1 深沟球轴承（GB/T 276—2013 摘录）

60000型　　　安装尺寸　　　规定画法

标记示例：滚动轴承　6210　GB/T 276—2013

F_a/C_{0r}	e	Y	径向当量动载荷	径向当量静载荷
0.014	0.19	2.30		
0.028	0.22	1.99	当 $\dfrac{F_a}{F_r} \leqslant e$，$P_r = F_r$	$P_{0r} = F_r$
0.056	0.26	1.71		
0.084	0.28	1.55		$P_{0r} = 0.6F_r + 0.5F_a$
0.11	0.30	1.45		
0.17	0.34	1.31		
0.28	0.38	1.15	当 $\dfrac{F_a}{F_r} > e$，$P_r = 0.56F_r + YF_a$	取上列两式计算结果的较大值。
0.42	0.42	1.04		
0.56	0.44	1.00		

轴承代号	基本尺寸/mm				安装尺寸/mm				基本额定动载荷 C_r	基本额定静载荷 C_{0r}	极限转速 /(r/min)	
	d	D	B	r_s min	d_a min	D_a max	r_{as} max		/kN		脂润滑	油润滑
(1) 0尺寸系列												
6000	10	26	8	0.3	12.4	23.6	0.3	4.58	1.98		20 000	28 000
6001	12	28	8	0.3	14.4	25.6	0.3	5.10	2.38		19 000	26 000
6002	15	32	9	0.3	17.4	29.6	0.3	5.58	2.85		18 000	24 000
6003	17	35	10	0.3	19.4	32.6	0.3	6.00	3.25		17 000	22 000
6004	20	42	12	0.6	25	37	0.6	9.38	5.02		15 000	19 000
6005	25	47	12	0.6	30	42	0.6	10.0	5.85		13 000	17 000

轴承代号	基本尺寸/mm				安装尺寸/mm			基本额定动载荷 C_r	基本额定静载荷 C_{0r}	极限转速 /(r/min)	
	d	D	B	r_s min	d_a min	D_a max	r_{as} max	/kN		脂润滑	油润滑
(1) 0尺寸系列											
6006	30	55	13	1	36	49	1	13.2	8.30	10 000	14 000
6007	35	62	14	1	41	56	1	16.2	10.5	9 000	12 000
6008	40	68	15	1	46	62	1	17.0	11.8	8 500	11 000
6009	45	75	16	1	51	69	1	21.0	14.8	8 000	10 000
6010	50	80	16	1	56	74	1	22.0	16.2	7 000	9 000
6011	55	90	18	1.1	62	83	1	30.2	21.8	6 300	8 000
6012	60	95	18	1.1	67	88	1	31.5	24.2	6 000	7 500
6013	65	100	18	1.1	72	93	1	32.0	24.8	5 600	7 000
6014	70	110	20	1.1	77	103	1	38.5	30.5	5 300	6 700
6015	75	115	20	1.1	82	108	1	40.2	33.2	5 000	6 300
6016	80	125	22	1.1	87	118	1	47.5	39.8	4 800	6 000
6017	85	130	22	1.1	92	123	1	50.8	42.8	4 500	5 600
6018	90	140	24	1.5	99	131	1.5	58.0	49.8	4 300	5 300
6019	95	145	24	1.5	104	136	1.5	57.8	50.0	4 000	5 000
6020	100	150	24	1.5	109	141	1.5	64.5	56.2	3 800	4 800
(0) 2尺寸系列											
6200	10	30	9	0.6	15	25	0.6	5.10	2.38	19 000	26 000
6201	12	32	10	0.6	17	27	0.6	6.82	3.05	18 000	24 000
6202	15	35	11	0.6	20	30	0.6	7.65	3.72	17 000	22 000
6203	17	40	12	0.6	22	35	0.6	9.58	4.78	16 000	20 000
6204	20	47	14	1	26	41	1	12.8	6.65	14 000	18 000
6205	25	52	15	1	31	46	1	14.0	7.88	12 000	16 000
6206	30	62	16	1	36	56	1	19.5	11.5	9 500	13 000
6207	35	72	17	1.1	42	65	1	25.5	15.2	8 500	11 000
6208	40	80	18	1.1	47	73	1	29.5	18.0	8 000	10 000
6209	45	85	19	1.1	52	78	1	31.5	20.5	7 000	9 000
6210	50	90	20	1.1	57	83	1	35.0	23.2	6 700	8 500
6211	55	100	21	1.5	64	91	1.5	43.2	29.2	6 000	7 500
6212	60	110	22	1.5	69	101	1.5	47.8	32.8	5 600	7 000
6213	65	120	23	1.5	74	111	1.5	57.2	40.0	5 000	6 300
6214	70	125	24	1.5	79	116	1.5	60.8	45.0	4 800	6 000
6215	75	130	25	1.5	84	121	1.5	66.0	49.5	4 500	5 600
6216	80	140	26	2	90	130	2	71.5	54.2	4 300	5 300
6217	85	150	28	2	95	140	2	83.2	63.8	4 000	5 000
6218	90	160	30	2	100	150	2	95.8	71.5	3 800	4 800
6219	95	170	32	2.1	107	158	2	110	82.8	3 600	4 500
6220	100	180	34	2.1	112	168	2	122	92.8	3 400	4 300
(0) 3尺寸系列											
6300	10	35	11	0.6	15	30	0.6	7.65	3.48	18 000	24 000
6301	12	37	12	1	18	31	1	9.72	5.08	17 000	22 000
6302	15	42	13	1	21	36	1	11.5	5.42	16 000	20 000

轴承代号	基本尺寸/mm				安装尺寸/mm			基本额定动载荷 C_r	基本额定静载荷 C_{0r}	极限转速/(r/min)	
	d	D	B	r_s min	d_a min	D_a max	r_{as} max	/kN		脂润滑	油润滑
(0) 3 尺寸系列											
6303	17	47	14	1	23	41	1	13.5	6.58	15 000	19 000
6304	20	52	15	1.1	27	45	1	15.8	7.88	13 000	17 000
6305	25	62	17	1.1	32	55	1	22.2	11.5	10 000	14 000
6306	30	72	19	1.1	37	65	1	27.0	15.2	9 000	12 000
6307	35	80	21	1.5	44	71	1.5	33.2	19.2	8 000	10 000
6308	40	90	23	1.5	49	81	1.5	40.8	24.0	7 000	9 000
6309	45	100	25	1.5	54	91	1.5	52.8	31.8	6 300	8 000
6310	50	110	27	2	60	100	2	61.8	38.0	6 000	7 500
6311	55	120	29	2	65	110	2	71.5	44.8	5 300	6 700
6312	60	130	31	2.1	72	118	2	81.8	51.8	5 000	6 300
6313	65	140	33	2.1	77	128	2	93.8	60.5	4 500	5 600
6314	70	150	35	2.1	82	138	2	105	68.0	4 300	5 300
6315	75	160	37	2.1	87	148	2	112	76.8	4 000	5 000
6316	80	170	39	2.1	92	158	2	122	86.5	3 800	4 800
6317	85	180	41	3	99	166	2.5	132	96.5	3 600	4 500
6318	90	190	43	3	104	176	2.5	145	108	3 400	4 300
6319	95	200	45	3	109	186	2.5	155	122	3 200	4 000
6320	100	215	47	3	114	201	2.5	172	140	2 800	3 600
(0) 4 尺寸系列											
6403	17	62	17	1.1	24	55	1	22.5	10.8	11 000	15 000
6404	20	72	19	1.1	27	65	1	31.0	15.2	9 500	13 000
6405	25	80	21	1.5	34	71	1.5	38.2	19.2	8 500	11 000
6406	30	90	23	1.5	39	81	1.5	47.5	24.5	8 000	10 000
6407	35	100	25	1.5	44	91	1.5	56.8	29.5	6 700	8 500
6408	40	110	27	2	50	100	2	65.5	37.5	6 300	8 000
6409	45	120	29	2	55	110	2	77.5	45.5	5 600	7 000
6410	50	130	31	2.1	62	118	2	92.2	55.2	5 300	6 700
6411	55	140	33	2.1	67	128	2	100	62.5	4 800	6 000
6412	60	150	35	2.1	72	138	2	108	70.0	4 500	5 600
6413	65	160	37	2.1	77	148	2	118	78.5	4 300	5 300
6414	70	180	42	3	84	166	2.5	140	99.5	3 800	4 800
6415	75	190	45	3	89	176	2.5	155	115	3 600	4 500
6416	80	200	48	3	94	186	2.5	162	125	3 400	4 300
6417	85	210	52	4	103	192	3	175	138	3 200	4 000
6418	90	225	54	4	108	207	3	192	158	2 800	3 600
6420	100	250	58	4	118	232	3	222	195	2 400	3 200

注：1. 表中 C_r 值适用于轴承为真空脱气轴承钢材料。如为普通电炉钢，C_r 值降低；如为真空重熔或电渣重熔轴承钢，C_r 值提高[9]；

2. r_{smin} 为 r 的单向最小倒角尺寸；r_a 为轴和轴承座孔圆角半径，r_{asmax} 为 r_{as}（轴或轴承座孔台阶圆角半径）的单向最大倒角尺寸。

表 6-2　圆柱滚子轴承（GB/T 283—2007摘录）

N0000型　　NF0000型　　　安装尺寸　　　规定画法

标记示例:滚动轴承　N216E　GB/T 283—2007

径向当量动载荷			径向当量静载荷
$P_r = F_r$	对轴向承载的轴承（NF型 2、3 系列）$P_r = F_r + 0.3F_a$　（$0 \leqslant F_a/F_r \leqslant 0.12$）$P_r = 0.94F_r + 0.8F_a$　（$0.12 \leqslant F_a/F_r \leqslant 0.3$）		$P_{0r} = F_r$

轴承代号		尺寸/mm							安装尺寸/mm				基本额定动载荷 C_r/kN		基本额定静载荷 C_{0r}/kN		极限转速/(r/min)	
		d	D	B	r_s	r_{1s}	E_w		d_a	D_a	r_{as}	r_{bs}	N 型	NF 型	N 型	NF 型	脂润滑	油润滑
					min		N 型	NF 型	min			max						
(0) 2 尺寸系列																		
N204E	NF204	20	47	14	1	0.6	41.5	40	25	42	1	0.6	25.8	12.5	24.0	11.0	12 000	16 000
N205E	NF205	25	52	15	1	0.6	46.5	45	30	47	1	0.6	27.5	14.2	26.8	12.8	11 000	14 000
N206E	NF206	30	62	16	1	0.6	55.5	53.5	36	56	1	0.6	36.0	19.5	35.5	18.2	8 500	11 000
N207E	NF207	35	72	17	1.1	0.6	64	61.8	42	64	1	0.6	46.5	28.5	48.0	28.0	7 500	9 500
N208E	NF208	40	80	18	1.1	1.1	71.5	70	47	72	1	1	51.5	37.5	53.0	38.2	7 000	9 000
N209E	NF209	45	85	19	1.1	1.1	76.5	75	52	77	1	1	58.5	39.8	63.8	41.0	6 300	8 000
N210E	NF210	50	90	20	1.1	1.1	81.5	80.4	57	83	1	1	61.2	43.2	69.2	48.5	6 000	7 500
N211E	NF211	55	100	21	1.5	1.1	90	88.5	64	91	1.5	1	80.2	52.8	95.5	60.2	5 300	6 700
N212E	NF212	60	110	22	1.5	1.5	100	97.5	69	100	1.5	1.5	89.8	62.8	102	73.5	5 000	6 300
N213E	NF213	65	120	23	1.5	1.5	108.5	105.6	74	109	1.5	1.5	102	73.2	118	87.5	4 500	5 600
N214E	NF214	70	125	24	1.5	1.5	113.5	110.5	79	114	1.5	1.5	112	73.2	135	87.5	4 300	5 300
N215E	NF215	75	130	25	1.5	1.5	118.5	116.5	84	120	1.5	1.5	125	89.0	155	110	4 000	5 000
N216E	NF216	80	140	26	2	2	127.3	125.3	90	128	2	2	132	102	165	125	3 800	4 800
N217E	NF217	85	150	28	2	2	136.5	133.8	95	137	2	2	158	115	192	145	3 600	4 500
N218E	NF218	90	160	30	2	2	145	143	100	146	2	2	172	142	215	178	3 400	4 300
N219E	NF219	95	170	32	2.1	2.1	154.5	151.5	107	155	2	2	208	152	262	190	3 200	4 000
N220E	NF220	100	180	34	2.1	2.1	163	160	112	164	2	2	235	168	302	212	3 000	3 800
(0) 3 尺寸系列																		
N304E	NF304	20	52	15	1.1	0.6	45.5	44.5	26.5	47	1	0.6	29.0	18.0	25.5	15.0	11 000	15 000
N305E	NF305	25	62	17	1.1	1.1	54	53	31.5	55	1	1	38.5	25.5	35.8	22.5	9 000	12 000
N306E	NF306	30	72	19	1.1	1.1	62.5	62	37	64	1	1	49.2	33.3	48.2	31.5	8 000	10 000
N307E	NF307	35	80	21	1.5	1.1	70.2	68.2	44	71	1.5	1	62.0	41.0	63.2	39.2	7 000	9 000
N308E	NF308	40	90	23	1.5	1.5	80	77.5	49	80	1.5	1.5	76.8	48.8	77.8	47.5	6 300	8 000
N309E	NF309	45	100	25	1.5	1.5	88.5	86.5	54	89	1.5	1.5	93.0	66.8	98.0	66.8	5 600	7 000
N310E	NF310	50	110	27	2	2	97	95	60	98	2	2	105	76.0	112	79.5	5 300	6 700
N311E	NF311	55	120	29	2	2	106.5	104.5	65	107	2	2	128	97.8	138	105	4 800	6 000
N312E	NF312	60	130	31	2.1	2.1	115	113	72	116	2	2	142	118	155	128	4 500	5 600

轴承 代号		尺寸/mm						安装尺寸/mm				基本额定动 载荷 C_r/kN		基本额定静 载荷 C_{0r}/kN		极限转速 /(r/min)	
		d	D	B	r_s	r_{1s}	E_w		d_a	D_a	r_{as}	r_{bs}	N 型	NF 型	N 型	NF 型	脂润滑	油润滑
					min		N 型	NF 型	min		max							
(0) 3 尺寸系列																		
N313E	NF313	65	140	33	2.1		124.5	121.5	77	125	2		170	125	188	135	4 000	5 000
N314E	NF314	70	150	35	2.1		133	130	82	134	2		195	145	220	162	3 800	4 800
N315E	NF315	75	160	37	2.1		143	139.5	87	143	2		228	165	260	188	3 600	4 500
N316E	NF316	80	170	39	2.1		151	147	92	151	2		245	175	282	200	3 400	4 300
N317E	NF317	85	180	41	3		160	156	99	160	2.5		280	212	332	242	3 200	4 000
N318E	NF318	90	190	43	3		169.5	165	104	170	2.5		298	228	348	265	3 000	3 800
N319E	NF319	95	200	45	3		177.5	173.5	109	178	2.5		315	245	380	288	2 800	3 600
N320E	NF320	100	215	47	3		191.5	185.5	114	192	2.5		365	282	425	340	2 600	3 200
(0) 4 尺寸系列																		
N406		30	90	23	1.5		73		39	—	1.5		57.2		53.0		7 000	9 000
N407		35	100	25	1.5		83		44	—	1.5		70.8		68.2		6 000	7 500
N408		40	110	27	2		92		50	—	2		90.5		89.8		5 600	7 000
N409		45	120	29	2		100.5		55	—	2		102		100		5 000	6 300
N410		50	130	31	2.1		110.8		62	—	2		120		120		4 800	6 000
N411		55	140	33	2.1		117.2		67	—	2		128		132		4 300	5 300
N412		60	150	35	2.1		127		72	—	2		155		162		4 000	5 000
N413		65	160	37	2.1		135.3		77	—	2		170		178		3 800	4 800
N414		70	180	42	3		152		84	—	2.5		215		232		3 400	4 300
N415		75	190	45	3		160.5		89	—	2.5		250		272		3 200	4 000
N416		80	200	48	3		170		94	—	2.5		285		315		3 000	3 800
N417		85	210	52	4		177		103	—	3		312		345		2 800	3 600
N418		90	225	54	4		191.5		108	—	3		352		392		2 400	3 200
N419		95	240	55	4		201.5		113	—	3		378		428		2 200	3 000
N420		100	250	58	4		211		118	—	3		418		480		2 000	2 800
22 尺寸系列																		
N2204E		20	47	18	1	0.6	41.5		25	42	1	0.6	30.8		30.0		12 000	16 000
N2205E		25	52	18	1	0.6	46.5		30	47	1	0.6	32.8		33.8		11 000	14 000
N2206E		30	62	20	1	0.6	55.5		36	56	1	0.6	45.5		48.0		8 500	11 000
N2207E		35	72	23	1.1	0.6	64		42	64	1	0.6	57.5		63.0		7 500	9 500
N2208E		40	80	23	1.1	1.1	71.5		47	72	1	1	67.5		75.2		7 000	9 000
N2209E		45	85	23	1.1	1.1	76.5		52	77	1	1	71.0		82.0		6 300	8 000
N2210E		50	90	23	1.1	1.1	81.5		57	83	1	1	74.2		88.8		6 000	7 500
N2211E		55	100	25	1.5	1.1	90		64	91	1.5	1	94.8		118		5 300	6 700
N2212E		60	110	28	1.5	1.5	100		69	100	1.5	1.5	122		152		5 000	6 300
N2213E		65	120	31	1.5	1.5	108.5		74	109	1.5	1.5	142		180		4 500	5 600
N2214E		70	125	31	1.5	1.5	113.5		79	114	1.5	1.5	148		192		4 300	5 300
N2215E		75	130	31	1.5	1.5	118.5		84	120	1.5	1.5	155		205		4 000	5 000
N2216E		80	140	33	2	2	127.3		90	128	2	2	178		242		3 800	4 800
N2217E		85	150	36	2	2	136.5		95	137	2	2	205		272		3 600	4 500
N2218E		90	160	40	2	2	145		100	146	2	2	230		312		3 400	4 300
N2219E		95	170	43	2.1	2.1	154.5		107	155	2	2	275		368		3 200	4 000
N2220E		100	180	46	2.1	2.1	163		112	164	2	2	318		440		3 000	3 800

注: 1. 同表 6-1 中注 1;

2. r_{smin}、r_{1smin} 分别为 r、r_1 的单向最小倒角尺寸; r_a、r_b 为轴和轴承座孔圆角半径; r_{asmax}、r_{bsmax} 分别为 r_{as}、r_{bs} 的单向最大倒角尺寸;

3. 后缀带 E 为加强型圆柱滚子轴承,应优先选用。

表 6-3 调心球轴承（GB/T 281—2013 摘录）

10000型 安装尺寸 规定画法

标记示例：滚动轴承 1207 GB/T 281—2013

径向当量动载荷	径向当量静载荷
当 $\dfrac{F_a}{F_r} \le e$ $P_r = F_r + Y_1 F_a$ 当 $\dfrac{F_a}{F_r} > e$ $P_r = 0.65 F_r + Y_2 F_a$	$P_{0r} = F_r + Y_0 F_a$

轴承代号	基本尺寸/mm				安装尺寸/mm			计 算 系 数				基本额定动载荷 C_r	基本额定静载荷 C_{0r}	极限转速 /(r/min)	
	d	D	B	r_s min	d_a max	D_a max	r_{as} max	e	Y_1	Y_2	Y_0	/kN		脂润滑	油润滑
（0）2尺寸系列															
1200	10	30	9	0.6	15	25	0.6	0.32	2.0	3.0	2.0	5.48	1.20	24 000	28 000
1201	12	32	10	0.6	17	27	0.6	0.33	1.9	2.9	2.0	5.55	1.25	22 000	26 000
1202	15	35	11	0.6	20	30	0.6	0.33	1.9	3.0	2.0	7.48	1.75	18 000	22 000
1203	17	40	12	0.6	22	35	0.6	0.31	2.0	3.2	2.1	7.90	2.02	16 000	20 000
1204	20	47	14	1	26	41	1	0.27	2.3	3.6	2.4	9.95	2.65	14 000	17 000
1205	25	52	15	1	31	46	1	0.27	2.3	3.6	2.4	12.0	3.30	12 000	14 000
1206	30	62	16	1	36	56	1	0.24	2.6	4.0	2.7	15.8	4.70	10 000	12 000
1207	35	72	17	1.1	42	65	1.1	0.23	2.7	4.2	2.9	15.8	5.08	8 500	10 000
1208	40	80	18	1.1	47	73	1.1	0.22	2.9	4.4	3.0	19.2	6.40	7 500	9 000
1209	45	85	19	1.1	52	78	1.1	0.21	2.9	4.6	3.1	21.8	7.32	7 100	8 500
1210	50	90	20	1.1	57	83	1.1	0.20	3.1	4.8	3.3	22.8	8.08	6 300	8 000
1211	55	100	21	1.5	64	91	1.5	0.20	3.2	5.0	3.4	26.8	10.0	6 000	7 100
1212	60	110	22	1.5	69	101	1.5	0.19	3.4	5.3	3.6	30.2	11.5	5 300	6 300
1213	65	120	23	1.5	74	111	1.5	0.17	3.7	5.7	3.9	31.0	12.5	4 800	6 000
1214	70	125	24	1.5	79	116	1.5	0.18	3.5	5.4	3.7	34.5	13.5	4 800	5 600
1215	75	130	25	1.5	84	121	1.5	0.17	3.6	5.6	3.8	38.8	15.2	4 300	5 300
1216	80	140	26	2	90	130	2	0.18	3.6	5.5	3.7	39.5	16.8	4 000	5 000
1217	85	150	28	2	95	140	2	0.17	3.7	5.7	3.9	48.8	20.5	3 800	4 500
1218	90	160	30	2	100	150	2	0.17	3.8	5.7	4.0	56.5	23.2	3 600	4 300
1219	95	170	32	2.1	107	158	2	0.17	3.7	5.7	3.9	63.5	27.0	3 400	4 000
1220	100	180	34	2.1	112	168	2	0.18	3.5	5.4	3.7	68.5	29.2	3 200	3 800
（0）3尺寸系列															
1300	10	35	11	0.6	15	30	0.6	0.33	1.9	3.0	2.0	7.22	1.62	20 000	24 000
1301	12	37	12	1	18	31	1	0.35	1.8	2.8	1.9	9.42	2.12	18 000	22 000
1302	15	42	13	1	21	36	1	0.33	1.9	2.9	2.0	9.50	2.28	16 000	20 000
1303	17	47	14	1	23	41	1	0.33	1.9	3.0	2.0	12.5	3.18	14 000	17 000
1304	20	52	15	1.1	27	45	1.1	0.29	2.2	3.4	2.3	12.5	3.38	12 000	15 000
1305	25	62	17	1.1	32	55	1.1	0.27	2.3	3.5	2.4	17.8	5.05	10 000	13 000
1306	30	72	19	1.1	37	65	1.1	0.26	2.4	3.8	2.6	21.5	6.28	8 500	11 000
1307	35	80	21	1.5	44	71	1.5	0.25	2.6	4.0	2.7	25.0	7.95	7 500	9 500
1308	40	90	23	1.5	49	81	1.5	0.24	2.6	4.0	2.7	29.3	9.50	6 700	8 500
1309	45	100	25	1.5	54	91	1.5	0.25	2.5	3.9	2.6	38.0	12.8	6 000	7 500
1310	50	110	27	2	60	100	2	0.24	2.7	4.1	2.8	43.2	14.2	5 600	6 700
1311	55	120	29	2	65	110	2	0.23	2.7	4.2	2.8	51.5	18.2	5 000	6 300
1312	60	130	31	2.1	72	118	2	0.23	2.8	4.3	2.9	57.2	20.8	4 500	5 600

轴承代号	基本尺寸/mm				安装尺寸/mm			计 算 系 数				基本额定动载荷 C_r	基本额定静载荷 C_{0r}	极限转速/(r/min)	
	d	D	B	r_s min	d_a max	D_a max	r_{as} max	e	Y_1	Y_2	Y_0	/kN		脂润滑	油润滑
(0) 3 尺寸系列															
1313	65	140	33	2.1	77	128	2	0.23	2.8	4.3	2.9	61.8	22.8	4 300	5 300
1314	70	150	35	2.1	82	138	2	0.22	2.8	4.4	2.9	74.5	27.5	4 000	5 000
1315	75	160	37	2.1	87	148	2	0.22	2.8	4.4	3.0	79.0	29.8	3 800	4 500
1316	80	170	39	2.1	92	158	2	0.22	2.9	4.5	3.1	88.5	32.8	3 600	4 300
1317	85	180	41	3	99	166	2.5	0.22	2.9	4.5	3.0	97.8	37.8	3 400	4 000
1318	90	190	43	3	104	176	2.5	0.22	2.8	4.4	2.9	115	44.5	3 200	3 800
1319	95	200	45	3	109	186	2.5	0.23	2.8	4.3	2.9	132	50.8	3 000	3 600
1320	100	215	47	3	114	201	2.5	0.24	2.7	4.1	2.8	142	57.2	2 800	3 400
22 尺寸系列															
2200	10	30	14	0.6	15	25	0.6	0.62	1.0	1.6	1.1	7.12	1.58	24 000	28 000
2201	12	32	14	0.6	17	27	0.6	—	—	—	—	8.80	1.80	22 000	26 000
2202	15	35	14	0.6	20	30	0.6	0.50	1.3	2.0	1.3	7.65	1.80	18 000	22 000
2203	17	40	16	0.6	22	35	0.6	0.50	1.2	1.9	1.3	9.00	2.45	16 000	20 000
2204	20	47	18	1	26	41	1	0.48	1.3	2.0	1.4	12.5	3.28	14 000	17 000
2205	25	52	18	1	31	46	1	0.41	1.5	2.3	1.5	12.5	3.40	12 000	14 000
2206	30	62	20	1	36	56	1	0.39	1.6	2.4	1.7	15.2	4.60	10 000	12 000
2207	35	72	23	1.1	42	65	1.1	0.38	1.7	2.6	1.8	21.8	6.65	8 500	10 000
2208	40	80	23	1.1	47	73	1.1	0.24	1.9	2.9	2.0	22.5	7.38	7 500	9 000
2209	45	85	23	1.1	52	78	1.1	0.31	2.1	3.2	2.2	23.2	8.00	7 100	8 500
2210	50	90	23	1.1	57	83	1.1	0.29	2.2	3.4	2.3	23.2	8.45	6 300	8 000
2212	60	110	28	1.5	69	101	1.5	0.28	2.3	3.5	2.4	34.0	12.5	5 300	6 300
2213	65	120	31	1.5	74	111	1.5	0.28	2.3	3.5	2.4	43.5	16.2	4 800	6 000
2214	70	125	31	1.5	79	116	1.5	0.27	2.4	3.7	2.5	44.0	17.0	4 500	5 600
2215	75	130	31	1.5	84	121	1.5	0.25	2.5	3.9	2.6	44.2	18.0	4 300	5 300
2216	80	140	33	2	90	130	2	0.25	2.5	3.9	2.6	48.8	20.2	4 000	5 000
2217	85	150	36	2	95	140	2	0.25	2.5	3.8	2.6	58.2	23.5	3 800	4 500
2218	90	160	40	2	100	150	2	0.27	2.4	3.7	2.5	70.0	28.5	3 600	4 300
2219	95	170	43	2.1	107	158	2	0.26	2.4	3.7	2.5	82.8	33.8	3 400	4 000
2220	100	180	46	2.1	112	168	2	0.27	2.3	3.6	2.5	97.2	40.5	3 200	3 800
23 尺寸系列															
2300	10	35	17	0.6	15	30	0.6	0.66	0.95	1.5	1.0	11.0	2.45	18 000	22 000
2301	12	37	17	1	18	31	1	—	—	—	—	12.5	2.72	17 000	22 000
2302	15	42	17	1	21	36	1	0.51	1.2	1.9	1.3	12.0	2.88	14 000	18 000
2303	17	47	19	1	23	41	1	0.52	1.2	1.9	1.3	14.5	3.58	13 000	16 000
2304	20	52	21	1.1	27	45	1	0.51	1.2	1.9	1.3	17.8	4.75	11 000	14 000
2305	25	62	24	1.1	32	55	1	0.47	1.3	2.1	1.4	24.5	6.48	9 500	12 000
2306	30	72	27	1.1	37	65	1	0.44	1.4	2.2	1.5	31.5	8.68	8 000	10 000
2307	35	80	31	1.5	44	71	1.5	0.46	1.4	2.1	1.4	39.2	11.0	7 100	9 000
2308	40	90	33	1.5	49	81	1.5	0.43	1.5	2.3	1.5	44.8	13.2	6 300	8 000
2309	45	100	36	1.5	54	91	1.5	0.42	1.5	2.3	1.6	55.0	16.2	5 600	7 100
2310	50	110	40	2	60	100	2	0.43	1.5	2.3	1.6	64.5	19.8	5 000	6 300
2311	55	120	43	2	65	110	2	0.41	1.5	2.4	1.6	75.2	23.5	4 800	6 000
2312	60	130	46	2.1	72	118	2	0.41	1.6	2.5	1.6	86.8	27.5	4 300	5 300
2313	65	140	48	2.1	77	128	2	0.38	1.6	2.6	1.7	96.0	32.5	3 800	4 800
2314	70	150	51	2.1	82	138	2	0.38	1.7	2.6	1.8	110	37.5	3 600	4 500
2315	75	160	55	2.1	87	148	2	0.38	1.7	2.6	1.7	122	42.8	3 400	4 300
2316	80	170	58	2.1	92	158	2	0.39	1.6	2.5	1.7	128	45.5	3 200	4 000
2317	85	180	60	3	99	166	2.5	0.38	1.7	2.6	1.7	140	51.0	3 000	3 800
2318	90	190	64	3	104	176	2.5	0.39	1.6	2.5	1.7	142	57.2	2 800	3 600
2319	95	200	67	3	109	186	2.5	0.38	1.7	2.6	1.8	162	64.2	2 800	3 400
2320	100	215	73	3	114	201	2.5	0.37	1.7	2.6	1.8	192	78.5	2 400	3 200

注：同表 6-1 中注 1 和注 2。

表 6-4　调心滚子轴承（GB/T 288—2013 摘录）

20000型　　　　安装尺寸　　　　规定画法

标记示例:滚动轴承　22210　GB/T 288—2013

径向当量动载荷	径向当量静载荷
当 $\dfrac{F_a}{F_r} \leqslant e$　$P_r = F_r + Y_1 F_a$ 当 $\dfrac{F_a}{F_r} > e$　$P_r = 0.67 F_r + Y_2 F_a$	$P_{0r} = F_r + Y_0 F_a$

轴承代号	尺寸/mm				安装尺寸/mm			计 算 系 数				基本额定动载荷 C_r	基本额定静载荷 C_{0r}	极限转速 /(r/min)	
	d	D	B	r_s min	d_a min	D_a max	r_{as} max	e	Y_1	Y_2	Y_0	/kN		脂润滑	油润滑
22 尺寸系列															
22206	30	62	20	1	36	56	1	0.33	2.0	3.0	2.0	51.8	56.8	6 300	8 000
22207	35	72	23	1.1	42	65	1.1	0.31	2.1	3.2	2.1	66.5	76.0	5 300	6 700
22208	40	80	23	1.1	47	73	1.1	0.28	2.4	3.6	2.3	78.5	90.8	5 000	6 000
22209	45	85	23	1.1	52	78	1.1	0.27	2.5	3.8	2.5	82.0	97.5	4 500	5 600
22210	50	90	23	1.1	57	83	1.1	0.24	2.8	4.1	2.7	84.5	105	4 000	5 000
22211	55	100	25	1.5	64	91	1.5	0.24	2.8	4.1	2.7	102	125	3 600	4 500
22212	60	110	28	1.5	69	101	1.5	0.24	2.8	4.1	2.7	122	155	3 200	4 000
22213	65	120	31	1.5	74	111	1.5	0.25	2.7	4.0	2.6	150	195	2 800	3 600
22214	70	125	31	1.5	79	116	1.5	0.23	2.9	4.3	2.8	158	205	2 600	3 400
22215	75	130	31	1.5	84	121	1.5	0.22	3.0	4.5	2.9	162	215	2 400	3 200
22216	80	140	33	2	90	130	2	0.22	3.0	4.5	2.9	175	238	2 200	3 000
22217	85	150	36	2	95	140	2	0.22	3.0	4.4	2.9	210	278	2 000	2 800
22218	90	160	40	2	100	150	2	0.23	2.9	4.4	2.8	240	322	1 900	2 600
22219	95	170	43	2.1	107	158	2	0.24	2.9	4.4	2.7	278	380	1 900	2 600
22220	100	180	46	2.1	112	168	2	0.24	2.9	4.3	2.8	310	425	1 800	2 400
23 尺寸系列															
22308	40	90	33	1.5	49	81	1.5	0.38	1.8	2.6	1.7	120	138	4 300	5 300
22309	45	100	36	1.5	54	91	1.5	0.38	1.8	2.6	1.7	142	170	3 800	4 800
22310	50	110	40	2	60	100	2	0.37	1.8	2.7	1.8	175	210	3 400	4 300
22311	55	120	43	2	65	110	2	0.37	1.8	2.7	1.8	208	250	3 000	3 800
22312	60	130	46	2.1	72	118	2	0.37	1.8	2.7	1.8	238	285	2 800	3 600
22313	65	140	48	2.1	77	128	2	0.35	1.9	2.9	1.9	260	315	2 400	3 200
22314	70	150	51	2.1	82	138	2	0.35	1.9	2.9	1.9	292	362	2 200	3 000
22315	75	160	55	2.1	87	148	2	0.35	1.9	2.9	1.9	342	438	2 000	2 800
22316	80	170	58	2.1	92	158	2	0.35	1.9	2.9	1.9	385	498	1 900	2 600
22317	85	180	60	2.1	99	166	2.5	0.34	1.9	3.0	2.0	420	540	1 800	2 400
22318	90	190	64	3	104	176	2.5	0.34	2.0	2.9	2.0	475	622	1 800	2 400
22319	95	200	67	3	109	186	2.5	0.34	2.0	3.0	2.0	520	688	1 700	2 200
22320	100	215	73	3	114	201	2.5	0.35	1.9	2.9	1.9	608	815	1 400	1 800

注:同表 6-1 中注 1 和注 2。

表 6-5　滚针轴承（GB/T 5801—2006 摘录）

NA0000型　　　NA6900型
　　　　　　　（d≥32 mm）

规定画法

标记示例：

　滚动轴承　　NA4906　GB/T 5801—2006

径向当量动载荷 $P_r = F_r$

径向当量静载荷 $P_{0r} = F_r$

轴承代号	尺寸/mm					安装尺寸/mm			基本额定动载荷 C_r	基本额定静载荷 C_{0r}	极限转速/(r/min)	
	d	D	B	F_w	r_s min	D_1 min	D_2 max	r_{as} max	/kN		脂润滑	油润滑
49 尺寸系列												
NA4900	10	22	13	14	0.3	12	20	0.3	8.60	9.20	15 000	22 000
NA4901	12	24	13	16	0.3	14	22	0.3	9.60	10.8	13 000	19 000
NA4902	15	28	13	20	0.3	17	26	0.3	10.2	12.8	10 000	16 000
NA4903	17	30	13	22	0.3	19	28	0.3	11.2	14.5	9 500	15 000
NA4904	20	37	17	25	0.3	22	35	0.3	21.2	25.2	9 000	14 000
NA4905	25	42	17	30	0.3	27	40	0.3	24.0	31.2	8 000	12 000
NA4906	30	47	17	35	0.3	32	45	0.3	25.5	35.5	7 000	10 000
NA4907	35	55	20	42	0.6	39	51	0.6	32.5	51.0	6 000	8 500
NA4908	40	62	22	48	0.6	44	58	0.6	43.5	66.2	5 000	7 000
NA4909	45	68	22	52	0.6	49	64	0.6	46.0	73.0	4 800	6 700
NA4910	50	72	22	58	0.6	54	68	0.6	48.2	80.0	4 500	6 300
NA4911	55	80	25	63	1	60	75	1	58.5	99.0	4 000	5 600
NA4912	60	85	25	68	1	65	80	1	61.2	108	3 800	5 300
NA4913	65	90	25	72	1	70	85	1	62.2	112	3 600	5 000
NA4914	70	100	30	80	1	75	95	1	84.0	152	3 200	4 500
NA4915	75	105	30	85	1	80	100	1	85.5	158	3 000	4 300
NA4916	80	110	30	90	1	85	105	1	89.0	170	2 800	4 000
NA4917	85	120	35	100	1.1	91.5	113.5	1	112	235	2 400	3 600
NA4918	90	125	35	105	1.1	96.5	118.5	1	115	250	2 200	3 400
NA4919	95	130	35	110	1.1	101.5	123.5	1	120	265	2 000	3 200
NA4920	100	140	40	115	1.1	106.5	133.5	1	130	270	2 000	3 200
69 尺寸系列												
NA6901	12	24	22	16	0.3	14	22	0.3	16.2	21.5	13 000	19 000
NA6902	15	28	23	20	0.3	17	26	0.3	17.5	25.2	10 000	16 000
NA6903	17	30	23	22	0.3	19	28	0.3	19.0	28.8	9 500	15 000
NA6904	20	37	30	25	0.3	22	35	0.3	35.2	48.5	9 000	14 000
NA6905	25	42	30	30	0.3	27	40	0.3	40.0	60.2	8 000	12 000
NA6906	30	47	30	35	0.3	32	45	0.3	42.8	68.5	7 000	10 000
NA6907	35	55	36	42	0.6	39	51	0.6	49.5	87.2	6 000	8 500
NA6908	40	62	40	48	0.6	44	58	0.6	62.8	108	5 000	7 000
NA6909	45	68	40	52	0.6	49	64	0.6	67.2	118	4 800	6 700
NA6910	50	72	40	58	0.6	54	68	0.6	70.2	128	4 500	6 300
NA6911	55	80	45	63	1	60	75	1	87.8	168	4 000	5 600
NA6912	60	85	45	68	1	65	80	1	90.8	182	3 800	5 300
NA6913	65	90	45	72	1	70	85	1	93.2	188	3 600	5 000
NA6914	70	100	54	80	1	75	95	1	130	260	3 200	4 500
NA6915	75	105	54	85	1	80	100	1	130	270	3 000	4 300
NA6916	80	110	54	90	1	85	105	1	135	292	2 800	4 000

注：1. 同表 6-1 中注 1 和注 2；

　　2. 当 69 系列 $d≥32$ mm 时为双列滚针轴承。

表 6-6 角接触球轴承(GB/T 292—2007 摘录)

70000C(AC)型

安装尺寸

规定画法

标记示例：滚动轴承 7210C GB/T 292—2007

iF_a/C_{0r}	e	Y	70000C 型	70000AC 型
0.015	0.38	1.47	径向当量动载荷	径向当量动载荷
0.029	0.40	1.40	当 $F_a/F_r \le e$　$P_r = F_r$	当 $F_a/F_r \le 0.68$　$P_r = F_r$
0.058	0.43	1.30	当 $F_a/F_r > e$　$P_r = 0.44F_r + YF_a$	当 $F_a/F_r > 0.68$　$P_r = 0.41F_r + 0.87F_a$
0.087	0.46	1.23		
0.12	0.47	1.19	径向当量静载荷	径向当量静载荷
0.17	0.50	1.12	$P_{0r} = 0.5F_r + 0.46F_a$	$P_{0r} = 0.5F_r + 0.38F_a$
0.29	0.55	1.02	当 $P_{0r} < F_r$　取 $P_{0r} = F_r$	当 $P_{0r} < F_r$　取 $P_{0r} = F_r$
0.44	0.56	1.00		
0.58	0.56	1.00		

轴承代号		基本尺寸/mm					安装尺寸/mm			70000C ($\alpha = 15°$)			70000AC ($\alpha = 25°$)			极限转速 /(r/min)	
		d	D	B	r_s	r_{1s}	d_a	D_a	r_{as}	a /mm	基本额定 动载 荷 C_r	基本额定 静载 荷 C_{0r}	a /mm	基本额定 动载 荷 C_r	基本额定 静载 荷 C_{0r}	脂润滑	油润滑
					min		min	max			/kN			/kN			
(1) 0 尺寸系列																	
7000C	7000AC	10	26	8	0.3	0.1	12.4	23.6	0.3	6.4	4.92	2.25	8.2	4.75	2.12	19 000	28 000
7001C	7001AC	12	28	8	0.3	0.1	14.4	25.6	0.3	6.7	5.42	2.65	8.7	5.20	2.55	18 000	26 000
7002C	7002AC	15	32	9	0.3	0.1	17.4	29.6	0.3	7.6	6.25	3.42	10	5.95	3.25	17 000	24 000
7003C	7003AC	17	35	10	0.3	0.1	19.4	32.6	0.3	8.5	6.60	3.85	11.1	6.30	3.68	16 000	22 000
7004C	7004AC	20	42	12	0.6	0.3	25	37	0.6	10.2	10.5	6.08	13.2	10.0	5.78	14 000	19 000
7005C	7005AC	25	47	12	0.6	0.3	30	42	0.6	10.8	11.5	7.45	14.4	11.2	7.08	12 000	17 000
7006C	7006AC	30	55	13	1	0.3	36	49	1	12.2	15.2	10.2	16.4	14.5	9.85	9 500	14 000
7007C	7007AC	35	62	14	1	0.3	41	56	1	13.5	19.5	14.2	18.3	18.5	13.5	8 500	12 000
7008C	7008AC	40	68	15	1	0.3	46	62	1	14.7	20.0	15.2	20.1	19.0	14.5	8 000	11 000
7009C	7009AC	45	75	16	1	0.3	51	69	1	16	25.8	20.5	21.9	25.8	19.5	7 500	10 000
7010C	7010AC	50	80	16	1	0.3	56	74	1	16.7	26.5	22.0	23.2	25.2	21.0	6 700	9 000
7011C	7011AC	55	90	18	1.1	0.6	62	83	1.1	18.7	37.2	30.5	25.9	35.2	29.2	6 000	8 000
7012C	7012AC	60	95	18	1.1	0.6	67	88	1.1	19.4	38.2	32.8	27.1	36.2	31.5	5 600	7 500
7013C	7013AC	65	100	18	1.1	0.6	72	93	1.1	20.1	40.0	35.5	28.2	38.0	33.8	5 300	7 000
7014C	7014AC	70	110	20	1.1	0.6	77	103	1.1	22.1	48.2	43.5	30.9	45.8	41.5	5 000	6 700
7015C	7015AC	75	115	20	1.1	0.6	82	108	1.1	22.7	49.5	46.5	32.2	46.8	44.2	4 800	6 300
7016C	7016AC	80	125	22	1.1	0.6	87	118	1.1	24.7	58.5	55.8	34.9	55.5	53.2	4 500	6 000
7017C	7017AC	85	130	22	1.1	0.6	92	123	1.1	25.4	62.5	60.2	36.1	59.2	57.2	4 300	5 600
7018C	7018AC	90	140	24	1.5	0.6	99	131	1.5	27.4	71.5	69.8	38.8	67.5	66.5	4 000	5 300
7019C	7019AC	95	145	24	1.5	0.6	104	136	1.5	28.1	73.5	73.2	40	69.5	69.8	3 800	5 000
7020C	7020AC	100	150	24	1.5	0.6	109	141	1.5	28.7	79.2	78.5	41.2	75	74.8	3 800	5 000

轴承代号		基本尺寸/mm					安装尺寸/mm			70000C (α=15°)			70000AC (α=25°)			极限转速/(r/min)	
		d	D	B	r_a	r_{1s}	d_a	D_a	r_{as}	a	基本额定动载荷 C_r	静载荷 C_{0r}	a	基本额定动载荷 C_r	静载荷 C_{0r}	脂润滑	油润滑
					min		min		max	/mm	/kN		/mm	/kN			
(0) 2 尺寸系列																	
7200C	7200AC	10	30	9	0.6	0.3	15	25	0.6	7.2	5.82	2.95	9.2	5.58	2.82	18 000	26 000
7201C	7201AC	12	32	10	0.6	0.3	17	27	0.6	8	7.35	3.52	10.2	7.10	3.35	17 000	24 000
7202C	7202AC	15	35	11	0.6	0.3	20	30	0.6	8.9	8.68	4.62	11.4	8.35	4.40	16 000	22 000
7203C	7203AC	17	40	12	0.6	0.3	22	35	0.6	9.9	10.8	5.95	12.8	10.5	5.65	15 000	20 000
7204C	7204AC	20	47	14	1	0.3	26	41	1	11.5	14.5	8.22	14.9	14.0	7.82	13 000	18 000
7205C	7205AC	25	52	15	1	0.3	31	46	1	12.7	16.5	10.5	16.4	15.8	9.88	11 000	16 000
7206C	7206AC	30	62	16	1	0.3	36	56	1	14.2	23.0	15.0	18.7	22.0	14.2	9 000	13 000
7207C	7207AC	35	72	17	1.1	0.3	42	65	1.1	15.7	30.5	20.0	21	29.0	19.2	8 000	11 000
7208C	7208AC	40	80	18	1.1	0.6	47	73	1.1	17	36.8	25.8	23	35.2	24.5	7 500	10 000
7209C	7209AC	45	85	19	1.1	0.6	52	78	1.1	18.2	38.5	28.5	24.7	36.8	27.2	6 700	9 000
7210C	7210AC	50	90	20	1.1	0.6	57	83	1.1	19.4	42.8	32.0	26.3	40.8	30.5	6 300	8 500
7211C	7211AC	55	100	21	1.5	0.6	64	91	1.5	20.9	52.8	40.5	28.6	50.5	38.5	5 600	7 500
7212C	7212AC	60	110	22	1.5	0.6	69	101	1.5	22.4	61.0	48.5	30.8	58.2	46.2	5 300	7 000
7213C	7213AC	65	120	23	1.5	0.6	74	111	1.5	24.2	69.8	55.2	33.5	66.5	52.5	4 800	6 300
7214C	7214AC	70	125	24	1.5	0.6	79	116	1.5	25.3	70.2	60.0	35.1	69.2	57.5	4 500	6 000
7215C	7215AC	75	130	25	1.5	0.6	84	121	1.5	26.4	79.2	65.8	36.6	75.2	63.0	4 300	5 600
7216C	7216AC	80	140	26	2	1	90	130	2	27.7	89.5	78.2	38.9	85.0	74.5	4 000	5 300
7217C	7217AC	85	150	28	2	1	95	140	2	29.9	99.8	85.0	41.6	94.8	81.5	3 800	5 000
7218C	7218AC	90	160	30	2	1	100	150	2	31.7	122	105	44.2	118	100	3 600	4 800
7219C	7219AC	95	170	32	2.1	1.1	107	158	2	33.8	135	115	46.9	128	108	3 400	4 500
7220C	7220AC	100	180	34	2.1	1.1	112	168	2	35.8	148	128	49.7	142	122	3 200	4 300
(0) 3 尺寸系列																	
7301C	7301AC	12	37	12	1	0.3	18	31	1	8.6	8.10	5.22	12	8.08	4.88	16 000	22 000
7302C	7302AC	15	42	13	1	0.3	21	36	1	9.6	9.38	5.95	13.5	9.08	5.58	15 000	20 000
7303C	7303AC	17	47	14	1	0.3	23	41	1	10.4	12.8	8.62	14.8	11.5	7.08	14 000	19 000
7304C	7304AC	20	52	15	1.1	0.6	27	45	1	11.3	14.2	9.68	16.8	13.8	9.10	12 000	17 000
7305C	7305AC	25	62	17	1.1	0.6	32	55	1	13.1	21.5	15.8	19.1	20.8	14.8	9 500	14 000
7306C	7306AC	30	72	19	1.1	0.6	37	65	1	15	26.5	19.8	22.2	25.2	18.5	8 500	12 000
7307C	7307AC	35	80	21	1.5	0.6	44	71	1.5	16.6	34.2	26.8	24.5	32.8	24.8	7 500	10 000
7308C	7308AC	40	90	23	1.5	0.6	49	81	1.5	18.5	40.2	32.3	27.5	38.5	30.5	6 700	9 000
7309C	7309AC	45	100	25	1.5	0.6	54	91	1.5	20.2	49.2	39.8	30.2	47.5	37.2	6 000	8 000
7310C	7310AC	50	110	27	2	1	60	100	2	22	53.5	47.2	33	55.5	44.5	5 600	7 500
7311C	7311AC	55	120	29	2	1	65	110	2	23.8	70.5	60.5	35.8	67.2	56.8	5 000	6 700
7312C	7312AC	60	130	31	2.1	1.1	72	118	2	25.6	80.5	70.2	38.7	77.8	65.8	4 800	6 300
7313C	7313AC	65	140	33	2.1	1.1	77	128	2	27.4	91.5	80.5	41.5	89.8	75.5	4 300	5 600
7314C	7314AC	70	150	35	2.1	1.1	82	138	2	29.2	102	91.5	44.3	98.5	86.0	4 000	5 300
7315C	7315AC	75	160	37	2.1	1.1	87	148	2	31	112	105	47.2	108	97.0	3 800	5 000
7316C	7316AC	80	170	39	2.1	1.1	92	158	2	32.8	122	118	50	118	108	3 600	4 800
7317C	7317AC	85	180	41	3	1.1	99	166	2.5	34.6	132	128	52.8	125	122	3 400	4 500
7318C	7318AC	90	190	43	3	1.1	104	176	2.5	36.4	142	142	55.6	135	135	3 200	4 300
7319C	7319AC	95	200	45	3	1.1	109	186	2.5	38.2	152	158	58.5	145	148	3 000	4 000
7320C	7320AC	100	215	47	3	1.1	114	201	2.5	40.2	162	175	61.9	165	178	2 600	3 600

注：1. 表中 C_r 值，对 (1) 0、(0) 2 系列为真空脱气轴承钢的负荷能力，对 (0) 3 系列为电炉轴承钢的负荷能力；

2. 同表 6-1 中注 1 和注 2。

表 6-7 圆锥滚子轴承（GB/T 297—2015 摘录）

30000型

规定画法

安装尺寸

径向当量动载荷	当 $\dfrac{F_a}{F_r} \le e$ $P_r = F_r$ 当 $\dfrac{F_a}{F_r} > e$ $P_r = 0.4F_r + YF_a$
径向当量静载荷	$P_{0r} = F_r$ $P_{0r} = 0.5F_r + Y_0 F_a$ 取上列两式计算结果的较大值

标记示例：滚动轴承 30310 GB/T 297—2015

02 尺寸系列

轴承代号	尺寸/mm							a ≈	安装尺寸/mm									计算系数			基本额定		极限转速/(r/min)	
	d	D	T	B	C	r_s min	r_{1s} min		d_a min	d_b max	D_a min	D_a max	D_b min	a_1 min	a_2 min	r_{as} max	r_{bs} max	e	Y	Y_0	动载荷 C_r /kN	静载荷 C_{0r} /kN	脂润滑	油润滑
30203	17	40	13.25	12	11	1	1	9.9	23	23	34	34	37	2	2.5	1	1	0.35	1.7	1	20.8	21.8	9 000	12 000
30204	20	47	15.25	14	12	1	1	11.2	26	27	40	41	43	2	3.5	1	1	0.35	1.7	1	28.2	30.5	8 000	10 000
30205	25	52	16.25	15	13	1	1	12.5	31	31	44	46	48	2	3.5	1	1	0.37	1.6	0.9	32.2	37.0	7 000	9 000
30206	30	62	17.25	16	14	1	1	13.8	36	37	53	56	57	2	3.5	1	1	0.37	1.6	0.9	43.2	50.5	6 000	7 500
30207	35	72	18.25	17	15	1.5	1.5	15.3	42	44	62	65	67	3	3.5	1.5	1.5	0.37	1.6	0.9	54.2	63.5	5 300	6 700
30208	40	80	19.75	18	16	1.5	1.5	16.9	47	49	69	73	74	3	4	1.5	1.5	0.37	1.6	0.9	63.0	74.0	5 000	6 300
30209	45	85	20.75	19	16	1.5	1.5	18.6	52	54	74	78	80	3	5	1.5	1.5	0.4	1.5	0.8	67.8	83.5	4 500	5 600
30210	50	90	21.75	20	17	1.5	1.5	20	57	58	79	83	85	3	5	1.5	1.5	0.42	1.4	0.8	73.2	92.0	4 300	5 300
30211	55	100	22.75	21	18	2	1.5	21	64	64	88	91	94	4	5	2	1.5	0.4	1.5	0.8	90.8	115	3 800	4 800
30212	60	110	23.75	22	19	2	1.5	22.3	69	70	96	101	103	4	5	2	1.5	0.4	1.5	0.8	102	130	3 600	4 500
30213	65	120	24.75	23	20	2	1.5	23.8	74	77	106	111	113	4	5	2	1.5	0.4	1.5	0.8	120	152	3 200	4 000
30214	70	125	26.25	24	21	2	1.5	25.8	79	81	110	116	118	4	5.5	2	1.5	0.42	1.4	0.8	132	175	3 000	3 800
30215	75	130	27.25	25	22	2	1.5	27.4	84	86	115	121	124	4	5.5	2	1.5	0.44	1.4	0.8	138	185	2 800	3 600
30216	80	140	28.25	26	22	2.5	2	28.1	90	91	124	130	133	4	6	2.1	2	0.42	1.4	0.8	160	212	2 600	3 400
30217	85	150	30.5	28	24	2.5	2	30.3	95	97	132	140	141	5	6.5	2.1	2	0.42	1.4	0.8	178	238	2 400	3 200
30218	90	160	32.5	30	26	2.5	2	32.3	100	103	140	150	151	5	6.5	2.1	2	0.42	1.4	0.8	200	270	2 200	3 000
30219	95	170	34.5	32	27	3	2.5	34.2	107	109	149	158	160	5	7.5	2.5	2.1	0.42	1.4	0.8	228	308	2 000	2 800
30220	100	180	37	34	29	3	2.5	36.4	112	115	157	168	169	5	8	2.5	2.1	0.42	1.4	0.8	255	350	1 900	2 600

轴承代号	尺寸/mm								安装尺寸/mm									计算系数			基本额定 /kN		极限转速 /(r/min)	
	d	D	T	B	C	r_s min	r_{1s} min	$a\approx$	d_a min	d_b max	D_a min	D_a max	D_b min	a_1 min	a_2 min	r_{as} max	r_{bs} max	e	Y	Y_0	动载荷 C_r	静载荷 C_{0r}	脂润滑	油润滑
03 尺寸系列																								
30302	15	42	14.25	13	11	1	1	9.6	21	22	36	36	38	2	3.5	1	1	0.29	2.1	1.2	22.8	21.5	9 000	12 000
30303	17	47	15.25	14	12	1	1	10.4	23	25	40	41	42	3	3.5	1	1	0.29	2.1	1.2	28.2	27.2	8 500	11 000
30304	20	52	16.25	15	13	1.5	1.5	11.1	27	28	44	45	47	3	3.5	1.5	1.5	0.3	2	1.1	33.0	33.2	7 500	9 500
30305	25	62	18.25	17	15	1.5	1.5	13	32	35	54	55	57	3	3.5	1.5	1.5	0.3	2	1.1	46.8	48.0	6 300	8 000
30306	30	72	20.75	19	16	1.5	1.5	15.3	37	41	62	65	66	3	5	1.5	1.5	0.31	1.9	1.1	59.0	63.0	5 600	7 000
30307	35	80	22.75	21	18	2	1.5	16.8	44	45	70	71	74	3	5	2	1.5	0.31	1.9	1.1	75.2	82.5	5 000	6 300
30308	40	90	25.25	23	20	2	1.5	19.5	49	52	77	81	82	3	5.5	2	1.5	0.35	1.7	1	90.8	108	4 500	5 600
30309	45	100	27.25	25	22	2	1.5	21.3	54	59	86	91	92	3	5.5	2	1.5	0.35	1.7	1	108	130	4 000	5 000
30310	50	110	29.25	27	23	2.5	2	23	60	65	95	100	102	4	6.5	2.1	2	0.35	1.7	1	130	158	3 800	4 800
30311	55	120	31.5	29	25	2.5	2	24.9	65	71	104	110	112	4	6.5	2.1	2	0.35	1.7	1	152	188	3 400	4 300
30312	60	130	33.5	31	26	3	2.5	26.6	72	77	112	118	121	5	7.5	2.5	2.1	0.35	1.7	1	170	210	3 200	4 000
30313	65	140	36	33	28	3	2.5	28.7	77	83	122	128	131	5	8	2.5	2.1	0.35	1.7	1	195	242	2 800	3 600
30314	70	150	38	35	30	3	2.5	30.7	82	89	130	138	140	5	8	2.5	2.1	0.35	1.7	1	218	272	2 600	3 400
30315	75	160	40	37	31	3	2.5	32	87	95	139	148	149	5	9	2.5	2.1	0.35	1.7	1	252	318	2 400	3 200
30316	80	170	42.5	39	33	3	2.5	34.4	92	102	148	158	159	5	9.5	2.5	2.1	0.35	1.7	1	278	352	2 200	3 000
30317	85	180	44.5	41	34	4	3	35.9	99	107	156	166	168	6	10.5	3	2.5	0.35	1.7	1	305	388	2 000	2 800
30318	90	190	46.5	43	36	4	3	37.5	104	113	165	176	177	6	10.5	3	2.5	0.35	1.7	1	342	440	1 900	2 600
30319	95	200	49.5	45	38	4	3	40.1	109	118	172	186	185	6	11.5	3	2.5	0.35	1.7	1	370	478	1 800	2 400
30320	100	215	51.5	47	39	4	3	42.2	114	127	184	201	198	6	12.5	3	2.5	0.35	1.7	1	405	525	1 600	2 000
22 尺寸系列																								
32206	30	62	21.25	20	17	1	1	15.6	36	37	52	56	58	3	4.5	1	1	0.37	1.6	0.9	51.8	63.8	6 000	7 500
32207	35	72	24.25	23	19	1.5	1.5	17.9	42	43	61	65	67	3	5.5	1.5	1.5	0.37	1.6	0.9	70.5	89.5	5 300	6 700
32208	40	80	24.75	23	19	1.5	1.5	18.9	47	48	68	73	75	3	6	1.5	1.5	0.37	1.6	0.9	77.8	97.2	5 000	6 300
32209	45	85	24.75	23	19	1.5	1.5	20.1	52	53	73	78	80	3	6	1.5	1.5	0.4	1.5	0.8	80.8	105	4 500	5 600
32210	50	90	24.75	23	19	1.5	1.5	21	57	58	78	83	85	3	6	1.5	1.5	0.42	1.4	0.8	82.8	108	4 300	5 300
32211	55	100	26.75	25	21	2	1.5	22.8	64	63	87	91	95	4	6	2	1.5	0.4	1.5	0.8	108	142	3 800	4 800
32212	60	110	29.75	28	24	2	1.5	25	69	69	95	101	104	4	6	2	1.5	0.4	1.5	0.8	132	180	3 600	4 500
32213	65	120	32.75	31	27	2	1.5	27.3	74	75	104	111	115	4	6	2	1.5	0.4	1.5	0.8	160	222	3 200	4 000
32214	70	125	33.25	31	27	2	1.5	28.8	79	80	108	116	119	4	6.5	2	1.5	0.42	1.4	0.8	168	238	3 000	3 800
32215	75	130	33.25	31	27	2	1.5	30	84	85	115	121	125	4	6.5	2	1.5	0.44	1.4	0.8	170	242	2 800	3 600

轴承代号	尺寸/mm								安装尺寸/mm									计算系数			基本额定/kN		极限转速/(r/min)	
	d	D	T	B	C	r_s min	r_{1s} min	$a \approx$	d_a min	d_b max	D_a min	D_a max	D_b min	a_1 min	a_2 min	r_{as} max	r_{bs} max	e	Y	Y_0	动载荷 C_r	静载荷 C_{0r}	脂润滑	油润滑
32216	80	140	35.25	33	28	2.5	2	31.4	90	90	122	130	134	5	7.5	2.1	2	0.42	1.4	0.8	198	278	2 600	3 400
32217	85	150	38.5	36	30	2.5	2	33.9	95	96	130	140	143	5	8.5	2.1	2	0.42	1.4	0.8	228	325	2 400	3 200
32218	90	160	42.5	40	34	2.5	2	36.8	100	101	138	150	153	5	8.5	2.1	2	0.42	1.4	0.8	270	395	2 200	3 000
32219	95	170	45.5	43	37	3	2.5	39.2	107	107	145	158	162	5	8.5	2.5	2.1	0.42	1.4	0.8	302	448	2 000	2 800
32220	100	180	49	46	39	3	2.5	41.9	112	113	154	168	171	5	10	2.5	2.1	0.42	1.4	0.8	340	512	1 900	2 600
23 尺寸系列																								
32303	17	47	20.25	19	16	1	1	12.3	23	24	39	41	43	3	4.5	1	1	0.29	2.1	1.2	35.2	36.2	8 500	11 000
32304	20	52	22.25	21	18	1.5	1.5	13.6	27	27	43	45	47	3	4.5	1.5	1.5	0.3	2	1.1	42.8	46.2	7 500	9 500
32305	25	62	25.25	24	20	1.5	1.5	15.9	32	33	52	55	57	3	5.5	1.5	1.5	0.3	2	1.1	61.5	68.8	6 300	8 000
32306	30	72	28.75	27	23	1.5	1.5	18.9	37	39	59	65	66	4	6	1.5	1.5	0.31	1.9	1.1	81.5	96.5	5 600	7 000
32307	35	80	32.75	31	25	2	1.5	20.4	44	44	66	71	74	4	8	2	1.5	0.31	1.9	1.1	99.0	118	5 000	6 300
32308	40	90	35.25	33	27	2	1.5	23.3	49	50	73	81	82	4	8.5	2	1.5	0.35	1.7	1	115	148	4 500	5 600
32309	45	100	38.25	36	30	2	1.5	25.6	54	56	82	91	93	4	8.5	2	1.5	0.35	1.7	1	145	188	4 000	5 000
32310	50	110	42.25	40	33	2.5	2	28.2	60	62	90	100	102	5	9.5	2.1	2	0.35	1.7	1	178	235	3 800	4 800
32311	55	120	45.5	43	35	2.5	2	30.4	65	68	99	110	111	5	10.5	2.1	2	0.35	1.7	1	202	270	3 400	4 300
32312	60	130	48.5	46	37	3	2.5	32	72	73	107	118	121	6	11.5	2.5	2.1	0.35	1.7	1	228	302	3 200	4 000
32313	65	140	51	48	39	3	2.5	34.3	77	80	117	128	131	6	12	2.5	2.1	0.35	1.7	1	260	350	2 800	3 600
32314	70	150	54	51	42	3	2.5	36.5	82	86	125	138	140	6	12	2.5	2.1	0.35	1.7	1	298	408	2 600	3 400
32315	75	160	58	55	45	3	2.5	39.4	87	91	133	148	150	7	13	2.5	2.1	0.35	1.7	1	348	482	2 400	3 200
32316	80	170	61.5	58	48	3	2.5	42.1	92	98	142	158	160	7	13.5	2.5	2.1	0.35	1.7	1	388	542	2 200	3 000
32317	85	180	63.5	60	49	4	3	43.5	99	103	150	166	168	8	14.5	3	2.5	0.35	1.7	1	422	592	2 000	2 800
32318	90	190	67.5	64	53	4	3	46.2	104	108	157	176	178	8	14.5	3	2.5	0.35	1.7	1	478	682	1 900	2 600
32319	95	200	71.5	67	55	4	3	49	109	114	166	186	187	8	16.5	3	2.5	0.35	1.7	1	515	738	1 800	2 400
32320	100	215	77.5	73	60	4	3	52.9	114	123	177	201	201	8	17.5	3	2.5	0.35	1.7	1	600	872	1 600	2 000

注: 1. 同表 6−1 中注 1;
2. 同表 6−2 中注 2。

表 6-8 推力球轴承（GB/T 301—2015 摘录）

标记示例：
滚动轴承　51208　GB/T 301—2015

轴向当量动载荷　$P_a = F_a$
轴向当量静载荷　$P_{0a} = F_a$

51000型　　52000型

安装尺寸　　规定画法

12(51000型)、22(52000型)尺寸系列

轴承代号 (51000型)	轴承代号 (52000型)	尺寸/mm d	d_2	D	T	T_1	d_1 min	D_1 max	D_2 max	B	r_s min	r_{1s} min	安装尺寸/mm d_a min	D_a max	D_b min	d_b max	r_{as} max	r_{1as} max	基本额定 动载荷 C_a /kN	静载荷 C_{0a} /kN	极限转速/(r/min) 脂润滑	油润滑
51200	—	10	—	26	11	—	12	26	—	—	0.6	—	20	16	—	—	0.6	—	12.5	17.0	6 000	8 000
51201	—	12	—	28	11	—	14	28	—	—	0.6	—	22	18	—	—	0.6	—	13.2	19.0	5 300	7 500
51202	52202	15	10	32	12	22	17	32	32	5	0.6	0.3	25	22	—	15	0.6	0.3	16.5	24.8	4 800	6 700
51203	—	17	15	35	12	—	19	35	—	—	0.6	—	28	24	—	—	0.6	—	17.0	27.2	4 500	6 300
51204	52204	20	15	40	14	26	22	40	40	6	0.6	0.3	32	28	—	20	0.6	0.3	22.2	37.5	3 800	5 300
51205	52205	25	20	47	15	28	27	47	47	7	0.6	0.3	38	34	—	25	0.6	0.3	27.8	50.5	3 400	4 800
51206	52206	30	25	52	16	29	32	52	52	7	0.6	0.3	43	39	—	30	0.6	0.3	28.0	54.2	3 200	4 500
51207	52207	35	30	62	18	34	37	62	62	8	1	0.3	51	46	—	35	1	0.3	39.2	78.2	2 800	4 000
51208	52208	40	30	68	19	36	42	68	68	9	1	0.6	57	51	—	40	1	0.6	47.0	98.2	2 400	3 600

12(51000型)、22(52000型)尺寸系列

轴承代号	轴承代号	d	d_2	D	T	T_1	d_1 min	D_1 max	D_2 max	B	r_s min	r_{1s} min	d_a min	D_a	D_b min	d_b max	r_{as} max	r_{1as} max	C_a	C_{0a}	脂润滑	油润滑
		尺寸/mm											安装尺寸/mm						基本额定 动载荷/静载荷 /kN		极限转速/(r/min)	
51209	52209	45	35	73	20	37	47	73	73	9	1	0.6	62	56		45	1	0.6	47.8	105	2 200	3 400
51210	52210	50	40	78	22	39	52	78	78	9	1	0.6	67	61		50	1	0.6	48.5	112	2 000	3 200
51211	52211	55	45	90	25	45	57	90	90	10	1	0.6	76	69		55	1	0.6	67.5	158	1 900	3 000
51212	52212	60	50	95	26	46	62	95	95	10	1	0.6	81	74		60	1	0.6	73.5	178	1 800	2 800
51213	52213	65	55	100	27	47	67	100	100	10	1	0.6	86	79	79	65	1	0.6	74.8	188	1 700	2 600
51214	52214	70	55	105	27	47	72	105	105	10	1	1	91	84	84	70	1	1	73.5	188	1 600	2 400
51215	52215	75	60	110	27	47	77	110	110	10	1	1	96	89	89	75	1	1	74.8	198	1 500	2 200
51216	52216	80	65	115	28	48	82	115	115	10	1	1	101	94	94	80	1	1	83.8	222	1 400	2 000
51217	52217	85	70	125	31	55	88	125	125	12	1	1	109	101	109	85	1	1	102	280	1 300	1 900
51218	52218	90	75	135	35	62	93	135	135	14	1.1	1	117	108	108	90	1.1	1	115	315	1 200	1 800
51220	52220	100	85	150	38	67	103	150	150	15	1.1	1	130	120	120	100	1.1	1	132	375	1 100	1 700

13(51000型)、23(52000型)尺寸系列

轴承代号	轴承代号	d	d_2	D	T	T_1	d_1 min	D_1 max	D_2 max	B	r_s min	r_{1s} min	d_a min	D_a	D_b min	d_b max	r_{as} max	r_{1as} max	C_a	C_{0a}	脂润滑	油润滑
51304	—	20	—	47	18	—	22	47	47	—	1	—	36	31	—	—	1	—	35.0	55.8	3 600	4 500
51305	52305	25	20	52	18	34	27	52	52	8	1	0.3	41	36	36	25	1	0.3	35.5	61.5	3 000	4 300
51306	52306	30	25	60	21	38	32	60	60	9	1	0.3	48	42	42	30	1	0.3	42.8	78.5	2 400	3 600
51307	52307	35	30	68	24	44	37	68	68	10	1	0.3	55	48	48	35	1	0.3	55.2	105	2 000	3 200
51308	52308	40	30	78	26	49	42	78	78	12	1	0.6	63	55	55	40	1	0.6	69.2	135	1 900	3 000
51309	52309	45	35	85	28	52	47	85	85	12	1.1	0.6	69	61	61	45	1	0.6	75.8	150	1 700	2 600
51310	52310	50	40	95	31	58	52	95	95	14	1.1	0.6	77	68	68	50	1.1	0.6	96.5	202	1 600	2 400
51311	52311	55	45	105	35	64	57	105	105	15	1.1	0.6	85	75	75	55	1.1	0.6	115	242	1 500	2 200
51312	52312	60	50	110	35	64	62	110	110	15	1.1	0.6	90	80	80	60	1.1	0.6	118	262	1 400	2 000
51313	52313	65	55	115	36	65	67	115	115	15	1.1	0.6	95	85	85	65	1.1	0.6	115	262	1 300	1 900
51314	52314	70	55	125	40	72	72	125	125	16	1.1	1	103	92	92	70	1.1	1	148	340	1 200	1 800
51315	52315	75	60	135	44	79	77	135	135	18	1.5	1	111	99	99	75	1.5	1	162	380	1 100	1 700
51316	52316	80	65	140	44	79	82	140	140	18	1.5	1	116	104	104	80	1.5	1	160	380	1 000	1 600
51317	52317	85	70	150	49	87	88	150	150	19	1.5	1	124	111	114	85	1.5	1	208	495	950	1 500
51318	52318	90	75	155	50	88	93	155	155	19	1.5	1	129	116	116	90	1.5	1	205	495	900	1 400
51320	52320	100	85	170	55	97	103	170	170	21	1.5	1	142	128	128	100	1.5	1	235	595	800	1 200

续表

14（51000 型）、24（52000 型）尺寸系列

轴承代号	轴承代号	d	d_2	D	T	T_1	d_1 min	D_1 max	D_2 max	B	r_s min	r_{1s} min	d_a min	D_a max	D_b min	d_b max	r_{as} max	r_{1as} max	C_a /kN	C_{0a} /kN	脂润滑	油润滑
51405	52405	25	15	60	24	45	27	60	60	11	1	0.6	46	39		25	1	0.6	55.5	89.2	2 200	3 400
51406	52406	30	20	70	28	52	32	70	70	12	1	0.6	54	46		30	1	0.6	72.5	125	1 900	3 000
51407	52407	35	25	80	32	59	37	80	80	14	1.1	0.6	62	53		35	1.1	0.6	86.8	155	1 700	2 600
51408	52408	40	30	90	36	65	42	90	90	15	1.1	0.6	70	60		40	1.1	0.6	112	205	1 500	2 200
51409	52409	45	35	100	39	72	47	100	100	17	1.1	0.6	78	67		45	1.1	0.6	140	262	1 400	2 000
51410	52410	50	40	110	43	78	52	110	110	18	1.5	0.6	86	74		50	1.5	0.6	160	302	1 300	1 900
51411	52411	55	45	120	48	87	57	120	120	20	1.5	0.6	94	81		55	1.5	0.6	182	355	1 100	1 700
51412	52412	60	50	130	51	93	62	130	130	21	1.5	0.6	102	88		60	1.5	0.6	200	395	1 000	1 600
51413	52413	65	50	140	56	101	68	140	140	23	2	1	110	95		65	2.0	1	215	448	900	1 400
51414	52414	70	55	150	60	107	73	150	150	24	2	1	118	102		70	2.0	1	255	560	850	1 300
51415	52415	75	60	160	65	115	78	160	160	26	2	1	125	110		75	2.0	1	268	615	800	1 200
51416	52416	80	65	170	68	120	83	170	170	27	2.1	1	133	117		—	2	—	292	692	750	1 100
51417	52417	85	65	180	72	128	88	177	179.5	29	2.1	1.1	141	124		85	2	1	318	782	700	1 000
51418	52418	90	70	190	77	135	93	187	189.5	30	2.1	1.1	149	131		90	2	1	325	825	670	950
51420	52420	100	80	210	85	150	103	205	209.5	33	3	1.1	165	145		100	2.5	1	400	1080	600	850

注：1. 同表 6-1 中注 1；

2. r_a 为轴和轴承座孔圆角半径；r_{smin}、r_{1smin} 为 r、r_1 的最小单向倒角尺寸；r_{asmax}、r_{1asmax} 为 r_a、r_{1a} 的最大单向倒角尺寸。

二、滚动轴承的配合（GB/T 275—2015 摘录）

表 6-9　向心轴承载荷的区分

载荷大小	轻载荷	正常载荷	重载荷
$\dfrac{P_r（径向当量动载荷）}{C_r（径向额定动载荷）}$	≤0.06	>0.06~0.12	>0.12

表 6-10　安装向心轴承的轴公差带代号

运转状态		载荷状态	深沟球轴承、调心球轴承和角接触球轴承	圆柱滚子轴承和圆锥滚子轴承	调心滚子轴承	公差带
说明	举例		轴承公称内径/mm			
旋转的内圈载荷及摆动载荷	输送机、轻载齿轮箱	轻载荷	≤18	—	—	h5
			>18~100	≤40	≤40	j6①
			>100~200	>40~140	>40~100	k6①
	一般通用机械、电动机、泵、内燃机、直齿轮传动装置	正常载荷	≤18			j5、js5
			>18~100	≤40	≤40	k5②
			>100~140	>40~100	>40~65	m5②
			>140~200	>100~140	>65~100	m6
	铁路机车车辆轴箱、破碎机等	重载荷	—	>50~140	>50~100	n6③
			—	>140~200	>100~140	p6③
固定的内圈载荷	内圈在轴上易移动，如非旋转轴上的轮子	所有载荷	所有尺寸			f6
						g6
	内圈不需在轴上移动，如张紧轮、绳轮					h6
						j6
仅有轴向载荷			所有尺寸			j6、js6

注：1. 凡对精度有较高要求场合，应用 j5、k5…代替 j6、k6…；
　　2. 圆锥滚子轴承、角接触球轴承配合对游隙影响不大，可用 k6、m6 代替 k5、m5；
　　3. 重载荷下轴承游隙应选大于 N 组。

表 6-11　安装向心轴承的孔公差带代号

运转状态		载荷状态	其他状况	公差带①	
说明	举例			球轴承	滚子轴承
固定的外圈载荷	一般机械、铁路机车车辆轴箱	轻、正常、重	轴向易移动，可采用剖分式轴承座	H7、G7②	
		冲击	轴向能移动，可采用整体或剖分式轴承座	J7、JS7	
摆动载荷	电动机、泵、曲轴主轴承	轻、正常			
		正常、重		K7	
	牵引电动机	重、冲击		M7	
旋转的外圈载荷	皮带张紧轮	轻	轴向不移动，采用整体式轴承座	J7	K7
	轮毂轴承	正常		M7	N7
		重		—	N7、P7

注：1. 并列公差带随尺寸的增大从左至右选择，对旋转精度有较高要求时，可相应提高一个公差等级；
　　2. 不适用于剖分式轴承座。

表 6-12　安装推力轴承的轴和孔公差带代号

运转状态	载荷状态	安装推力轴承的轴公差带		安装推力轴承的外壳孔公差带	
		轴承类型	公差带	轴承类型	公差带
仅有轴向载荷		推力球和推力圆柱滚子轴承	j6、js6	推力球轴承	H8
				推力圆柱、圆锥滚子轴承	H7

表 6-13　轴和轴承座孔的几何公差

基本尺寸 /mm		圆柱度 t				轴向圆跳动 t_1			
		轴　颈		轴承座孔		轴　肩		轴承座孔肩	
		轴承公差等级							
		/P0	/P6 (/P6x)	/P0	/P6 (/P6x)	/P0	/P6 (/P6x)	/P0	/P6 (/P6x)
大于	至	公　差　值/μm							
	6	2.5	1.5	4	2.5	5	3	8	5
6	10	2.5	1.5	4	2.5	6	4	10	6
10	18	3.0	2.0	5	3.0	8	5	12	8
18	30	4.0	2.5	6	4.0	10	6	15	10
30	50	4.0	2.5	7	4.0	12	8	20	12
50	80	5.0	3.0	8	5.0	15	10	25	15
80	120	6.0	4.0	10	6.0	15	10	25	15
120	180	8.0	5.0	12	8.0	20	12	30	20
180	250	10.0	7.0	14	10.0	20	12	30	20
250	315	12.0	8.0	16	12.0	25	15	40	25

注：轴承公差等级新、旧标准代号对照为：/P0—G 级；/P6—E 级；/P6x—Ex 级。

表 6-14　配合面及端面的表面粗糙度

轴或轴承座孔 直径 /mm		轴或轴承座孔配合表面直径公差等级					
		IT7		IT6		IT5	
		表面粗糙度 Ra/μm					
超过	到	磨	车	磨	车	磨	车
	80	1.6	3.2	0.8	1.6	0.4	0.8
80	500	1.6	3.2	1.6	3.2	0.8	1.6
端　面		3.2	6.3	3.2	6.3	1.6	3.2

注：与/P0、/P6(/P6x)级公差轴承配合的轴，其公差等级一般为 IT6，轴承座孔一般为 IT7。

三、滚动轴承座

表 6-15　滚动轴承立式轴承座（GB/T 7813—2008 摘录）　　　　mm

标记示例：

SN 215 GB/T 7813—2008

— 内径d=75(同轴承代号)
— 尺寸系列代号(同轴承)
— 部分式滚动轴承座结构类型代号
　(等径孔二螺柱轴承座)

型号	d	d_2	D	g	A max	A_1	H	H_1 max	L	J	S 螺栓	N_1	N	质量≈ /kg
SN205	25	30	52	25	72	46	40	22	170	130	M12	15	15	1.3
SN206	30	35	62	30	82	52	50		190	150				1.8
SN207	35	45	72	33	85				190	150	M12	15	15	2.1
SN208	40	50	80	33	92	60	60	25	210	170				2.6
SN209	45	55	85	31					210	170	M12	15	15	2.8
SN210	50	60	90	33	100	60	60	25	210	170				3.1
SN211	55	65	100	33	105	70	70	28	270	210				4.3
SN212	60	70	110	38	115			30	270	210				5.0
SN213	65	75	120	43	120	80	80	30			M16	18	18	6.3
SN214	70	80	125	44	120			30	290	230				6.1
SN215	75	85	130	41	125				290	230				7.0
SN216	80	90	140	43	135	90	95	32	330	260				9.3
SN217	85	95	150	46	140				330	260	M20	22	22	9.8
SN218	90	100	160	62.4	145	100	100	35	360	290				12.3
SN220	100	115	180	70.3	165	110	112	40	400	320	M24	26	26	16.5
SN305	25	30	62	34	82	52	50	22	185	150				1.9
SN306	30	35	72	37	85				185	150	M12	15	20	2.1
SN307	35	45	80	41	92	60	60	25	205	170				3.0
SN308	40	50	90	43	100				205	170				3.3
SN309	45	55	100	46	105	70	70	28	255	210				4.6
SN310	50	60	110	50	115			30	255	210	M16	18	23	5.1
SN311	55	65	120	53	120	80	80	30	275	230				6.5
SN312	60	70	130	56	125				280	230				7.3
SN313	65	75	140	58	135	90	95	32	315	260				9.7
SN314	70	80	150	61	140				320	260	M20	22	27	11.0
SN315	75	85	160	65	145	100	100	35	345	290				14.0
SN316	80	90	170	68	150		112		345	290				13.8
SN317	85	95	180	70	165	110	112	40	380	320	M24	26	32	15.8

四、其他

表 6-16 向心推力轴承和推力轴承的安装轴向游隙（参考） μm

轴承内径 d/mm		角接触球轴承允许轴向游隙范围						Ⅱ型轴承允许间距（大概值）	圆锥滚子轴承允许轴向游隙范围						Ⅱ型轴承允许间距（大概值）
		接触角 α=15°				α=25°及40°			接触角 α=10°~16°				α=25°~29°		
		Ⅰ型		Ⅱ型		Ⅰ型			Ⅰ型		Ⅱ型		Ⅰ型		
超过	到	min	max	min	max	min	max		min	max	min	max	min	max	
—	30	20	40	30	50	10	20	8d	20	40	40	70	—	—	14d
30	50	30	50	40	70	15	30	7d	40	70	50	100	20	40	12d
50	80	40	70	50	100	20	40	6d	50	100	80	150	30	50	11d
80	120	50	100	60	150	30	50	5d	80	150	120	200	40	70	10d
120	180	80	150	100	200	40	70	4d	120	200	200	300	50	100	9d
180	260	120	200	150	250	50	100	(2~3)d	160	250	250	350	80	150	6.5d

轴承内径 d/mm		推力球轴承允许轴向游隙范围					
		51100型		51200及51300型		51400型	
超过	到	min	max	min	max	min	max
—	50	10	20	20	40	—	—
50	120	20	40	40	60	60	80
120	140	40	60	60	80	80	120

表 6-17 0级向心轴承公差（GB/T 307.1—2005 摘录） μm

内径 d/mm		单一平面平均内径偏差 Δ_{dmp}		外径 D/mm		单一平面平均外径偏差 Δ_{Dmp}		内径 d/mm		内圈单一宽度偏差 Δ_{Bs}		外圈单一宽度偏差 Δ_{Cs}	
超过	到	上偏差	下偏差	超过	到	上偏差	下偏差	超过	到	上偏差	下偏差	上偏差	下偏差
—	18	0	−8	—	18	0	−8	—	18	0	−120	0	−120
18	30	0	−10	18	30	0	−9	18	30	0	−120	0	−120
30	50	0	−12	30	50	0	−11	30	50	0	−120	0	−120
50	80	0	−15	50	80	0	−13	50	80	0	−150	0	−150
80	120	0	−20	80	120	0	−15	80	120	0	−200	0	−200
120	180	0	−25	120	150	0	−18	120	180	0	−250	0	−250
180	250	0	−30	150	180	0	−25	180	250	0	−300	0	−300
250	315	0	−35	180	250	0	−30	250	315	0	−350	0	−350
315	400	0	−40	250	315	0	−35	315	400	0	−400	0	−400
400	500	0	−45	315	400	0	−40	400	500	0	−450	0	−450
500	630	0	−50	400	500	0	−45	500	630	0	−500	0	−500
630	800	0	−75	500	630	0	−50	630	800	0	−750	0	−750
800	1 000	0	−100	630	800	0	−75	800	1 000	0	−1 000	0	−1 000
1 000	1 250	0	−125	800	1 000	0	−100	1 000	1 250	0	−1 250	0	−1 250
1 250	1 600	0	−160	1 000	1 250	0	−125	1 250	1 600	0	−1 600	0	−1 600
1 600	2 000	0	−200	1 250	1 600	0	−160	1 600	2 000	0	−2 000	0	−2 000

第七章 润滑与密封

一、润滑剂

表 7-1 常用润滑油的主要性质和用途

名 称	代 号	运动黏度/(mm²/s)		倾点 ≤℃	闪点(开口) ≥℃	主要用途
		40/℃	100/℃			
全损耗系统 用 油 (GB/T 443—1989)	L-AN5	4.14~5.06	—	-5	80	用于各种高速轻载机械轴承的润滑和冷却(循环式或油箱式),如转速在 10 000 r/min 以上的精密机械、机床及纺织纱锭的润滑和冷却
	L-AN7	6.12~7.48			110	
	L-AN10	9.00~11.0			130	
	L-AN15	13.5~16.5			150	用于小型机床齿轮箱、传动装置轴承,中小型电机,风动工具等
	L-AN22	19.8~24.2				
	L-AN32	28.8~35.2				用于一般机床齿轮变速箱、中小型机床导轨及 100 kW 以上电机轴承
	L-AN46	41.4~50.6			160	主要用在大型机床、大型刨床上
	L-AN68	61.2~74.8				
	L-AN100	90.0~110			180	主要用在低速重载的纺织机械及重型机床、锻压、铸工设备上
	L-AN150	135~165				
工业闭式 齿轮油 (GB 5903—2011)	L-CKC68	61.2~74.8	—	-12	180	适用于煤炭、水泥、冶金工业部门大型封闭式齿轮传动装置的润滑
	L-CKC100	90.0~110			200	
	L-CKC150	135~165				
	L-CKC220	198~242		-9		
	L-CKC320	288~352				
	L-CKC460	414~506				
	L-CKC680	612~748		-5		
液压油 (GB 11118.1—2011)	L-HL15	13.5~16.5		-12	140	适用于机床和其他设备的低压齿轮泵,也可以用于使用其他抗氧防锈型润滑油的机械设备(如轴承和齿轮等)
	L-HL22	19.8~24.2		-9	165	
	L-HL32	28.8~35.2			175	
	L-HL46	41.4~50.6		-6	185	
	L-HL68	61.2~74.8			195	
	L-HL100	90.0~110			205	
涡轮机油 (GB 11120—2011)	L-TSA32	28.8~35.2	—	-6	186	
	L-TSA46	41.4~50.6				
	L-TSA68	61.2~74.8			195	
	L-TSA100	90.0~110				
汽油机油 (GB 11121—2006)	5W/20		5.6~<9.3	-35	200	
	10W/30		9.3~<12.5	-30	205	
	15W/40		12.5~<16.3	-23	215	
L-CKE/P 蜗轮蜗杆油[注] (SH/T 0094—1991(2007))	220	198~242		-12	180	用于铜-钢配对的圆柱形、承受重负荷、传动中有振动和冲击的蜗轮蜗杆副
	320	288~352				
	460	414~506				
	680	612~748				
	1 000	900~1 100				
10 号仪表油 (SH/T 0138—1994(2005))			9~11	-50	125	适用于各种仪表(包括低温下操作)的润滑

注:标准 1991 年实施,2007 年再次确认,下同。

表 7-2　常用润滑脂的主要性质和用途

名　称	代　号	滴点 /℃ 不低于	工作锥入度 (25 ℃,150 g) /0.1 mm	主要用途
钙基润滑脂 (GB/T 491—2008)	1 号	80	310～340	有耐水性能。用于工作温度低于 55～60 ℃的各种工农业、交通运输机械设备的轴承润滑,特别是有水或潮湿处
	2 号	85	265～295	
	3 号	90	220～250	
	4 号	95	175～205	
钠基润滑脂 (GB/T 492—1989)	2 号	160	265～295	不耐水(或潮湿)。用于工作温度在 -10～110 ℃的一般中负荷机械设备轴承润滑
	3 号		220～250	
通用锂基润滑脂 (GB/T 7324—2010)	1 号	170	310～340	有良好的耐水性和耐热性。适用于温度在 -20～120 ℃范围内各种机械的滚动轴承、滑动轴承及其他摩擦部位的润滑
	2 号	175	265～295	
	3 号	180	220～250	
钙钠基润滑脂 (SH/T 0368—1992 (2003))	2 号	120	250～290	用于工作温度在 80～100 ℃、有水分或较潮湿环境中工作的机械润滑,多用于铁路机车、列车、小电动机、发电机滚动轴承(温度较高者)的润滑。不适于低温工作
	3 号	135	200～240	
铝基润滑脂 (SH/T 0371—1992)		75	235～280	有高度的耐水性,用于航空机器的摩擦部位及金属表面防腐剂
钡基润滑脂 (SH/T 0379—1992)		135	200～260	用于船舶推进器、抽水机轴承润滑
7407 号齿轮润滑脂 (SH/T 0469—1994)		160	70～90	适用于各种低速,中、重载荷齿轮、链和联轴器等的润滑,使用温度≤120 ℃,可承受冲击载荷
高低温润滑脂 (SH 0431—1992 (1998))	7017-1 号	300	65～80	适用于高温下各种滚动轴承的润滑,也可用于一般滑动轴承和齿轮的润滑。使用温度为 -40～200 ℃
精密机床主轴润滑脂 (SH/T 0382—1992 (2003))	2 3	180	265～295 220～250	用于精密机床主轴润滑

二、润滑装置

表 7-3　直通式压注油杯(JB/T 7940.1—1995)　　　　　　　　mm

d	H	h	h_1	S	钢球 (按 GB/T 308)
M6	13	8	6	8	3
M8×1	16	9	6.5	10	
M10×1	18	10	7	11	

标记示例:

连接螺纹 M10×1、直通式压注油杯的标记:油杯　M10×1

JB/T 7940.1—1995

表 7-4 接头式压注油杯(JB/T 7940.2—1995)
mm

d	d_1	α	S	直通式压注油杯 (按 JB/T 7940.1)
M6	3			
M8×1	4	45°,90°	11	M6
M10×1	5			

标记示例:

　　连接螺纹 M10×1、45°接头式压注油杯的标记:油杯　45°
M10×1 JB/T 7940.2—1995

表 7-5 压配式压注油杯(JB/T 7940.4—1995)
mm

d		H	钢　球 (按 GB/T 308)
基本尺寸	极限偏差		
6	+0.040 +0.028	6	4
8	+0.049 +0.034	10	5
10	+0.058 +0.040	12	6
16	+0.063 +0.045	20	11
25	+0.085 +0.064	30	13

标记示例:

　　d=6、压配式压注油杯的标记:油杯　6　JB/T 7940.4—1995

表 7-6 旋盖式油杯(JB/T 7940.3—1995 摘录)
mm

A 型

最小容量 /cm³	d	l	H	h	h_1	d_1	D	L max	S
1.5	M8×1		14	22	7	3	16	33	10
3	M10×1	8	15	23	8	4	20	35	13
6			17	26			26	40	
12	M14×1.5		20	30			32	47	18
18			22	32			36	50	
25		12	24	34	10	5	41	55	
50	M16×1.5		30	44			51	70	21
100			38	52			68	85	

标记示例:

　　最小容量 25 cm³、A 型旋盖式油杯的标记:油杯　A25　JB/T
7940.3—1995

注:B 型旋盖式油杯见 JB/T 7940.3—1995。

表 7-7　压配式圆形油标(.JB/T 7941.1—1995 摘录)　　　　mm

标记示例:

视孔 $d=32$、A 型压配式圆形油标的标记:

油标　A32　JB/T 7941.1—1995

d	D	d_1		d_2		d_3		H	H_1	O 型橡胶密封圈 (按 GB/T 3452.1)
		基本尺寸	极限偏差	基本尺寸	极限偏差	基本尺寸	极限偏差			
12	22	12	−0.050 −0.160	17	−0.050 −0.160	20	−0.065 −0.195	14	16	15×2.65
16	27	18		22	−0.065 −0.195	25				20×2.65
20	34	22	−0.065 −0.195	28		32	−0.080 −0.240	16	18	25×3.55
25	40	28		34	−0.080 −0.240	38				31.5×3.55
32	48	35	−0.080 −0.240	41		45		18	20	38.7×3.55
40	58	45		51	−0.100 −0.290	55	−0.100 −0.290			48.7×3.55
50	70	55	−0.100 −0.290	61		65		22	24	—
63	85	70		76		80				

表 7-8　长形油标(JB/T 7941.3—1995 摘录)　　　　.　mm

H		H_1	L	n (条数)
基本尺寸	极限偏差			
80	±0.17	40	110	2
100		60	130	3
125	±0.20	80	155	4
160		120	190	6

O 型橡胶密封圈 (按 GB/T 3452.1)	六角螺母 (按 GB/T 6172)	弹性垫圈 (按 GB/T 861)
10×2.65	M10	10

标记示例:

$H=80$、A 型长形油标的标记:

油标　A80　JB/T 7941.3

注: B 型长形油标见 JB/T 7941.3—1995。

表 7-9　管状油标（JB/T 7941.4—1995 摘录）　　　　　　　　　　　　mm

H	O 形橡胶密封圈（按 GB/T 3452.1）	六角薄螺母（按 GB/T 6172）	弹性垫圈（按 GB/T 861）
80，100，125，160，200	11.8×2.65	M12	12

标记示例：

H = 200、A 型管状油标的标记：油标　A200　JB/T 7941.4

注：B 型管状油标尺寸见 JB/T 7941.4—1995。

表 7-10　杆式油标　　　　　　　　　　　　　　　　　　　　mm

有通气孔的杆式油标

d	d_1	d_2	d_3	h	a	b	c	D	D_1
M12	4	12	6	28	10	6	4	20	16
M16	4	16	6	35	12	8	5	26	22
M20	6	20	8	42	15	10	6	32	26

表 7-11　外六角螺塞、纸封油圈、皮封油圈　　　　　　　　　　mm

外六角螺塞

油圈

$\sqrt[\nabla]{Ra\ 25}$ $(\sqrt{\ })$

d	d_1	D	e	s	L	h	b	b_1	R	C	D_0	H 纸圈	H 皮圈
M10×1	8.5	18	12.7	11	20	10				0.7	18		
M12×1.25	10.2	22	15	13	24		12	3			22	2	2
M14×1.5	11.8	23	20.8	18	25				3	1.0			
M18×1.5	15.8	28	24.2	21	27	15					25		
M20×1.5	17.8	30			30				1		30		
M22×1.5	19.8	32	27.7	24							32		
M24×2	21	34	31.2	27	32	16	4			1.5	35	3	2.5
M27×2	24	38	34.6	30	35	17		4			40		
M30×2	27	42	39.3	34	38	18					45		

标记示例：螺塞　M20×1.5

　　　　油圈　30×20　（D_0 = 30、d = 20 的纸封油圈）

　　　　油圈　30×20　（D_0 = 30、d = 20 的皮封油圈）

材料：纸封油圈—石棉橡胶纸；皮封油圈—工业用革；螺塞—Q235

三、密封件

表 7-12 毡圈油封及槽   mm

毡圈

装毡圈的沟槽尺寸

标记示例：

毡圈　40

（$d=40$ 的毡圈）

材料：半粗羊毛毡

轴径	毡圈				槽			B_{min}	
d	D	d_1	B_1		D_0	d_0	b	钢	铸铁
15	29	14	6		28	16	5	10	12
20	33	19			32	21			
25	39	24	7		38	26	6	12	15
30	45	29			44	31			
35	49	34			48	36			
40	53	39			52	41			
45	61	44	8		60	46	7	12	15
50	69	49			68	51			
55	74	53			72	56			
60	80	58			78	61			
65	84	63			82	66			
70	90	68			88	71			
75	94	73			92	77			
80	102	78	9		100	82	8	15	18
85	107	83			105	87			
90	112	88			110	92			
95	117	93	10		115	97			
100	122	98			120	102			

注：本标准适用于线速度 $v<5$ m/s。

表 7-13 液压气动用 O 形橡胶密封圈（GB/T 3452.1—2005）   mm

标记示例：

O 形圈 32.5×2.65–A–N–GB/T

3452.1—2005

（内径 $d_1=32.5$mm，截面直径 $d_2=2.65$mm，G 系列 N 级 O 形密封圈）

	沟槽尺寸（GB/T 3452.3—2005）				
d_2	$b^{+0.25}_0$	h	d_3 偏差值	r_1	r_2
1.8	2.4	1.32	h9	0.2~0.4	0.1~0.3
2.65	3.6	2.00	h9	0.2~0.4	0.1~0.3
3.55	4.8	2.90	h9	0.4~0.8	0.1~0.3
5.3	7.1	4.31	h9	0.4~0.8	0.1~0.3
7.0	9.5	5.85	h9	0.8~1.2	0.1~0.3

d_1 尺寸	公差±	d_2 1.8 ±0.08	2.65 ±0.09	3.55 ±0.10
13.2	0.21	*	*	
14	0.22	*	*	
15	0.22	*	*	
16	0.23	*	*	
17	0.24	*	*	
18	0.25	*	*	*
19	0.25	*	*	*
20	0.26	*	*	*
21.2	0.27	*	*	*
22.4	0.28	*	*	*
23.6	0.29	*	*	*
25	0.30	*	*	*
25.8	0.31	*	*	*
26.5	0.31	*	*	*
28.0	0.32	*	*	*
30.0	0.34	*	*	*
31.5	0.35	*	*	*
32.5	0.36	*	*	*

d_1 尺寸	公差±	d_2 1.8 ±0.08	2.65 ±0.09	3.55 ±0.10	5.3 ±0.13
33.5	0.36	*	*	*	
34.5	0.37	*	*	*	
35.5	0.38	*	*	*	
36.5	0.38	*	*	*	
37.5	0.39	*	*	*	
38.7	0.40	*	*	*	
40	0.41	*	*	*	*
41.2	0.42	*	*	*	*
42.5	0.43	*	*	*	*
43.7	0.44	*	*	*	*
45	0.44	*	*	*	*
46.2	0.45	*	*	*	*
47.5	0.46	*	*	*	*
48.7	0.47	*	*	*	*
50	0.48	*	*	*	*
51.5	0.49	*	*	*	*
53	0.50	*	*	*	*
54.5	0.51	*	*	*	*

d_1 尺寸	公差±	d_2 2.65 ±0.09	3.55 ±0.10	5.3 ±0.13
56	0.52	*	*	*
58	0.54	*	*	*
60	0.55	*	*	*
61.5	0.56	*	*	*
63	0.57	*	*	*
65	0.58	*	*	*
67	0.60	*	*	*
69	0.61	*	*	*
71	0.63	*	*	*
73	0.64	*	*	*
75	0.65	*	*	*
77.5	0.67	*	*	*
80	0.69	*	*	*
82.5	0.71	*	*	*
85	0.72	*	*	*
87.5	0.74	*	*	*
90	0.76	*	*	*
92.5	0.77	*	*	*

d_1 尺寸	公差±	d_2 2.65 ±0.09	3.55 ±0.10	5.3 ±0.13	7 ±0.15
95	0.79	*	*	*	
97.5	0.81	*	*	*	
100	0.82	*	*	*	
103	0.85	*	*	*	
106	0.87	*	*	*	
109	0.89	*	*	*	*
112	0.91	*	*	*	*
115	0.93	*	*	*	*
118	0.95	*	*	*	*
122	0.97	*	*	*	*
125	0.99	*	*	*	*
128	1.01	*	*	*	*
132	1.04	*	*	*	*
136	1.07	*	*	*	*
140	1.09	*	*	*	*
145	1.13	*	*	*	*
150	1.16	*	*	*	*
155	1.19	*	*	*	*

注：* 为可选规格。

表 7-14　旋转轴唇形密封圈的形式、尺寸及其安装要求（GB/T 13871.1—2007摘录）　　　mm

B型
内包骨架型

FB型
带副唇内包骨架型

W型
外露骨架型

FW型
带副唇外露骨架型

安装图

标记示例：

（F）B　120　150　GB/T 13871.1

（带副唇的内包骨架形旋转轴唇形密封圈，$d_1 = 120$、$D = 150$）

d_1	D	b	d_1	D	b	d_1	D	b
6	16,22		25	40,47,52		55	72,（75），80	
7	22		28	40,47,52		60	80,85	8
8	22,24		30	42,47,（50）	7	65	85,90	
9	22		30	52		70	90,95	
10	22,25		32	45,47,52		75	95,100	10
12	24,25,30	7	35	50,52,55		80	100,110	
15	26,30,35		38	52,58,62		85	110,120	
16	30,（35）		40	55,（60），62	8	90	（115），120	
18	30,35		42	55,62		95	120	12
20	35,40,（45）		45	62,65		100	125	
22	35,40,47		50	68,（70），72		105	（130）	

旋转轴唇形密封圈的安装要求

轴导入倒角	d_1	d_1-d_2	d_1	d_1-d_2
	$d_1 \leqslant 10$	1.5	$40 < d_1 \leqslant 50$	3.5
	$10 < d_1 \leqslant 20$	2.0	$50 < d_1 \leqslant 70$	4.0
	$20 < d_1 \leqslant 30$	2.5	$70 < d_1 \leqslant 95$	4.5
	$30 < d_1 \leqslant 40$	3.0	$95 < d_1 \leqslant 130$	5.5

腔体内孔尺寸	基本宽度 b	最小内孔深 h	倒角长度 C	r_{max}
	$\leqslant 10$	$b+0.9$	$0.70 \sim 1.00$	0.50
	>10	$b+1.2$	$1.20 \sim 1.50$	0.75

注：1. 标准中考虑到国内实际情况,除全部采用国际标准的基本尺寸外,还补充了若干种国内常用的规格,并加括号以示
区别；

2. 安装要求中若轴端采用倒圆倒入导角,则倒圆的圆角半径不小于表中的 d_1-d_2 之值。

表 7-15 J 形无骨架橡胶油封　　　　　mm

轴径 d	30~95（按5进位）	100~170（按10进位）
油封尺寸 D	d+25	d+30
油封尺寸 D_1	d+16	d+20
油封尺寸 d_1	d-1	
油封尺寸 H	12	16
s	6~8	8~10
油封槽尺寸 D_0	D+15	
油封槽尺寸 D_2	D_0+15	
油封槽尺寸 n	4	6
油封槽尺寸 H_1	H-(1~2)	

标记示例：J 形油封　50×75×12　橡胶 I—1

（$d=50$、$D=75$、$H=12$、材料为耐油橡胶 I—1 的 J 形无骨架橡胶油封）

表 7-16 迷宫式密封槽（JB/ZQ 4245—2006 摘录）mm

轴径 d	25~80	>80~120	>120~180	油沟数 n
R	1.5	2	2.5	2~4
t	4.5	6	7.5	（使用3
b	4	5	6	个较多）
d_1	d+1			
a_{min}	nt+R			

表 7-17 径向迷宫密封槽　　　mm

轴径 d	10~50	50~80	80~110	110~180
e	0.2	0.3	0.4	0.5
f	1	1.5	2	2.5

表 7-18 甩油环（高速轴用）　　mm

轴径 d	d_1	d_2	b（参考）	b_1	C
30	48	36	12	4	0.5
35	65	42	12	4	0.5
40	75	50	12	4	0.5
50	90	60	12	5	0.5
55	100	65	12	5	0.5
65	115	80	15	5	1
80	140	95	30	7	1

表 7-19 甩油盘（低速轴用）　　mm

轴径 d	d_1	d_2	d_3	d_4	b	b_1	b_2
45	80	55	70	72	32	20	5
60	105	72	90	92	42	28	7
75	130	90	115	118	38	25	7
95	142	108	135	138	30	15	5
110	160	125	150	155	32	18	5
120	180	135	165	170	38	24	7

第八章 联轴器和离合器

一、联轴器轴孔和键槽形式

表 8-1 轴孔和键槽的形式、代号及系列尺寸（GB/T 3852—2017 摘录）

	圆柱形轴孔(Y 型)	有沉孔的短圆柱形轴孔(J 型)	圆锥形轴孔(Z$_1$ 型)	有沉孔的圆锥形轴孔(Z 型)
轴孔			1:10	1:10
键槽		A 型 B 型	b、t 尺寸见 GB/T 1095—2003 (表 4-1)	1:10 C 型

圆柱形轴孔、圆锥形轴孔(长条列)和 C 型键槽尺寸/mm

直径	轴孔长度		沉孔			C 型键槽			直径	轴孔长度			沉孔			C 型键槽		
	L						t_2			L						t_2(长系列)		
d、d_z	长系列	短系列	L_1	d_1	R	b	公称尺寸	极限偏差	d、d_z	Y 型	J、J$_1$、Z 型	L_1	d_1	R	b	公称尺寸	极限偏差
16						3	8.7		55	112	84	112	95	14	29.2		
18	42	30	42				10.1		56						29.7		
19				38		4	10.6		60				105	16	31.7		
20							11.9		63						32.2		
22	52	38	52		1.5		11.9	±0.1 0	65	142	107	142		2.5		34.2		
24							13.4		70				120	18	36.8		
25	62	44	62	48		5	13.7		71						37.3		
28							15.2		75						39.3		
30							15.8		80				140	20	41.6	±0.2 0	
32	82	60	82	55			17.3		85	172	132	172			44.1		
35						6	18.8		90				160	22	47.1		
38							20.3		95					3		49.6		
40				65		10	21.2		100				180	25	51.3		
42					2		22.2		110	212	167	212			56.3		
45	112	84	112	80			23.7	±0.2 0	120				210		62.3		
48						12	25.2		125					4	28	64.7	
50				95			26.2		130	252	202	252	235			66.4	

轴孔与轴伸的配合、键槽宽度 b 的极限偏差

d、d_z/mm	圆柱形轴孔与轴伸的配合	圆锥形轴孔的直径偏差	键槽宽度 b 的极限偏差
>6~30	H7/j6	H8	P9
>30~50	H7/k6	根据使用要求也可选用 H7/n6、H7/p6 和 H7/r6 （圆锥角度及圆锥形状公差 应小于直径公差）	（或 JS9）
>50	H7/m6		

注：无沉孔的圆锥形轴孔(Z$_1$ 型)和 B$_1$ 型、D 型键槽尺寸，详见 GB/T 3852—2008。

二、联轴器

表 8-2　凸缘联轴器（GB/T 5843—2003 摘录）

GY型凸缘联轴器　　　　　　GYS型有对中榫凸缘联轴器　　　　GYH型有对中环凸缘联轴器

标记示例：GY5 凸缘联轴器 $\dfrac{Y30\times82}{J_1 30\times60}$ GB/T 5843—2003

主动端：Y 型轴孔、A 型键槽、$d_1 = 30$ mm、$L = 82$ mm；

从动端：J_1 型轴孔、A 型键槽、$d_1 = 30$ mm、$L = 60$ mm

型号	公称转矩 /(N·m)	许用转速 /(r/min)	轴孔直径 d_1、d_2/mm	轴孔长度 Y 型	轴孔长度 J_1 型	D /mm	D_1 /mm	b /mm	b_1 /mm	s /mm	转动惯量 /(kg·m²)	质量 /kg
GY1 GYS1 GYH1	25	12 000	12,14	32	27	80	30	26	42	6	0.000 8	1.16
			16,18,19	42	30							
GY2 GYS2 GYH2	63	10 000	16,18,19	42	30	90	40	28	44	6	0.001 5	1.72
			20,22,24	52	38							
			25	62	44							
GY3 GYS3 GYH3	112	9 500	20,22,24	52	38	100	45	30	46	6	0.002 5	2.38
			25,28	62	44							
GY4 GYS4 GYH4	224	9 000	25,28	62	44	105	55	32	48	6	0.003	3.15
			30,32,35	82	60							
GY5 GYS5 GYH5	400	8 000	30,32,35,38	82	60	120	68	36	52	8	0.007	5.43
			40,42	112	84							
GY6 GYS6 GYH6	900	6 800	38	82	60	140	80	40	56	8	0.015	7.59
			40,42,45,48,50	112	84							
GY7 GYS7 GYH7	1 600	6 000	48,50,55,56	112	84	160	100	40	56	8	0.031	13.1
			60,63	142	107							
GY8 GYS8 GYH8	3 150	4 800	60,63,65,70, 71,75	142	107	200	130	50	68	10	0.103	27.5
			80	172	132							
GY9 GYS9 GYH9	6 300	3 600	75	142	107	260	160	66	84	10	0.319	47.8
			80,85,90,95	172	132							
			100	212	167							

注：本联轴器不具备径向、轴向和角向的补偿性能，刚性好，传递转矩大，结构简单，工作可靠，维护简便，适用于两轴对中精度良好的一般轴系传动。

表 8-3　GICL 型鼓形齿式联轴器（JB/T 8854.3—2001摘录）

标记示例：

GICL4 联轴器 $\dfrac{50\times112}{J_1B45\times84}$　JB/T 8854.3—2001

主动端：Y 型轴孔、A 型键槽、$d_1 = 50$ mm、

$\qquad L = 112$ mm；

从动端：J_1 型轴孔、B 型键槽、$d_2 = 45$ mm、

$\qquad L = 84$ mm

型号	公称转矩 /(N·m)	许用转速 /(r/min)	轴孔直径 d_1、d_2、d_z /mm	轴孔长度 L — Y /mm	轴孔长度 L — J_1、Z_1 /mm	D	D_1	D_2	B	A	C	C_1	C_2	e	转动惯量 /(kg·m²)	质量 /kg
GICL1	800	7 100	16,18,19	42	—	125	95	60	115	75	20	—	—	30	0.009	5.9
			20,22,24	52	38						10	—	24			
			25,28	62	44							—	19			
			30,32,35,38	82	60						2.5	15	22			
GICL2	1 400	6 300	25,28	62	44	145	120	75	135	88	10.5	—	29	30	0.02	9.7
			30,32,35,38	82	60						2.5	12.5	30			
			40,42,45,48	112	84							13.5	28			
GICL3	2 800	5 900	30,32,35,38	82	60	170	140	95	155	106	24.5	25		30	0.047	17.2
			40,42,45,48,50,55,56	112	84						17	28				
			60	142	107							35				
GICL4	5 000	5 400	32,35,38	82	60	195	165	115	178	125	37	32		30	0.091	24.9
			40,42,45,48,50,55,56	112	84						3	17	28			
			60,63,65,70	142	107							35				
GICL5	8 000	5 000	40,42,45,48,50,55,56	112	84	225	183	130	198	142		25	28	30	0.167	38
			60,63,65,70,71,75	142	107						3	22	43			
			80	172	132											
GICL6	11 200	4 800	48,50,55,56	112	84	240	200	145	218	160	6	35	35	30	0.267	48.2
			60,63,65,70,71,75	142	107						4	20	35			
			80,85,90	172	132							22	43			
GICL7	15 000	4 500	60,63,65,70,71,75	142	107	260	230	160	244	180		25	35	30	0.453	68.9
			80,85,90,95	172	132						4	22	43			
			100	212	167								48			
GICL8	21 200	4 000	65,70,71,75	142	107	280	245	175	264	193		35	35	30	0.646	83.3
			80,85,90,95	172	132						5	22	43			
			100,110	212	167								48			

注：1. J_1 型轴孔根据需要也可以不使用轴端挡圈；

　　2. 本联轴器具有良好的补偿两轴综合位移的能力,外形尺寸小,承载能力高,能在高转速下可靠地工作,适用于重型机械及长轴连接,但不宜用于立轴的连接。

表 8-4　滚子链联轴器(GB/T 6069—2017摘录)

标记示例：GL7 联轴器 $\dfrac{JB45\times112}{JB_1 50\times112}$ GB/T 6069—2017

主动端：J 型轴孔、B 型键槽、$d_1=45$ mm、$L=112$ mm；

从动端：J 型轴孔、B_1 型键槽、$d_2=50$ mm、$L=112$ mm

1—半联轴器 Ⅰ；3—半联轴器 Ⅱ；
2—双排滚子链；4—罩壳

型号	公称转矩 /(N·m)	许用转速 /(r/min) 不装罩壳	许用转速 /(r/min) 装罩壳	轴孔直径 d_1、d_2 /mm	轴孔长度 Y型 L /mm	链条节距 P /mm	齿数 z	D /mm	b_{f1} /mm	s /mm	D_k(最大) /mm	L_k(最大) /mm	质量 /kg	转动惯量 /(kg·m²)	许用补偿量 径向 ΔY /mm	许用补偿量 轴向 ΔX /mm	角向 $\Delta\alpha$
GL1	40	1 400	4 500	16,18,19 20	42 52	9.525	14	51.06	5.3	4.9	70	70	0.4	0.000 10	0.19	1.4	
GL2	63	1 250	4 500	19 20,22,24	42 52		16	57.08			75	75	0.7	0.000 20			
GL3	100	1 000	4 000	20,22,24 25	52 62	12.7	14	68.88	7.2	6.7	85	80	1.1	0.000 38	0.25	1.9	
GL4	160	1 000	4 000	24 25,28 30,32	52 62 82		16	76.91			95	88	1.8	0.000 86			
GL5	250	800	3 150	28 30,32,35,38 40	62 82 112	15.875	16	94.46	8.9	9.2	112	100	3.2	0.002 5	0.32	2.3	1°
GL6	400	630	2 500	32,35,38 40,42,45,48,50	82 112		20	116.57			140	105	5.0	0.005 8			
GL7	630	630	2 500	40,42,45,48 50,55 60	112 142	19.05	18	127.78	11.9	10.9	150	122	7.4	0.012	0.38	2.8	
GL8	1 000	500	2 240	45,48,50,55 60,65,70	112 142		16	154.33	15	14.3	180	135	11.1	0.025			
GL9	1 600	400	2 000	50,55 60,65,70,75 80	112 142 172	25.40	20	186.50			215	145	20	0.061	0.50	3.8	
GL10	2 500	315	1 600	60,65,70,75 80,85,90	142 172	31.75	18	213.02	18	17.8	245	165	26.1	0.079	0.63	4.7	

表 8-5　弹性套柱销联轴器（GB/T 4323—2017 摘录）

1、7—半联轴器；

2—螺母；

3—垫圈；

4—挡圈；

5—弹性套；

6—柱销

标记示例：LT5 联轴器　$\dfrac{J30\times60}{J35\times60}$　GB/T 4323—2017

主动端：J 型轴孔、A 型键槽、$d = 30$ mm、$L = 60$ mm；

从动端：J 型轴孔、A 型键槽、$d = 35$ mm、$L = 60$ mm

型号	公称转矩 /(N·m)	许用转速 /(r/min)	轴孔直径 d_1、d_2、d_z /mm	轴孔长度/mm			D /mm	A /mm	质量 /kg	转动惯量 /(kg·m²)	许用补偿量	
				Y 型 L	J、Z 型 L_1	L					径向 ΔY/mm	角向 Δα
LT1	16	8 800	10,11	22	25	22	71	18	0.7	0.000 4	0.2	1°30′
			12,14	27	32	27						
LT2	25	7 600	12,14	27	32	27	80	18	1.0	0.001	0.2	1°30′
			16,18,19	30	42	30						
LT3	63	6 300	16,18,19	30	42	30	95	35	2.2	0.002	0.2	1°30′
			20,22	38	52	38						
LT4	100	5 700	20,22,24	38	52	38	106	35	3.2	0.004	0.2	1°30′
			25,28	44	62	44						
LT5	224	4 600	25,28	44	62	44	130	35	5.5	0.011	0.3	1°30′
			30,32,35	60	82	60						
LT6	355	3 800	32,35,38	60	82	60	160	45	9.6	0.026	0.3	1°30′
			40,42									
LT7	560	3 600	40,42,45,48	84	112	84	190	45	15.7	0.06	0.3	1°30′
LT8	1 120	3 000	40,42,45,48,50,55	84	112	84	224	65	24.0	0.13	0.4	1°
			60,63,65	107	142	107						
LT9	1 600	2 850	50,55	84	112	84	250	65	31.0	0.20	0.4	1°
			60,63,65,70	107	142	107						
LT10	3 150	2 300	63,65,70,75	107	142	107	315	80	60.2	0.64	0.4	1°
			80,85,90,95	132	172	132						
LT11	6 300	1 800	80,85,90,95	132	172	132	400	100	114	2.06	0.5	1°
			100,110	167	212	167						
LT12	12 500	1 450	100,110,120,125	167	212	167	475	130	212	5.00	0.5	0°30′
			130	202	252	202						
LT13	22 400	1 150	120,125	167	212	167	600	180	416	16.0	0.6	0°30′
			130,140,150	202	252	202						
			160,170	242	302	242						

注：1. 转动惯量和质量是按 Y 型最大轴孔长度、最小轴孔直径计算的数值；

2. 本联轴器具有一定补偿两轴线相对偏移和减振缓冲能力，适用于安装底座刚性好、冲击载荷不大的中、小功率轴系传动，可用于经常正反转、起动频繁的场合，工作温度为 −20～+70 ℃。

表 8-6　带制动轮弹性套柱销联轴器（GB/T 4323—2017 摘录）

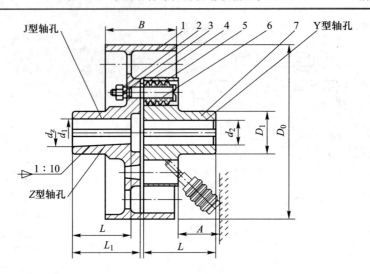

1—制动轮；

2—螺母；

3—弹簧垫圈；

4—挡圈；

5—弹性套；

6—柱销；

7—半联轴器

标记示例：LTZ5 联轴器　J65×107　GB/T 4323—2017

主动端：J 型轴孔、A 型键槽、$d = 65$ mm、$L = 107$ mm；

从动端：J 型轴孔、A 型键槽、$d = 65$ mm、$L = 107$ mm

型号	公称转矩 /(N·m)	许用转速 /(r/min)	轴孔直径 d_1、d_2、d_z /mm	轴孔长度/mm Y型 L	轴孔长度/mm J、Z型 L_1	轴孔长度/mm J、Z型 L	D_0 /mm	D_1 /mm	B /mm	A /mm	质量 /kg	转动惯量 /(kg·m²)	许用补偿量 径向 ΔY/mm	许用补偿量 角向 $\Delta \alpha$
LTZ1	224	3 800	25,28	44	62	44	200	56	85	45	8.3	0.05	0.3	1°30′
			30,32,35	60	82	60								
LTZ2	355	3 000	32,35,38				250	71	105		15.3	0.15		
			40,42											
LTZ3	560		40,42,45,48	84	112	84		80			30.3	0.45		
LTZ4	1 120	2 400	45,48,50,55				315	95	135	65	40.0	0.50		1°
			60,63	107	142	107								
LTZ5	1 600		50,55	84	112	84		110			47.3	1.26	0.4	
			60,63,65,70	107	142	107								
LTZ6	3 150	1 900	63,65,70,75				400	150	170	80	93.0	1.63		
			80,85,90,95	132	172	132								
LTZ7	6 300	1 500	80,85,90,95				500	190	210	100	172	4.04	0.5	
			100,110	167	212	167								
LTZ8	12 500	1 200	100,110,120,125				630	220	265	130	304	15.0		0°30′
			130	202	252	202								
LTZ9	22 400	1 000	120,125	167	212	167	710	280	300	180	577	33.0	0.6	
			130,140,150	202	252	202								
			160,170	242	302	242								

注：1. 转动惯量和质量是按 Y 型最大轴孔长度、最小轴孔直径计算的数值；

　　2. 本联轴器具有一定补偿两轴线相对偏移和减振缓冲能力，适用于安装底座刚性好、冲击载荷不大的中、小功率轴系传动，可用于经常正反转、起动频繁的场合，工作温度为 $-20 \sim +70$ ℃。

表 8-7 弹性柱销联轴器（GB/T 5014—2017）

标记示例：LX7 联轴器 $\dfrac{ZC75\times107}{JB70\times107}$ GB/T 5014—2017

主动端：Z 型轴孔、C 型键槽，$d_z = 75$ mm、$L = 107$ mm；

从动端：J 型轴孔、B 型键槽，$d_2 = 70$ mm、$L = 107$ mm

型号	公称转矩 /(N·m)	许用转速 /(r/min)	轴孔直径 d_1、d_2、d_z /mm	轴孔长度/mm			D /mm	D_1 /mm	b /mm	s /mm	转动惯量 /(kg·m²)	质量 /kg
				Y 型	J、J_1、Z 型							
				L	L	L_1						
LX1	250	8 500	12,14	32	27	—	90	40	20	2.5	0.002	2
			16,18,19	42	30	42						
			20,22,24	52	38	52						
LX2	560	6 300	20,22,24		38	52	120	55	28	2.5	0.009	5
			25,28	62	44	62						
			30,32,35	82	60	82						
LX3	1 250	4 750	30,32,35,38	82	60	82	160	75	36	2.5	0.026	8
			40,42,45,48	112	84	112						
LX4	2 500	3 850	40,42,45,48,50,55,56	112	84	112	195	100	45	3	0.109	22
			60,63	142	107	142						
LX5	3 150	3 450	50,55,56	112	84	112	220	120	45	3	0.191	30
			60,63,65,70,71,75	142	107	142						
LX6	6 300	2 720	60,63,65,70,71,75	142	107	142	280	140	56	4	0.543	53
			80,85	172	132	172						
LX7	11 200	2 360	70,71,75	142	107	142	320	170	56	4	1.314	98
			80,85,90,95	172	132	172						
			100,110	212	167	212						
LX8	16 000	2 120	80,85,90,95	172	132	172	360	200	56	5	2.023	119
			100,110,120,125	212	167	212						
LX9	22 400	1 850	100,110,120,125	212	167	212	410	230	63	5	4.386	197
			130,140	252	202	252						
LX10	35 500	1 600	110,120,125	212	167	212	480	280	75	6	9.760	322
			130,140,150	252	202	252						
			160,170,180	302	242	302						

注：本联轴器适用于连接两同轴线的传动轴系，并具有补偿两轴相对位移和一般减振性能。工作温度 -20 ～ +70 ℃。

表 8-8 梅花形弹性联轴器（GB/T 5272—2017 摘录）

标记示例：

LM105 型联轴器 $\dfrac{ZC30\times60}{YB25\times44}$

GB/T 5272—2017

主动端：Z 型轴孔、C 型键槽、轴孔直径 $d_z = 30$ mm、轴孔长度 $L = 60$ mm；

从动端：Y 型轴孔、B 型键槽、轴孔直径 $d_1 = 25$ mm、轴孔长度 $L = 44$ mm；

1、3—半联轴器；
2—梅花形弹性体

型号	公称转矩 T_n /(N·m)	最大转矩 T_{max} /(N·m)	许用转速 $[n]$ /(r/min)	轴孔直径 d_1、d_2、d_z /mm	轴孔长度 L /mm Y型 L	Z、J型 L_1	Z、J型 L	D_1 /mm	D_2 /mm	H /mm	质量 /kg	转动惯量 /(kg·m²)	径向 ΔY /mm	轴向 ΔX /mm	角向 $\Delta\alpha$
LM50	28	50	15 000	10,11	22	—	—	50	42	16	1.00	0.000 2	0.5	1.2	
				12,14	27	—	—								
				16,18,19	30	—	—								
				20,22,24	38	—	—								2°
LM70	112	200	11 000	16,18,19	30	—	—	70	55	23	2.50	0.001 1		1.5	
				20,22,24	38	—	—								
				25,28	44	—	—						0.8		
				30,32,35,38	60	—	—								
LM85	160	288	9 000	20,22,24	38	—	—	85	60	24	3.42	0.002 2		2	
				25,28	44	—	—								
				30,32,35,38	60	—	—								
LM105	355	640	7 250	20,22,24	38	—	—	105	65	27	5.15	0.005 1		2.5	
				25,28	44	—	—								
				30,32,35,38	60	—	—								
				40,42	84	—	—								
LM125	450	810	6 000	25,28	44	62	44	125	85	33	10.1	0.014		3.0	
				30,32,35,38	60	82	60								1.5°
				40,42,45,48,50,55	84	—	—						1.0		
LM145	710	1 280	5 250	30,32,35,38	60	82	60	145	95	39	13.1	0.025			
				40,42,45,48,50,55	84	112	84								
LM170	1 250	2 250	4 500	40,42,45,48,50,55	84	112	84	170	120	41	21.2	0.055		3.5	
				60,63,65,70,75	107	—	—								
LM200	2 000	3 600	3 750	40,42,45,48,50,55	84	112	84	200	135	48	33.0	0.119		4.0	
				60,63,65,70,75	107	142	107						1.5		
LM230	3 150	5 670	3 250	40,42,45,48,50,55	84	112	84	230	150	50	45.5	0.217		4.5	1°
				60,63,65,70,75	107	142	107								
				80,85,90,95	132	—	—								

注：1. 无 J 型、Z 型轴孔形式；

2. 转动惯量和质量是按 Y 型最大轴孔长度、最小轴孔直径计算的数值；

3. 本联轴器补偿两轴的位移量较大，有一定弹性和缓冲性，常用于中、小功率，中高速，起动频繁，正反转变化和要求工作可靠的部位，由于安装时需轴向移动两半联轴器，不适宜用于大型、重型设备上，工作温度为 −35 ~ +80 ℃。

表 8-9　滑块联轴器（JB/ZQ 4384—2006 摘录）

标记示例：

WH6 联轴器 $\dfrac{35 \times 82}{\text{J}_1\,38 \times 60}$，JB/ZQ 4384—2006

主动端：Y 型轴孔、A 型键槽、$d_1 = 35$ mm、$L = 82$ mm；

从动端：J_1 型轴孔、A 型键槽、$d_2 = 38$ mm、$L = 60$ mm

1、3—半联轴器；

2—滑块；

4—紧定螺钉

型　号	公称转矩 /(N·m)	许用转速 /(r/min)	轴孔直径 d_1,d_2	轴孔长度 L Y 型	轴孔长度 L J_1 型	D	D_1	L_2	l	质量 /kg	转动惯量 /(kg·m²)
				/mm							
WH1	16	10 000	10,11	25	22	40	30	52	5	0.6	0.000 7
			12,14	32	27						
WH2	31.5	8 200	12,14			50	32	56	5	1.5	0.003 8
			16,(17),18	42	30						
WH3	63	7 000	(17),18,19			70	40	60	5	1.8	0.006 3
			20,22	52	38						
WH4	160	5 700	20,22,24			80	50	64	8	2.5	0.013
			25,28	62	44						
WH5	280	4 700	25,28			100	70	75	10	5.8	0.045
			30,32,35	82	60						
WH6	500	3 800	30,32,35,38			120	80	90	15	9.5	0.12
			40,42,45								
WH7	900	3 200	40,42,45,48	112	84	150	100	120	25	25	0.43
			50,55								
WH8	1 800	2 400	50,55			190	120	150	25	55	1.98
			60,63,65,70	142	107						
WH9	3 550	1 800	65,70,75			250	150	180	25	85	4.9
			80,85	172	132						
WH10	5 000	1 500	80,85,90,95			330	190	180	40	120	7.5
			100	212	167						

注：1. 装配时两轴的许用补偿量：轴向 $\Delta X = 1 \sim 2$ mm，径向 $\Delta Y \leqslant 0.2$ mm，角向 $\Delta \alpha \leqslant 0°40'$；

2. 括号内的数值尽量不用；

3. 本联轴器具有一定补偿两轴相对偏移量、减振和缓冲性能，适用于中、小功率，转速较高、转矩较小的轴系传动，如控制器、油泵装置等，工作温度为 $-20 \sim +70$ ℃。

三、离合器

表 8-10　简易传动用矩形牙嵌式离合器　　　　　　　　　mm

d	D	L	a	b	c	h
35,40	100	200	70	95	5	30
55,60	150	275	90	139	6	40
80	200	350	110	182	8	50
100	250	435	140	225	10	60
125	300	500	160	260	10	70

注：1. 中间对中环与左半部主动轴固结，为主、从动轴对中用；

　　2. 齿数选择决定于所传递转矩大小，一般取 $z = 3 \sim 4$。

表 8-11　矩形、梯形牙嵌式离合器　　　　　　　　　mm

离合方法	齿数 z	D	$b = \dfrac{D-D_1}{2}$	α	β	h	h_1
用手动接合和脱开	7	35	6	$25°43'{}^{-20'}_{-40'}$	$25°43'{}^{+40'}_{+20'}$	4	5
		40、45	7				
		50	8				
	9	55		$20°{}^{-20'}_{-40'}$	$20°{}^{+40'}_{+20'}$		
		60、70	10				
正常齿，自动接合，或者手动接合和自动脱开	5	40	$5 \sim 8$	$36°{}^{-20'}_{-40'}$	$36°{}^{+40'}_{+20'}$		
		45,50,55	$5 \sim 10$	$25°43'{}^{-20'}_{-40'}$	$25°43'{}^{+40'}_{+20'}$	6	7
	7	60,70,80,90					
细齿，齿数较多，低速工作时手动接合	7	40	$5 \sim 8$	$25°43'{}^{-20'}_{-40'}$	$25°43'{}^{+40'}_{+20'}$	4	5
		45,50,55					
	9	60,70,80,90	$5 \sim 10$	$20°{}^{-20'}_{-40'}$	$20°{}^{+40'}_{+20'}$	6	7

注：1. 尺寸 d 和 h_2 从结构方面来确定，通常 $h_2 = (1.5 \sim 2)d$；

　　2. 自动接合或脱开时常采用梯形齿的离合器。

第九章 极限与配合、几何公差和表面粗糙度

一、极限与配合

GB/T 1800 中[①],孔(或轴)的公称尺寸、上极限尺寸和下极限尺寸的关系如图 9-1a 所示。在实际使用中,为简化起见常不画出孔(或轴),仅用公差带图来表示其公称尺寸、尺寸公差及偏差的关系,如图 9-1b 所示。

图 9-1 极限与配合部分术语及相应关系

基本偏差是确定公差带相对零线位置的那个极限偏差,它可以是上极限偏差和下极限偏差,一般为靠近零线的那个偏差,如图 9-1b 的基本偏差为下极限偏差。基本偏差代号,对孔用大写字母 A,…,ZC 表示,对轴用小写字母 a,…,zc 表示(图 9-2)。其中,基本偏差 H 代表基准孔,h 代表基准轴。极限偏差即上极限偏差和下极限偏差。上极限偏差的代号,对孔用大写字母"ES"表示,对轴用小写字母"es"表示。下极限偏差的代号,对孔用大写字母"EI"表示,对轴用小写字母"ei"表示。

标准公差等级代号用符号 IT 和数字组成,例如 IT7。当其与代表基本偏差的字母一起组成公差带时,省略 IT 字母,即公差带用基本偏差的字母和公差等级数字表示。例如,H7 表示孔公差带;h7 表示轴公差带。标准公差等级分 IT01、IT0、IT1 至 IT18 共 20 级。标注公差的尺寸用公称尺寸后跟所要求的公差带或(和)对应的偏差值表示。例如 $\phi32H7$、$\phi100g6$、$\phi100^{-0.012}_{-0.034}$、$\phi100g6(^{-0.012}_{-0.034})$。公称尺寸至 800 mm 的各级的标准公差数值见表 9-1。

配合用相同的公称尺寸后跟孔、轴公差带表示。孔轴公差带写成分数形式,分子为孔公差带,分母为轴公差带。例如 $\phi52H7/g6$ 或 $\phi52\dfrac{H7}{g6}$。

---

① GB/T 1800 包括 GB/T 1800.1—2009、GB/T 1800.2—2009。

图 9-2 基本偏差系列示意图

表 9-1 公称尺寸至 800 mm 的标准公差数值（GB/T 1800.1—2009 摘录）　　　　μm

公称尺寸 /mm	标准公差等级																	
	IT1	IT2	IT3	IT4	IT5	IT6	IT7	IT8	IT9	IT10	IT11	IT12	IT13	IT14	IT15	IT16	IT17	IT18
≤3	0.8	1.2	2	3	4	6	10	14	25	40	60	100	140	250	400	600	1 000	1 400
>3~6	1	1.5	2.5	4	5	8	12	18	30	48	75	120	180	300	480	750	1 200	1 800
>6~10	1	1.5	2.5	4	6	9	15	22	36	58	90	150	220	360	580	900	1 500	2 200
>10~18	1.2	2	3	5	8	11	18	27	43	70	110	180	270	430	700	1 100	1 800	2 700
>18~30	1.5	2.5	4	6	9	13	21	33	52	84	130	210	330	520	840	1 300	2 100	3 300
>30~50	1.5	2.5	4	7	11	16	25	39	62	100	160	250	390	620	1 000	1 600	2 500	3 900
>50~80	2	3	5	8	13	19	30	46	74	120	190	300	460	740	1 200	1 900	3 000	4 600
>80~120	2.5	4	6	10	15	22	35	54	87	140	220	350	540	870	1 400	2 200	3 500	5 400
>120~180	3.5	5	8	12	18	25	40	63	100	160	250	400	630	1 000	1 600	2 500	4 000	6 300
>180~250	4.5	7	10	14	20	29	46	72	115	185	290	460	720	1 150	1 850	2 900	4 600	7 200
>250~315	6	8	12	16	23	32	52	81	130	210	320	520	810	1 300	2 100	3 200	5 200	8 100
>315~400	7	9	13	18	25	36	57	89	140	230	360	570	890	1 400	2 300	3 600	5 700	8 900
>400~500	8	10	15	20	27	40	63	97	155	250	400	630	970	1 550	2 500	4 000	6 300	9 700
>500~630	9	11	16	22	32	44	70	110	175	280	440	700	1 100	1 750	2 800	4 400	7 000	11 000
>630~800	10	13	18	25	36	50	80	125	200	320	500	800	1 250	2 000	3 200	5 000	8 000	12 500

注：1. 公称尺寸大于 500 mm 的 IT1~IT5 的数值为试行的；

　　2. 公称尺寸小于或等于 1 mm 时，无 IT14~IT18。

配合分基孔制配合和基轴制配合。在一般情况下,优先选用基孔制配合。如有特殊需要,允许将任一孔、轴公差带组合成配合。配合有间隙配合、过渡配合和过盈配合。属于哪一种配合取决于孔、轴公差带的相互关系。基孔制(基轴制)配合中,基本偏差 a~h(A~H)用于间隙配合;基本偏差 j~zc(J~ZC)用于过渡配合和过盈配合。各种偏差的应用及具体数值见表 9-2~表 9-7。

表 9-2 轴的各种基本偏差的应用

配合种类	基本偏差	配合特性及应用
间隙配合	a、b	可得到特别大的间隙,很少应用
	c	可得到很大的间隙,一般适用于缓慢、较松的动配合。用于工作条件较差(如农业机械)、受力变形,或为了便于装配而必须保证有较大的间隙时。推荐配合为 H11/c11,其较高级的配合,如 H8/c7 适用于轴在高温工作的紧密动配合,例如内燃机排气阀和导管
	d	一般用于 IT7~IT11,适用于松的转动配合,如密封盖、滑轮、空转带轮等与轴的配合,也适用于大直径滑动轴承配合,如透平机、球磨机、轧滚成形和重型弯曲机及其他重型机械中的一些滑动支承
	e	多用于 IT7~IT9,通常适用于要求有明显间隙、易于转动的支承配合,如大跨距、多支点支承等。高等级的轴适用于大型、高速、重载支承配合,如涡轮发电机、大型电动机、内燃机、凸轮轴及摇臂支承等
	f	多用于 IT6~IT8 的一般转动配合。当温度影响不大时,广泛用于普通润滑油(或润滑脂)润滑的支承,如齿轮箱、小电动机、泵等的转轴与滑动支承的配合
	g	配合间隙很小,制造成本高,除很轻负荷的精密装置外,不推荐用于转动配合。多用于 IT5~IT7,最适合不回转的精密滑动配合,也用于插销等定位配合,如精密连杆轴承、活塞、滑阀及连杆销等
	h	多用于 IT4~IT11。广泛用于无相对转动的零件,作为一般的定位配合。若没有温度、变形影响,也用于精密滑动配合
过渡配合	js	为完全对称偏差(±IT/2),平均为稍有间隙的配合,多用于 IT4~IT7,要求间隙比 h 轴小,并允许略有过盈的定位配合,如联轴器,可用手或木锤装配
	k	平均为没有间隙的配合,适用于 IT4~IT7。推荐用于稍有过盈的定位配合,例如为了消除振动用的定位配合,一般用木锤装配
	m	平均为具有小过盈的过渡配合,适用于 IT4~IT7,一般用木锤装配,但在最大过盈时,要求相当的压入力
	n	平均过盈比 m 轴稍大,很少得到间隙,适用 IT4~IT7,用锤或压力机装配,通常推荐用于紧密的组件配合。H6/n5 配合为过盈配合
过盈配合	p	与 H6 孔或 H7 孔配合时是过盈配合,与 H8 孔配合时则为过渡配合。对非铁类零件,为较轻的压入配合,易于拆卸;对钢、铸铁或铜、钢组件装配是标准压入配合
	r	对铁类零件为中等打入配合;对非铁类零件,为轻打入配合,可拆卸。与 H8 孔配合,直径在 100 mm 以上时为过盈配合,直径小时为过渡配合
	s	用于钢和铁制零件的永久性和半永久装配,可产生相当大的结合力。当用弹性材料,如轻合金时,配合性质与铁类零件的 p 轴相当,例如用于套环压装在轴上、阀座与机体等配合。尺寸较大时,为了避免损伤配合表面,需用热胀或冷缩法装配
	t、u、v x、y、z	过盈量依次增大,一般不推荐采用

表 9-3　公差等级与加工方法的关系

加工方法	公差等级（IT）																	
	01	0	1	2	3	4	5	6	7	8	9	10	11	12	13	14	15	16
研磨	■	■	■	■	■	■	■											
珩						■	■	■	■									
圆磨、平磨							■	■	■	■								
金刚石车、金刚石镗							■	■	■									
拉削							■	■	■	■								
铰孔								■	■	■	■							
车、镗									■	■	■	■	■					
铣									■	■	■	■						
刨、插												■	■					
钻孔												■	■	■				
滚压、挤压												■	■					
冲压												■	■	■	■	■		
压铸													■	■	■	■		
粉末冶金成形												■	■					
粉末冶金烧结									■	■	■	■						
砂型铸造、气割																	■	■
锻造																■	■	■

表 9-4　优先配合特性及应用举例

基孔制	基轴制	优先配合特性及应用举例
$\dfrac{H11}{c11}$	$\dfrac{C11}{h11}$	间隙非常大，用于很松的、转动很慢的动配合，或要求大公差与大间隙的外露组件，或要求装配方便的很松的配合
$\dfrac{H9}{d9}$	$\dfrac{D9}{h9}$	间隙很大的自由转动配合，用于精度非主要要求时，或有大的温度变动、高转速或大的轴颈压力时
$\dfrac{H8}{f7}$	$\dfrac{F8}{h7}$	间隙不大的转动配合，用于中等转速与中等轴颈压力的精确转动，也用于装配较易的中等定位配合
$\dfrac{H7}{g6}$	$\dfrac{G7}{h6}$	间隙很小的滑动配合，用于不希望自由转动，但可自由移动和滑动并精密定位时，也可用于要求明确的定位配合
$\dfrac{H7}{h6}$ $\dfrac{H8}{h7}$ $\dfrac{H9}{h9}$ $\dfrac{H11}{h11}$	$\dfrac{H7}{h6}$ $\dfrac{H8}{h7}$ $\dfrac{H9}{h9}$ $\dfrac{H11}{h11}$	均为间隙定位配合，零件可自由装拆，而工作时一般相对静止不动。在最大实体条件下的间隙为零，在最小实体条件下的间隙由公差等级决定
$\dfrac{H7}{k6}$	$\dfrac{K7}{h6}$	过渡配合，用于精密定位
$\dfrac{H7}{n6}$	$\dfrac{N7}{h6}$	过渡配合，允许有较大过盈的更精密定位
$\dfrac{H7^{*}}{p6}$	$\dfrac{P7}{h6}$	过盈定位配合，即小过盈配合，用于定位精度特别重要时，能以最好的定位精度达到部件的刚性及对中性要求，而对内孔承受压力无特殊要求，不依靠配合的紧固性传递摩擦负荷
$\dfrac{H7}{s6}$	$\dfrac{S7}{h6}$	中等压入配合，适用于一般钢件，或用于薄壁件的冷缩配合，用于铸铁件可得到最紧的配合
$\dfrac{H7}{u6}$	$\dfrac{U7}{h6}$	压入配合，适用于可以承受大压入力的零件或不宜承受大压入力的冷缩配合

注：* 公称尺寸小于或等于 3 mm 为过渡配合。

表 9-5 轴的极限偏差（GB/T 1800.2—2009 摘录）　　　　μm

公称尺寸/mm		公差带														
		a		b			c					d				
大于	至	10	11*	10	11*	12*	8	9*	10*	▲11	12	7	8*	▲9	10*	11*
—	3	-270	-270	-140	-140	-140	-60	-60	-60	-60	-60	-20	-20	-20	-20	-20
		-310	-330	-180	-200	-240	-74	-85	-100	-120	-160	-30	-34	-45	-60	-80
3	6	-270	-270	-140	-140	-140	-70	-70	-70	-70	-70	-30	-30	-30	-30	-30
		-318	-345	-188	-215	-260	-88	-100	-118	-145	-190	-42	-48	-60	-78	-105
6	10	-280	-280	-150	-150	-150	-80	-80	-80	-80	-80	-40	-40	-40	-40	-40
		-338	-370	-208	-240	-300	-102	-116	-138	-170	-230	-55	-62	-76	-98	-130
10	14	-290	-290	-150	-150	-150	-95	-95	-95	-95	-95	-50	-50	-50	-50	-50
14	18	-360	-400	-220	-260	-330	-122	-138	-165	-205	-275	-68	-77	-93	-120	-160
18	24	-300	-300	-160	-160	-160	-110	-110	-110	-110	-110	-65	-65	-65	-65	-65
24	30	-384	-430	-244	-290	-370	-143	-162	-194	-240	-320	-86	-98	-117	-149	-195
30	40	-310	-310	-170	-170	-170	-120	-120	-120	-120	-120	-80	-80	-80	-80	-80
		-410	-470	-270	-330	-420	-159	-182	-220	-280	-370	-105	-119	-142	-180	-240
40	50	-320	-320	-180	-180	-180	-130	-130	-130	-130	-130					
		-420	-480	-280	-340	-430	-169	-192	-230	-290	-380					
50	65	-340	-340	-190	-190	-190	-140	-140	-140	-140	-140	-100	-100	-100	-100	-100
		-460	-530	-310	-380	-490	-186	-214	-260	-330	-440	-130	-146	-174	-220	-290
65	80	-360	-360	-200	-200	-200	-150	-150	-150	-150	-150					
		-480	-550	-320	-390	-500	-196	-224	-270	-340	-450					
80	100	-380	-380	-220	-220	-220	-170	-170	-170	-170	-170	-120	-120	-120	-120	-120
		-520	-600	-360	-440	-570	-224	-257	-310	-390	-520	-155	-174	-207	-260	-340
100	120	-410	-410	-240	-240	-240	-180	-180	-180	-180	-180					
		-550	-630	-380	-460	-590	-234	-267	-320	-400	-530					
120	140	-460	-460	-260	-260	-260	-200	-200	-200	-200	-200	-145	-145	-145	-145	-145
		-620	-710	-420	-510	-660	-263	-300	-360	-450	-600	-185	-208	-245	-305	-395
140	160	-520	-520	-280	-280	-280	-210	-210	-210	-210	-210					
		-680	-770	-440	-530	-680	-273	-310	-370	-460	-610					
160	180	-580	-580	-310	-310	-310	-230	-230	-230	-230	-230					
		-740	-830	-470	-560	-710	-293	-330	-390	-480	-630					
180	200	-660	-660	-340	-340	-340	-240	-240	-240	-240	-240	-170	-170	-170	-170	-170
		-845	-950	-525	-630	-800	-312	-355	-425	-530	-700	-216	-242	-285	-355	-460
200	225	-740	-740	-380	-380	-380	-260	-260	-260	-260	-260					
		-925	-1 030	-565	-670	-840	-332	-375	-445	-550	-720					
225	250	-820	-820	-420	-420	-420	-280	-280	-280	-280	-280					
		-1 005	-1 110	-605	-710	-880	-352	-395	-465	-570	-740					
250	280	-920	-920	-480	-480	-480	-300	-300	-300	-300	-300	-190	-190	-190	-190	-190
		-1 130	-1 240	-690	-800	-1 000	-381	-430	-510	-620	-820	-242	-271	-320	-400	-510
280	315	-1 050	-1 050	-540	-540	-540	-330	-330	-330	-330	-330					
		-1 260	-1 370	-750	-860	-1 060	-411	-460	-540	-650	-850					
315	355	-1 200	-1 200	-600	-600	-600	-360	-360	-360	-360	-360	-210	-210	-210	-210	-210
		-1 430	-1 560	-830	-960	-1 170	-449	-500	-590	-720	-930	-267	-299	-350	-440	-570
355	400	-1 350	-1 350	-680	-680	-680	-400	-400	-400	-400	-400					
		-1 580	-1 710	-910	-1 040	-1 250	-489	-540	-630	-760	-970					
400	450	-1 500	-1 500	-760	-760	-760	-440	-440	-440	-440	-440	-230	-230	-230	-230	-230
		-1 750	-1 900	-1 010	-1 160	-1 390	-537	-595	-690	-840	-1 070	-293	-327	-385	-480	-630
450	500	-1 650	-1 650	-840	-840	-840	-480	-480	-480	-480	-480					
		-1 900	-2 050	-1 090	-1 240	-1 470	-577	-635	-730	-880	-1 110					

公称尺寸/mm		公差带														
		e				f					g			h		
大于	至	6	7*	8*	9*	5*	6*	▲7	8*	9*	5*	▲6	7*	4	5*	▲6
—	3	-14/-20	-14/-24	-14/-28	-14/-39	-6/-10	-6/-12	-6/-16	-6/-20	-6/-31	-2/-6	-2/-8	-2/-12	0/-3	0/-4	0/-6
3	6	-20/-28	-20/-32	-20/-38	-20/-50	-10/-15	-10/-18	-10/-22	-10/-28	-10/-40	-4/-9	-4/-12	-4/-16	0/-4	0/-5	0/-8
6	10	-25/-34	-25/-40	-25/-47	-25/-61	-13/-19	-13/-22	-13/-28	-13/-35	-13/-49	-5/-11	-5/-14	-5/-20	0/-4	0/-6	0/-9
10	14	-32/-43	-32/-50	-32/-59	-32/-75	-16/-24	-16/-27	-16/-34	-16/-43	-16/-59	-6/-14	-6/-17	-6/-24	0/-5	0/-8	0/-11
14	18	-32/-43	-32/-50	-32/-59	-32/-75	-16/-24	-16/-27	-16/-34	-16/-43	-16/-59	-6/-14	-6/-17	-6/-24	0/-5	0/-8	0/-11
18	24	-40/-53	-40/-61	-40/-73	-40/-92	-20/-29	-20/-33	-20/-41	-20/-53	-20/-72	-7/-16	-7/-20	-7/-28	0/-6	0/-9	0/-13
24	30	-40/-53	-40/-61	-40/-73	-40/-92	-20/-29	-20/-33	-20/-41	-20/-53	-20/-72	-7/-16	-7/-20	-7/-28	0/-6	0/-9	0/-13
30	40	-50/-66	-50/-75	-50/-89	-50/-112	-25/-36	-25/-41	-25/-50	-25/-64	-25/-87	-9/-20	-9/-25	-9/-34	0/-7	0/-11	0/-16
40	50	-50/-66	-50/-75	-50/-89	-50/-112	-25/-36	-25/-41	-25/-50	-25/-64	-25/-87	-9/-20	-9/-25	-9/-34	0/-7	0/-11	0/-16
50	65	-60/-79	-60/-90	-60/-106	-60/-134	-30/-43	-30/-49	-30/-60	-30/-76	-30/-104	-10/-23	-10/-29	-10/-40	0/-8	0/-13	0/-19
65	80	-60/-79	-60/-90	-60/-106	-60/-134	-30/-43	-30/-49	-30/-60	-30/-76	-30/-104	-10/-23	-10/-29	-10/-40	0/-8	0/-13	0/-19
80	100	-72/-94	-72/-107	-72/-126	-72/-159	-36/-51	-36/-58	-36/-71	-36/-90	-36/-123	-12/-27	-12/-34	-12/-47	0/-10	0/-15	0/-22
100	120	-72/-94	-72/-107	-72/-126	-72/-159	-36/-51	-36/-58	-36/-71	-36/-90	-36/-123	-12/-27	-12/-34	-12/-47	0/-10	0/-15	0/-22
120	140	-85/-110	-85/-125	-85/-148	-85/-185	-43/-61	-43/-68	-43/-83	-43/-106	-43/-143	-14/-32	-14/-39	-14/-54	0/-12	0/-18	0/-25
140	160	-85/-110	-85/-125	-85/-148	-85/-185	-43/-61	-43/-68	-43/-83	-43/-106	-43/-143	-14/-32	-14/-39	-14/-54	0/-12	0/-18	0/-25
160	180	-85/-110	-85/-125	-85/-148	-85/-185	-43/-61	-43/-68	-43/-83	-43/-106	-43/-143	-14/-32	-14/-39	-14/-54	0/-12	0/-18	0/-25
180	200	-100/-129	-100/-146	-100/-172	-100/-215	-50/-70	-50/-79	-50/-96	-50/-122	-50/-165	-15/-35	-15/-44	-15/-61	0/-14	0/-20	0/-29
200	225	-100/-129	-100/-146	-100/-172	-100/-215	-50/-70	-50/-79	-50/-96	-50/-122	-50/-165	-15/-35	-15/-44	-15/-61	0/-14	0/-20	0/-29
225	250	-100/-129	-100/-146	-100/-172	-100/-215	-50/-70	-50/-79	-50/-96	-50/-122	-50/-165	-15/-35	-15/-44	-15/-61	0/-14	0/-20	0/-29
250	280	-110/-142	-110/-162	-110/-191	-110/-240	-56/-79	-56/-88	-56/-108	-56/-137	-56/-185	-17/-40	-17/-49	-17/-69	0/-16	0/-23	0/-32
280	315	-110/-142	-110/-162	-110/-191	-110/-240	-56/-79	-56/-88	-56/-108	-56/-137	-56/-185	-17/-40	-17/-49	-17/-69	0/-16	0/-23	0/-32
315	355	-125/-161	-125/-182	-125/-214	-125/-265	-62/-87	-62/-98	-62/-119	-62/-151	-62/-202	-18/-43	-18/-54	-18/-75	0/-18	0/-25	0/-36
355	400	-125/-161	-125/-182	-125/-214	-125/-265	-62/-87	-62/-98	-62/-119	-62/-151	-62/-202	-18/-43	-18/-54	-18/-75	0/-18	0/-25	0/-36
400	450	-135/-175	-135/-198	-135/-232	-135/-290	-68/-95	-68/-108	-68/-131	-68/-165	-68/-223	-20/-47	-20/-60	-20/-83	0/-20	0/-27	0/-40
450	500	-135/-175	-135/-198	-135/-232	-135/-290	-68/-95	-68/-108	-68/-131	-68/-165	-68/-223	-20/-47	-20/-60	-20/-83	0/-20	0/-27	0/-40

公称尺寸 /mm		公差带														
		h							j			js				
大于	至	▲7	8*	▲9	10*	▲11	12*	13	5	6	7	5*	6*	7*	8	9
—	3	0 -10	0 -14	0 -25	0 -40	0 -60	0 -100	0 -140	±2	+4 -2	+6 -4	±2	±3	±5	±7	±12
3	6	0 -12	0 -18	0 -30	0 -48	0 -75	0 -120	0 -180	+3 -2	+6 -2	+8 -4	±2.5	±4	±6	±9	±15
6	10	0 -15	0 -22	0 -36	0 -58	0 -90	0 -150	0 -220	+4 -2	+7 -2	+10 -5	±3	±4.5	±7	±11	±18
10	14	0 -18	0 -27	0 -43	0 -70	0 -110	0 -180	0 -270	+5 -3	+8 -3	+12 -6	±4	±5.5	±9	±13	±21
14	18															
18	24	0 -21	0 -33	0 -52	0 -84	0 -130	0 -210	0 -330	+5 -4	+9 -4	+13 -8	±4.5	±6.5	±10	±16	±26
24	30															
30	40	0 -25	0 -39	0 -62	0 -100	0 -160	0 -250	0 -390	+6 -5	+11 -5	+15 -10	±5.5	±8	±12	±19	±31
40	50															
50	65	0 -30	0 -46	0 -74	0 -120	0 -190	0 -300	0 -460	+6 -7	+12 -7	+18 -12	±6.5	±9.5	±15	±23	±37
65	80															
80	100	0 -35	0 -54	0 -87	0 -140	0 -220	0 -350	0 -540	+6 -9	+13 -9	+20 -15	±7.5	±11	±17	±27	±43
100	120															
120	140	0 -40	0 -63	0 -100	0 -160	0 -250	0 -400	0 -630	+7 -11	+14 -11	+22 -18	±9	±12.5	±20	±31	±50
140	160															
160	180															
180	200	0 -46	0 -72	0 -115	0 -185	0 -290	0 -460	0 -720	+7 -13	+16 -13	+25 -21	±10	±14.5	±23	±36	±57
200	225															
225	250															
250	280	0 -52	0 -81	0 -130	0 -210	0 -320	0 -520	0 -810	+7 -16	±16	±26	±11.5	±16	±26	±40	±65
280	315															
315	355	0 -57	0 -89	0 -140	0 -230	0 -360	0 -570	0 -890	+7 -18	±18	+29 -28	±12.5	±18	±28	±44	±70
355	400															
400	450	0 -63	0 -97	0 -155	0 -250	0 -400	0 -630	0 -970	+7 -20	±20	+31 -32	±13.5	±20	±31	±48	±77
450	500															

公称尺寸/mm		js	k			m			n			p			r	
大于	至	10	5*	▲6	7*	5*	6*	7*	5*	▲6	7*	5*	▲6	7*	5*	6*
—	3	±20	+4/0	+6/0	+10/0	+6/+2	+8/+2	+12/+2	+8/+4	+10/+4	+14/+4	+10/+6	+12/+6	+16/+6	+14/+10	+16/+10
3	6	±24	+6/+1	+9/+1	+13/+1	+9/+4	+12/+4	+16/+4	+13/+8	+16/+8	+20/+8	+17/+12	+20/+12	+24/+12	+20/+15	+23/+15
6	10	±29	+7/+1	+10/+1	+16/+1	+12/+6	+15/+6	+21/+6	+16/+10	+19/+10	+25/+10	+21/+15	+24/+15	+30/+15	+25/+19	+28/+19
10	14	±35	+9/+1	+12/+1	+19/+1	+15/+7	+18/+7	+25/+7	+20/+12	+23/+12	+30/+12	+26/+18	+29/+18	+36/+18	+31/+23	+34/+23
14	18	±35	+9/+1	+12/+1	+19/+1	+15/+7	+18/+7	+25/+7	+20/+12	+23/+12	+30/+12	+26/+18	+29/+18	+36/+18	+31/+23	+34/+23
18	24	±42	+11/+2	+15/+2	+23/+2	+17/+8	+21/+8	+29/+8	+24/+15	+28/+15	+36/+15	+31/+22	+35/+22	+43/+22	+37/+28	+41/+28
24	30	±42	+11/+2	+15/+2	+23/+2	+17/+8	+21/+8	+29/+8	+24/+15	+28/+15	+36/+15	+31/+22	+35/+22	+43/+22	+37/+28	+41/+28
30	40	±50	+13/+2	+18/+2	+27/+2	+20/+9	+25/+9	+34/+9	+28/+17	+33/+17	+42/+17	+37/+26	+42/+26	+51/+26	+45/+34	+50/+34
40	50	±50	+13/+2	+18/+2	+27/+2	+20/+9	+25/+9	+34/+9	+28/+17	+33/+17	+42/+17	+37/+26	+42/+26	+51/+26	+45/+34	+50/+34
50	65	±60	+15/+2	+21/+2	+32/+2	+24/+11	+30/+11	+41/+11	+33/+20	+39/+20	+50/+20	+45/+32	+51/+32	+62/+32	+54/+41	+60/+41
65	80	±60	+15/+2	+21/+2	+32/+2	+24/+11	+30/+11	+41/+11	+33/+20	+39/+20	+50/+20	+45/+32	+51/+32	+62/+32	+56/+43	+62/+43
80	100	±70	+18/+3	+25/+3	+38/+3	+28/+13	+35/+13	+48/+13	+38/+23	+45/+23	+58/+23	+52/+37	+59/+37	+72/+37	+66/+51	+73/+51
100	120	±70	+18/+3	+25/+3	+38/+3	+28/+13	+35/+13	+48/+13	+38/+23	+45/+23	+58/+23	+52/+37	+59/+37	+72/+37	+69/+54	+76/+54
120	140	±80	+21/+3	+28/+3	+43/+3	+33/+15	+40/+15	+55/+15	+45/+27	+52/+27	+67/+27	+61/+43	+68/+43	+83/+43	+81/+63	+88/+63
140	160	±80	+21/+3	+28/+3	+43/+3	+33/+15	+40/+15	+55/+15	+45/+27	+52/+27	+67/+27	+61/+43	+68/+43	+83/+43	+83/+65	+90/+65
160	180	±80	+21/+3	+28/+3	+43/+3	+33/+15	+40/+15	+55/+15	+45/+27	+52/+27	+67/+27	+61/+43	+68/+43	+83/+43	+86/+68	+93/+68
180	200	±92	+24/+4	+33/+4	+50/+4	+37/+17	+46/+17	+63/+17	+51/+31	+60/+31	+77/+31	+70/+50	+79/+50	+96/+50	+97/+77	+106/+77
200	225	±92	+24/+4	+33/+4	+50/+4	+37/+17	+46/+17	+63/+17	+51/+31	+60/+31	+77/+31	+70/+50	+79/+50	+96/+50	+100/+80	+109/+80
225	250	±92	+24/+4	+33/+4	+50/+4	+37/+17	+46/+17	+63/+17	+51/+31	+60/+31	+77/+31	+70/+50	+79/+50	+96/+50	+104/+84	+113/+84
250	280	±105	+27/+4	+36/+4	+56/+4	+43/+20	+52/+20	+72/+20	+57/+34	+66/+34	+86/+34	+79/+56	+88/+56	+108/+56	+117/+94	+126/+94
280	315	±105	+27/+4	+36/+4	+56/+4	+43/+20	+52/+20	+72/+20	+57/+34	+66/+34	+86/+34	+79/+56	+88/+56	+108/+56	+121/+98	+130/+98
315	355	±115	+29/+4	+40/+4	+61/+4	+46/+21	+57/+21	+78/+21	+62/+37	+73/+37	+94/+37	+87/+62	+98/+62	+119/+62	+133/+108	+144/+108
355	400	±115	+29/+4	+40/+4	+61/+4	+46/+21	+57/+21	+78/+21	+62/+37	+73/+37	+94/+37	+87/+62	+98/+62	+119/+62	+139/+114	+150/+114
400	450	±125	+32/+5	+45/+5	+68/+5	+50/+23	+63/+23	+86/+23	+67/+40	+80/+40	+103/+40	+95/+68	+108/+68	+131/+68	+153/+126	+166/+126
450	500	±125	+32/+5	+45/+5	+68/+5	+50/+23	+63/+23	+86/+23	+67/+40	+80/+40	+103/+40	+95/+68	+108/+68	+131/+68	+159/+132	+172/+132

公称尺寸 /mm		公差带														
		r	s			t			u				v	x	y	z
大于	至	7*	5*	▲6	7*	5*	6*	7*	5	▲6	7*	8	6*	6*	6*	6*
—	3	+20	+18	+20	+24				+22	+24	+28	+32		+26		+32
		+10	+14	+14	+14	—	—	—	+18	+18	+18	+18	—	+20	—	+26
3	6	+27	+24	+27	+31				+28	+31	+35	+41		+36		+43
		+15	+19	+19	+19	—	—	—	+23	+23	+23	+23	—	+28	—	+35
6	10	+34	+29	+32	+38				+34	+37	+43	+50		+43		+51
		+19	+23	+23	+23	—	—	—	+28	+28	+28	+28	—	+34	—	+42
10	14	+41	+36	+39	+46				+41	+44	+51	+60		+51		+61
		+23	+28	+28	+28	—	—	—	+33	+33	+33	+33	—	+40	—	+50
14	18	+41	+36	+39	+46				+41	+44	+51	+60	+50	+56		+71
		+23	+28	+28	+28	—	—	—	+33	+33	+33	+33	+39	+45	—	+60
18	24	+49	+44	+48	+56				+50	+54	+62	+74	+60	+67	+76	+86
		+28	+35	+35	+35	—	—	—	+41	+41	+41	+41	+47	+54	+63	+73
24	30	+49	+44	+48	+56	+50	+54	+62	+57	+61	+69	+81	+68	+77	+88	+101
		+28	+35	+35	+35	+41	+41	+41	+48	+48	+48	+48	+55	+64	+75	+88
30	40	+59	+54	+59	+68	+59	+64	+73	+71	+76	+85	+99	+84	+96	+110	+128
		+34	+43	+43	+43	+48	+48	+48	+60	+60	+60	+60	+68	+80	+94	+112
40	50	+59	+54	+59	+68	+65	+70	+79	+81	+86	+95	+109	+97	+113	+130	+152
		+34	+43	+43	+43	+54	+54	+54	+70	+70	+70	+70	+81	+97	+114	+136
50	65	+71	+66	+72	+83	+79	+85	+96	+100	+106	+117	+133	+121	+141	+163	+191
		+41	+53	+53	+53	+66	+66	+66	+87	+87	+87	+87	+102	+122	+144	+172
65	80	+72	+72	+78	+89	+88	+94	+105	+115	+121	+132	+148	+139	+165	+193	+229
		+43	+59	+59	+59	+75	+75	+75	+102	+102	+102	+102	+120	+146	+174	+210
80	100	+86	+86	+93	+106	+106	+113	+126	+139	+146	+159	+178	+168	+200	+236	+280
		+51	+71	+71	+71	+91	+91	+91	+124	+124	+124	+124	+146	+178	+214	+258
100	120	+89	+94	+101	+114	+119	+126	+139	+159	+166	+179	+198	+194	+232	+276	+332
		+54	+79	+79	+79	+104	+104	+104	+144	+144	+144	+144	+172	+210	+254	+310
120	140	+103	+110	+117	+132	+140	+147	+162	+188	+195	+210	+233	+227	+273	+325	+390
		+63	+92	+92	+92	+122	+122	+122	+170	+170	+170	+170	+202	+248	+300	+365
140	160	+105	+118	+125	+140	+152	+159	+174	+208	+215	+230	+253	+253	+305	+365	+440
		+65	+100	+100	+100	+134	+134	+134	+190	+190	+190	+190	+228	+280	+340	+415
160	180	+108	+126	+133	+148	+164	+171	+186	+228	+235	+250	+273	+277	+335	+405	+490
		+68	+108	+108	+108	+146	+146	+146	+210	+210	+210	+210	+252	+310	+380	+465
180	200	+123	+142	+151	+168	+186	+195	+212	+256	+265	+282	+308	+313	+379	+454	+549
		+77	+122	+122	+122	+166	+166	+166	+236	+236	+236	+236	+284	+350	+425	+520
200	225	+126	+150	+159	+176	+200	+209	+226	+278	+287	+304	+330	+339	+414	+499	+604
		+80	+130	+130	+130	+180	+180	+180	+258	+258	+258	+258	+310	+385	+470	+575
225	250	+130	+160	+169	+186	+216	+225	+242	+304	+313	+330	+356	+369	+454	+549	+669
		+84	+140	+140	+140	+196	+196	+196	+284	+284	+284	+284	+340	+425	+520	+640
250	280	+146	+181	+190	+210	+241	+250	+270	+338	+347	+367	+396	+417	+507	+612	+742
		+94	+158	+158	+158	+218	+218	+218	+315	+315	+315	+315	+385	+475	+580	+710
280	315	+150	+193	+202	+222	+263	+272	+292	+373	+382	+402	+431	+457	+557	+682	+822
		+98	+170	+170	+170	+240	+240	+240	+350	+350	+350	+350	+425	+525	+650	+790
315	355	+165	+215	+226	+247	+293	+304	+325	+415	+426	+447	+479	+511	+626	+766	+936
		+108	+190	+190	+190	+268	+268	+268	+390	+390	+390	+390	+475	+590	+730	+900
355	400	+171	+233	+244	+265	+319	+330	+351	+460	+471	+492	+524	+566	+696	+856	+1 036
		+114	+208	+208	+208	+294	+294	+294	+435	+435	+435	+435	+530	+660	+820	+1 000
400	450	+189	+259	+272	+295	+357	+370	+393	+517	+530	+553	+587	+635	+780	+960	+1 140
		+126	+232	+232	+232	+330	+330	+330	+490	+490	+490	+490	+595	+740	+920	+1 100
450	500	+195	+279	+292	+315	+387	+400	+423	+567	+580	+603	+637	+700	+860	+1 040	+1 290
		+132	+252	+252	+252	+360	+360	+360	+540	+540	+540	+540	+660	+820	+1 000	+1 250

注：1. 公称尺寸小于 1 mm 时，各级的 a 和 b 均不采用；

　　2. ▲为优先公差带，* 为常用公差带，其余为一般用途公差带。

表 9-6 孔的极限偏差（GB/T 1800.2—2009 摘录） μm

公称尺寸/mm		公差带														
		A	B		C			D					E			F
大于	至	11*	11*	12*	10	▲11	12	7	8*	▲9	10*	11*	8*	9*	10	6*
—	3	+330 +270	+200 +140	+240 +140	+100 +60	+120 +60	+160 +60	+30 +20	+34 +20	+45 +20	+60 +20	+80 +20	+28 +14	+39 +14	+54 +14	+12 +6
3	6	+345 +270	+215 +140	+260 +140	+118 +70	+145 +70	+190 +70	+42 +30	+48 +30	+60 +30	+78 +30	+105 +30	+38 +20	+50 +20	+68 +20	+18 +10
6	10	+370 +280	+240 +150	+300 +150	+138 +80	+170 +80	+230 +80	+55 +40	+62 +40	+76 +40	+98 +40	+130 +40	+47 +25	+61 +25	+83 +25	+22 +13
10	14	+400 +290	+260 +150	+330 +150	+165 +95	+205 +95	+275 +95	+68 +50	+77 +50	+93 +50	+120 +50	+160 +50	+59 +32	+75 +32	+102 +32	+27 +16
14	18															
18	24	+430 +300	+290 +160	+370 +160	+194 +110	+240 +110	+320 +110	+86 +65	+98 +65	+117 +65	+149 +65	+195 +65	+73 +40	+92 +40	+124 +40	+33 +20
24	30															
30	40	+470 +310	+330 +170	+420 +170	+220 +120	+280 +120	+370 +120	+105 +80	+119 +80	+142 +80	+180 +80	+240 +80	+89 +50	+112 +50	+150 +50	+41 +25
40	50	+480 +320	+340 +180	+430 +180	+230 +130	+290 +130	+380 +130									
50	65	+530 +340	+380 +190	+490 +190	+260 +140	+330 +140	+440 +140	+130 +100	+146 +100	+174 +100	+220 +100	+290 +100	+106 +60	+134 +60	+180 +60	+49 +30
65	80	+550 +360	+390 +200	+500 +200	+270 +150	+340 +150	+450 +150									
80	100	+600 +380	+440 +220	+570 +220	+310 +170	+390 +170	+520 +170	+155 +120	+174 +120	+207 +120	+260 +120	+340 +120	+126 +72	+159 +72	+212 +72	+58 +36
100	120	+630 +410	+460 +240	+590 +240	+320 +180	+400 +180	+530 +180									
120	140	+710 +460	+510 +260	+660 +260	+360 +200	+450 +200	+600 +200	+185 +145	+208 +145	+245 +145	+305 +145	+395 +145	+148 +85	+185 +85	+245 +85	+68 +43
140	160	+770 +520	+530 +280	+680 +280	+370 +210	+460 +210	+610 +210									
160	180	+830 +580	+560 +310	+710 +310	+390 +230	+480 +230	+630 +230									
180	200	+950 +660	+630 +340	+800 +340	+425 +240	+530 +240	+700 +240	+216 +170	+242 +170	+285 +170	+355 +170	+460 +170	+172 +100	+215 +100	+285 +100	+79 +50
200	225	+1 030 +740	+670 +380	+840 +380	+445 +260	+550 +260	+720 +260									
225	250	+1 110 +820	+710 +420	+880 +420	+465 +280	+570 +280	+740 +280									
250	280	+1 240 +920	+800 +480	+1 000 +480	+510 +300	+620 +300	+820 +300	+242 +190	+271 +190	+320 +190	+400 +190	+510 +190	+191 +110	+240 +110	+320 +110	+88 +56
280	315	+1 370 +1 050	+860 +540	+1 060 +540	+540 +330	+650 +330	+850 +330									
315	355	+1 560 +1 200	+960 +600	+1 170 +600	+590 +360	+720 +360	+930 +360	+267 +210	+299 +210	+350 +210	+440 +210	+570 +210	+214 +125	+265 +125	+355 +125	+98 +62
355	400	+1 710 +1 350	+1 040 +680	+1 250 +680	+630 +400	+760 +400	+970 +400									
400	450	+1 900 +1 500	+1 160 +760	+1 390 +760	+690 +440	+840 +440	+1 070 +440	+293 +230	+327 +230	+385 +230	+480 +230	+630 +230	+232 +135	+290 +135	+385 +135	+108 +68
450	500	+2 050 +1 650	+1 240 +840	+1 470 +840	+730 +480	+880 +480	+1 110 +480									

公称尺寸/mm		公差带														
		F			G			H								
大于	至	7*	▲8	9*	5	6*	▲7	5	6*	▲7	▲8	▲9	10*	▲11	12*	13
—	3	+16 +6	+20 +6	+31 +6	+6 +2	+8 +2	+12 +2	+4 0	+6 0	+10 0	+14 0	+25 0	+40 0	+60 0	+100 0	+140 0
3	6	+22 +10	+28 +10	+40 +10	+9 +4	+12 +4	+16 +4	+5 0	+8 0	+12 0	+18 0	+30 0	+48 0	+75 0	+120 0	+180 0
6	10	+28 +13	+35 +13	+49 +13	+11 +5	+14 +5	+20 +5	+6 0	+9 0	+15 0	+22 0	+36 0	+58 0	+90 0	+150 0	+220 0
10 14	14 18	+34 +16	+43 +16	+59 +16	+14 +6	+17 +6	+24 +6	+8 0	+11 0	+18 0	+27 0	+43 0	+70 0	+110 0	+180 0	+270 0
18 24	24 30	+41 +20	+53 +20	+72 +20	+16 +7	+20 +7	+28 +7	+9 0	+13 0	+21 0	+33 0	+52 0	+84 0	+130 0	+210 0	+330 0
30 40	40 50	+50 +25	+64 +25	+87 +25	+20 +9	+25 +9	+34 +9	+11 0	+16 0	+25 0	+39 0	+62 0	+100 0	+160 0	+250 0	+390 0
50 65	65 80	+60 +30	+76 +30	+104 +30	+23 +10	+29 +10	+40 +10	+13 0	+19 0	+30 0	+46 0	+74 0	+120 0	+190 0	+300 0	+460 0
80 100	100 120	+71 +36	+90 +36	+123 +36	+27 +12	+34 +12	+47 +12	+15 0	+22 0	+35 0	+54 0	+87 0	+140 0	+220 0	+350 0	+540 0
120 140 160	140 160 180	+83 +43	+106 +43	+143 +43	+32 +14	+39 +14	+54 +14	+18 0	+25 0	+40 0	+63 0	+100 0	+160 0	+250 0	+400 0	+630 0
180 200 225	200 225 250	+96 +50	+122 +50	+165 +50	+35 +15	+44 +15	+61 +15	+20 0	+29 0	+46 0	+72 0	+115 0	+185 0	+290 0	+460 0	+720 0
250 280	280 315	+108 +56	+137 +56	+186 +56	+40 +17	+49 +17	+69 +17	+23 0	+32 0	+52 0	+81 0	+130 0	+210 0	+320 0	+520 0	+810 0
315 355	355 400	+119 +62	+151 +62	+202 +62	+43 +18	+54 +18	+75 +18	+25 0	+36 0	+57 0	+89 0	+140 0	+230 0	+360 0	+570 0	+890 0
400 450	450 500	+131 +68	+165 +68	+223 +68	+47 +20	+60 +20	+83 +20	+27 0	+40 0	+63 0	+97 0	+155 0	+250 0	+400 0	+630 0	+970 0

公称尺寸/mm		公差带														
		J			JS						K			M		
大于	至	6	7	8	5	6*	7*	8*	9	10	6*	▲7	8*	6*	7*	8*
—	3	+2 -4	+4 -6	+6 -8	±2	±3	±5	±7	±12	±20	0 -6	0 -10	0 -14	-2 -8	-2 -12	-2 -16
3	6	+5 -3	±6	+10 -8	±2.5	±4	±6	±9	±15	±24	+2 -6	+3 -9	+5 -13	-1 -9	0 -12	+2 -16
6	10	+5 -4	+8 -7	+12 -10	±3	±4.5	±7	±11	±18	±29	+2 -7	+5 -10	+6 -16	-3 -12	0 -15	+1 -21
10	14	+6 -5	+10 -8	+15 -12	±4	±5.5	±9	±13	±21	±36	+2 -9	+6 -12	+8 -19	-4 -15	0 -18	+2 -25
14	18															
18	24	+8 -5	+12 -9	+20 -13	±4.5	±6.5	±10	±16	±26	±42	+2 -11	+6 -15	+10 -23	-4 -17	0 -21	+4 -29
24	30															
30	40	+10 -6	+14 -11	+24 -15	±5.5	±8	±12	±19	±31	±50	+3 -13	+7 -18	+12 -27	-4 -20	0 -25	+5 -34
40	50															
50	65	+13 -6	+18 -12	+28 -18	±6.5	±9.5	±15	±23	±37	±60	+4 -15	+9 -21	+14 -32	-5 -24	0 -30	+5 -41
65	80															
80	100	+16 -6	+22 -13	+34 -20	±7.5	±11	±17	±27	±43	±70	+4 -18	+10 -25	+16 -38	-6 -28	0 -35	+6 -48
100	120															
120	140	+18 -7	+26 -14	+41 -22	±9	±12.5	±20	±31	±50	±80	+4 -21	+12 -28	+20 -43	-8 -33	0 -40	+8 -55
140	160															
160	180															
180	200	+22 -7	+30 -16	+47 -25	±10	±14.5	±23	±36	±57	±92	+5 -24	+13 -33	+22 -50	-8 -37	0 -46	+9 -63
200	225															
225	250															
250	280	+25 -7	+36 -16	+55 -26	±11.5	±16	±26	±40	±65	±105	+5 -27	+16 -36	+25 -56	-9 -41	0 -52	+9 -72
280	315															
315	355	+29 -7	+39 -18	+60 -29	±12.5	±18	±28	±44	±70	±115	+7 -29	+17 -40	+28 -61	-10 -46	0 -57	+11 -78
355	400															
400	450	+33 -7	+43 -20	+66 -31	±13.5	±20	±31	±48	±77	±125	+8 -32	+18 -45	+29 -68	-10 -50	0 -63	+11 -86
450	500															

公称尺寸 /mm		公差带														
		N			P				R			S		T		U
大于	至	6*	▲7	8*	6*	▲7	8	9	6*	7*	8	6*	▲7	6*	7*	▲7
—	3	-4/-10	-4/-14	-4/-18	-6/-12	-6/-16	-6/-20	-6/-31	-10/-16	-10/-20	-10/-24	-14/-20	-14/-24	—	—	-18/-28
3	6	-5/-13	-4/-16	-2/-20	-9/-17	-8/-20	-12/-30	-12/-42	-12/-20	-11/-23	-15/-33	-16/-24	-15/-27	—	—	-19/-31
6	10	-7/-16	-4/-19	-3/-25	-12/-21	-9/-24	-15/-37	-15/-51	-16/-25	-13/-28	-19/-41	-20/-29	-17/-32	—	—	-22/-37
10	14	-9/-20	-5/-23	-3/-30	-15/-26	-11/-29	-18/-45	-18/-61	-20/-31	-16/-34	-23/-50	-25/-36	-21/-39	—	—	-26/-44
14	18	-9/-20	-5/-23	-3/-30	-15/-26	-11/-29	-18/-45	-18/-61	-20/-31	-16/-34	-23/-50	-25/-36	-21/-39	—	—	-26/-44
18	24	-11/-24	-7/-28	-3/-36	-18/-31	-14/-35	-22/-55	-22/-74	-24/-37	-20/-41	-28/-61	-31/-44	-27/-48	—	—	-33/-54
24	30	-11/-24	-7/-28	-3/-36	-18/-31	-14/-35	-22/-55	-22/-74	-24/-37	-20/-41	-28/-61	-31/-44	-27/-48	-37/-50	-33/-54	-40/-61
30	40	-12/-28	-8/-33	-3/-42	-21/-37	-17/-42	-26/-65	-26/-88	-29/-45	-25/-50	-34/-73	-38/-54	-34/-59	-43/-59	-39/-64	-51/-76
40	50	-12/-28	-8/-33	-3/-42	-21/-37	-17/-42	-26/-65	-26/-88	-29/-45	-25/-50	-34/-73	-38/-54	-34/-59	-49/-65	-45/-70	-61/-86
50	65	-14/-33	-9/-39	-4/-50	-26/-45	-21/-51	-32/-78	-32/-106	-35/-54	-30/-60	-41/-87	-47/-66	-42/-72	-60/-79	-55/-85	-76/-106
65	80	-14/-33	-9/-39	-4/-50	-26/-45	-21/-51	-32/-78	-32/-106	-37/-56	-32/-62	-43/-89	-53/-72	-48/-78	-69/-88	-64/-94	-91/-121
80	100	-16/-38	-10/-45	-4/-58	-30/-52	-24/-59	-37/-91	-37/-124	-44/-66	-38/-73	-51/-105	-64/-86	-58/-93	-84/-106	-78/-113	-111/-146
100	120	-16/-38	-10/-45	-4/-58	-30/-52	-24/-59	-37/-91	-37/-124	-47/-69	-41/-76	-54/-108	-72/-94	-66/-101	-97/-119	-91/-126	-131/-166
120	140	-20/-45	-12/-52	-4/-67	-36/-61	-28/-68	-43/-106	-43/-143	-56/-81	-48/-88	-63/-126	-85/-110	-77/-117	-115/-140	-107/-147	-155/-195
140	160	-20/-45	-12/-52	-4/-67	-36/-61	-28/-68	-43/-106	-43/-143	-58/-83	-50/-90	-65/-128	-93/-118	-85/-125	-127/-152	-119/-159	-175/-215
160	180	-20/-45	-12/-52	-4/-67	-36/-61	-28/-68	-43/-106	-43/-143	-61/-86	-53/-93	-68/-131	-101/-126	-93/-133	-139/-164	-131/-171	-195/-235
180	200	-22/-51	-14/-60	-5/-77	-41/-70	-33/-79	-50/-122	-50/-165	-68/-97	-60/-106	-77/-149	-113/-142	-105/-151	-157/-186	-149/-195	-219/-265
200	225	-22/-51	-14/-60	-5/-77	-41/-70	-33/-79	-50/-122	-50/-165	-71/-100	-63/-109	-80/-152	-121/-150	-113/-159	-171/-200	-163/-209	-241/-287
225	250	-22/-51	-14/-60	-5/-77	-41/-70	-33/-79	-50/-122	-50/-165	-75/-104	-67/-113	-84/-156	-131/-160	-123/-169	-187/-216	-179/-225	-267/-313
250	280	-25/-57	-14/-66	-5/-86	-47/-79	-36/-88	-56/-137	-56/-186	-85/-117	-74/-126	-94/-175	-149/-181	-138/-190	-209/-241	-198/-250	-295/-347
280	315	-25/-57	-14/-66	-5/-86	-47/-79	-36/-88	-56/-137	-56/-186	-89/-121	-78/-130	-98/-179	-161/-193	-150/-202	-231/-263	-220/-272	-330/-382
315	355	-26/-62	-16/-73	-5/-94	-51/-87	-41/-98	-62/-151	-62/-202	-97/-133	-87/-144	-108/-197	-179/-215	-169/-226	-257/-293	-247/-304	-369/-426
355	400	-26/-62	-16/-73	-5/-94	-51/-87	-41/-98	-62/-151	-62/-202	-103/-139	-93/-150	-114/-203	-197/-233	-187/-244	-283/-319	-273/-330	-414/-471
400	450	-27/-67	-17/-80	-6/-103	-55/-95	-45/-108	-68/-165	-68/-223	-113/-153	-103/-166	-126/-223	-219/-259	-209/-272	-317/-357	-307/-370	-467/-530
450	500	-27/-67	-17/-80	-6/-103	-55/-95	-45/-108	-68/-165	-68/-223	-119/-159	-109/-172	-132/-229	-239/-279	-229/-292	-347/-387	-337/-400	-517/-580

注：1. 公称尺寸小于 1 mm 时，各级的 A 和 B 均不采用；

2. ▲为优先公差带，*为常用公差带，其余为一般用途公差带。

表 9-7　线性尺寸的未注公差（GB/T 1804—2000）　　　　mm

公差等级	线性尺寸的极限偏差数值								倒圆半径与倒角高度尺寸的极限偏差数值			
	基本尺寸分段								基本尺寸分段			
	0.5～3	>3～6	>6～30	>30～120	>120～400	>400～1 000	>1 000～2 000	>2 000～4 000	0.5～3	>3～6	>6～30	>30
精密 f	±0.05	±0.05	±0.1	±0.15	±0.2	±0.3	±0.5	—	±0.2	±0.5	±1	±2
中等 m	±0.1	±0.1	±0.2	±0.3	±0.5	±0.8	±1.2	±2	±0.2	±0.5	±1	±2
粗糙 c	±0.2	±0.3	±0.5	±0.8	±1.2	±2	±3	±4	±0.4	±1	±2	±4
最粗 v	—	±0.5	±1	±1.5	±2.5	±4	±6	±8	±0.4	±1	±2	±4

在图样上、技术文件或标准中的表示方法示例：GB/T 1804-m（表示选用中等级）

二、几何公差

表 9-8　几何特征符号、附加符号及其标注（GB/T 1182—2008 摘录）

公差特征项目的符号						被测要素、基准要素的标注要求及其他附加符号			
公差	特征项目	符号	公差	特征项目	符号	说　明	符　号	说　明	符　号
形状公差	直线度	—	方向公差	平行度	//	被测要素的标注		延伸公差带	ⓟ
	平面度	▱		垂直度	⊥	基准要素的标注	A	自由状态（非刚性零件）条件	Ⓕ
				倾斜度	∠				
	圆度	○	位置公差	同轴（同心）度	◎	基准目标的标注	φ2/A1	全周（轮廓）	
	圆柱度	⌭		对称度	=	理论正确尺寸	50	包容要求	Ⓔ
				位置度	⊕				
形状、方向或位置公差	线轮廓度	⌒	跳动公差	圆跳动	↗	最大实体要求	Ⓜ	公共公差带	CZ
	面轮廓度	⌓		全跳动	↗↗	最小实体要求	Ⓛ	任意横截面	ACS

公差框格		公差要求在矩形方框中给出，该方框由 2 格或多格组成。框格中的内容从左到右按以下次序填写： —公差特征的符号； —公差值； —如需要，用一个或多个字母表示基准要素或基准体系。 （h 为图样中采用字母的高度）

注：公差框格的宽度及高度，采用字母的高度均非本标准规定，仅供读者参考。

表 9-9　直线度、平面度公差（GB/T 1184—1996 摘录）

主参数 L 图例

μm

精度等级	主参数 L/mm													应用举例
	≤10	>10~16	>16~25	>25~40	>40~63	>63~100	>100~160	>160~250	>250~400	>400~630	>630~1 000	>1 000~1 600	>1 600~2 500	
5	2	2.5	3	4	5	6	8	10	12	15	20	25	30	普通精度机床导轨,柴油机进、排气门导杆
6	3	4	5	6	8	10	12	15	20	25	30	40	50	
7	5	6	8	10	12	15	20	25	30	40	50	60	80	轴承体的支承面,压力机导轨及滑块,减速器箱体、油泵、轴系支承轴承的接合面
8	8	10	12	15	20	25	30	40	50	60	80	100	120	
9	12	15	20	25	30	40	50	60	80	100	120	150	200	辅助机构及手动机械的支承面,液压管件和法兰的连接面
10	20	25	30	40	50	60	80	100	120	150	200	250	300	
11	30	40	50	60	80	100	120	150	200	250	300	400	500	离合器的摩擦片,汽车发动机缸盖接合面
12	60	80	100	120	150	200	250	300	400	500	600	800	1 000	

标注示例	说　明	标注示例	说　明
— 0.02	圆柱表面上任一素线必须位于轴向平面内,距离为公差值 0.02 mm 的两平行平面之间	— φ0.04	φd 圆柱体的轴线必须位于直径为公差值 0.04 mm 的圆柱面内
— 0.02	棱线必须位于箭头所示方向,距离为公差值 0.02 mm 的两平行平面之间	▱ 0.1	上表面必须位于距离为公差值 0.1 mm 的两平行平面之间

注：表中"应用举例"非 GB/T 1184—1996 内容,仅供参考。

表 9-10 圆度、圆柱度公差（GB/T 1184—1996 摘录）

主参数 $d(D)$ 图例

μm

精度等级	主 参 数 $d(D)$/mm												应用举例
	>3 ~6	>6 ~10	>10 ~18	>18 ~30	>30 ~50	>50 ~80	>80 ~120	>120 ~180	>180 ~250	>250 ~315	>315 ~400	>400 ~500	
5	1.5	1.5	2	2.5	2.5	3	4	5	7	8	9	10	安装 P6、P0 级滚动轴承的配合面，中等压力下的液压装置工作面（包括泵、压缩机的活塞和气缸），风动绞车曲轴，通用减速器轴颈，一般机床主轴
6	2.5	2.5	3	4	4	5	6	8	10	12	13	15	
7	4	4	5	6	7	8	10	12	14	16	18	20	发动机的胀圈、活塞销及连杆中装衬套的孔等，千斤顶或压力油缸活塞，水泵及减速器轴颈，液压传动系统的分配机构，拖拉机气缸体与气缸套配合面，炼胶机冷铸轧辊
8	5	6	8	9	11	13	15	18	20	23	25	27	
9	8	9	11	13	16	19	22	25	29	32	36	40	起重机、卷扬机用的滑动轴承，带软密封的低压泵的活塞和气缸
10	12	15	18	21	25	30	35	40	46	52	57	63	
11	18	22	27	33	39	46	54	63	72	81	89	97	通用机械杠杆与拉杆、拖拉机的活塞环与套筒孔
12	30	36	43	52	62	74	87	100	115	130	140	155	

标 注 示 例	说 明
◯ 0.02 ◯ 0.02	被测圆柱（或圆锥）面任一正截面的圆周必须位于半径差为公差值 0.02 mm 的两同心圆之间
⌀ 0.05	被测圆柱面必须位于半径差为公差值 0.05 mm 的两同轴圆柱面之间

注：同表 9-9。

表 9-11　平行度、垂直度、倾斜度公差（GB/T 1184—1996 摘录）

主参数 L、$d(D)$ 图例

μm

| 精度等级 | 主参数 L、$d(D)$/mm | | | | | | | | | | | | | 应用举例 | |
	≤10	>10~16	>16~25	>25~40	>40~63	>63~100	>100~160	>160~250	>250~400	>400~630	>630~1 000	>1 000~1 600	>1 600~2 500	平行度	垂直度
5	5	6	8	10	12	15	20	25	30	40	50	60	80	机床主轴孔对基准面要求,重要轴承孔对基准面要求,床头箱体重要孔要求,一般减速器壳体孔、齿轮泵的轴孔端面等	机床重要支承面,发动机轴和离合器的凸缘,气缸的支承端面,装 P4、P5 级轴承的箱体的凸肩
6	8	10	12	15	20	25	30	40	50	60	80	100	120	一般机床零件的工作面或基准面,压力机和锻锤的工作面,中等精度钻模的工作面,一般刀、量、模具。	低精度机床主要基准面和工作面,回转工作台端面跳动,一般导轨,主轴箱体孔,刀架、砂轮架及工作台回转中心,机床轴肩、气缸配合面对其轴线,活塞销孔对活塞中心线以及装 P6、P0 级轴承壳体孔的轴线等
7	12	15	20	25	30	40	50	60	80	100	120	150	200	机床一般轴承孔对基准面的要求,床头箱一般孔间要求,气缸轴线,变速器箱孔,主轴花键对定心直径,重型机械轴承盖的端面,卷扬机、手动传动装置中的传动轴	
8	20	25	30	40	50	60	80	100	120	150	200	250	300		
9	30	40	50	60	80	100	120	150	200	250	300	400	500	低精度零件,重型机械滚动轴承端盖。柴油机和煤气发动机的曲轴孔、轴颈等	花键轴轴肩端面、带式输送机法兰盘等端面对轴心线,手动卷扬机及传动装置中轴承端面、减速器壳体平面等
10	50	60	80	100	120	150	200	250	300	400	500	600	800		
11	80	100	120	150	200	250	300	400	500	600	800	1 000	1 200	零件的非工作面,卷扬机、输送机上用的减速器壳体平面	
12	120	150	200	250	300	400	500	600	800	1 000	1 200	1 500	2 000		

标注示例	说　明	标注示例	说　明
	上表面必须位于距离为公差值 0.05 mm,且平行于基准表面 A 的两平行平面之间		ϕd 的轴线必须位于距离为公差值 0.1 mm,且垂直于基准平面的两平行平面之间 (若框格内数字标注为 ϕ0.1 mm,则说明 ϕd 的轴线必须位于直径为公差值 0.1 mm,且垂直于基准平面 A 的圆柱面内)

标 注 示 例	说　　明	标 注 示 例	说　　明
	孔的轴线必须位于距离为公差值 0.03 mm,且平行于基准表面 A 的两平行平面之间		左侧端面必须位于距离为公差值 0.05 mm,且垂直于基准轴线的两平行平面之间

注:同表 9-9。

表 9-12　同轴度、对称度、圆跳动和全跳动公差(GB/T 1184—1996 摘录)

主参数 $d(D)$、B、L 图例

μm

精度等级	主参数 $d(D)$、L、B/mm											应用举例
	>3 ~6	>6 ~10	>10 ~18	>18 ~30	>30 ~50	>50 ~120	>120 ~250	>250 ~500	>500 ~800	>800 ~1 250	>1 250 ~2 000	
5	3	4	5	6	8	10	12	15	20	25	30	6 级和 7 级精度齿轮轴的配合面,较高精度的高速轴,汽车发动机曲轴和分配轴的支承轴颈,较高精度机床的轴套
6	5	6	8	10	12	15	20	25	30	40	50	
7	8	10	12	15	20	25	30	40	50	60	80	8 级和 9 级精度齿轮轴的配合面,拖拉机发动机分配轴轴颈,普通精度高速轴(1 000 r/min 以下),长度在 1 m 以下的主传动轴,起重运输机的鼓轮配合孔和导轮的滚动面
8	12	15	20	25	30	40	50	60	80	100	120	
9	25	30	40	50	60	80	100	120	150	200	250	10 级和 11 级精度齿轮轴的配合面,发动机气缸套配合面,水泵叶轮,离心泵泵件,摩托车活塞,自行车中轴
10	50	60	80	100	120	150	200	250	300	400	500	
11	80	100	120	150	200	250	300	400	500	600	800	用于无特殊要求,一般按尺寸公差等级 IT12 制造的零件
12	150	200	250	300	400	500	600	800	1 000	1 200	1 500	

标 注 示 例	说　明	标 注 示 例	说　明
	ϕd 的轴线必须位于直径为公差值 0.1 mm，且与公共基准轴线 $A-B$ 同轴的圆柱面内		ϕd 圆柱面绕公共基准轴线作无轴向移动旋转一周时，在任一测量平面内的径向跳动量均不得大于公差值 0.05 mm
	键槽的中心面必须位于距离为公差值 0.1 mm 且相对于基准中心平面 A 对称配置的两平行平面之间		当零件绕基准轴线作无轴向移动旋转一周时，在右端面上任一测量圆柱面内轴向的跳动量均不得大于公差值 0.05 mm

注：同表 9-9。

三、表面粗糙度

表 9-13　表面粗糙度主要评定参数 Ra、Rz 的数值系列（GB/T 1031—2009 摘录） μm

Ra					Rz				
0.012	0.2	3.2	50		0.025	0.4	6.3	100	1 600
0.025	0.4	6.3	100		0.05	0.8	12.5	200	—
0.05	0.8	12.5	—		0.1	1.6	25	400	—
0.1	1.6	25	—		0.2	3.2	50	800	

注：1. 在表面粗糙度参数常用的参数范围内（Ra 为 0.025～6.3 μm，Rz 为 0.1～25 μm），推荐优先选用 Ra；

　　2. 根据表面功能和生产的经济合理性，当选用的数值系列不能满足要求时，可选取表 9-14 中的补充系列值。

表 9-14　表面粗糙度主要评定参数 Ra、Rz 的补充系列值（GB/T 1031—2009 摘录） μm

Ra					Rz				
0.008	0.125	2.0	32		0.032	0.50	8.0	125	—
0.010	0.160	2.5	40		0.040	0.63	10.0	160	—
0.016	0.25	4.0	63		0.063	1.00	16.0	250	—
0.020	0.32	5.0	80		0.080	1.25	20	320	—
0.032	0.50	8.0	—		0.125	2.0	32	500	—
0.040	0.63	10.0	—		0.160	2.5	40	630	—
0.063	1.00	16.0	—		0.25	4.0	63	1 000	—
0.080	1.25	20	—		0.32	5.0	80	1 250	—

μm

表 9-15　加工方法与表面粗糙度 Ra 值的关系（参考）

加工方法		Ra	加工方法		Ra	加工方法		Ra
砂模铸造		80~20*	铰孔	粗铰	40~20	齿轮加工	插齿	5~1.25*
模型锻造		80~10		半精铰,精铰	2.5~0.32*		滚齿	2.5~1.25*
车外圆	粗车	20~10	拉削	半精拉	2.5~0.63		剃齿	1.25~0.32*
	半精车	10~2.5		精拉	0.32~0.16	切螺纹	板牙	10~2.5
	精车	1.25~0.32	刨削	粗刨	20~10		铣	5~1.25*
镗孔	粗镗	40~10		精刨	1.25~0.63		磨削	2.5~0.32*
	半精镗	2.5~0.63*	钳工加工	粗锉	40~10	镗磨		0.32~0.04
	精镗	0.63~0.32		细锉	10~2.5	研磨		0.63~0.16
圆柱和端面铣	粗铣	20~5*		刮削	2.5~0.63	精研磨		0.08~0.02
	精铣	1.25~0.63*		研磨	1.25~0.08	抛光	一般抛	1.25~0.16
钻孔,扩孔		20~5	插削		40~2.5		精抛	0.08~0.04
锪孔,锪端面		5~1.25	磨削		5~0.01*			

注：1. 表中数据系指钢材加工而言。

　　2. * 为该加工方法可达到的 Ra 极限值。

表 9-16　表面粗糙度符号、代号及其注法（GB/T 131—2006 摘录）

表面粗糙度符号及意义		表面粗糙度数值及其有关的规定在符号中注写的位置
符　号	意义及说明	
	基本符号,表示表面可用任何方法获得,当不加注粗糙度参数值或有关说明（例如表面处理、局部热处理状况等）时,仅适用于简化代号标注	
	基本符号上加一短画,表示表面是用去除材料方法获得。例如车、铣、钻、磨、剪切、抛光、腐蚀、电火花加工、气割等	a—表面结构的单一要求,表面结构参数代号、极限值和传输带或取样长度;
	基本符号上加一小圆,表示表面是用不去除材料的方法获得。例如铸、锻、冲压变形、热轧、冷轧、粉末冶金等。或者是用于保持原供应状况的表面（包括保持上道工序的状况）	b—如果需要,在位置 b 注写第二个表面结构要求; c—注写加工方法; d—注写表面纹理和方向;
	在上述三个符号的长边上均可加一横线,用于标注有关参数和说明	e—加工余量,mm
	在上述三个符号上均可加一小圆,表示所有表面具有相同的表面粗糙度要求	

Ra 值的标注		Rz 值的标注	
代　号	意　义	代　号	意　义
$\sqrt{}$ Ra 3.2	用任何方法获得的表面粗糙度，Ra 的上限值为 3.2 μm	$\sqrt{}$ Rz 3.2	用任何方法获得的表面粗糙度，Rz 的上限值为 3.2 μm
∇ Ra 3.2	用去除材料方法获得的表面粗糙度，Ra 的上限值为 3.2 μm	$\circ$ Rz 200	用不去除材料方法获得的表面粗糙度，Rz 的上限值为 200 μm
$\circ$ Ra 3.2	用不去除材料方法获得的表面粗糙度，Ra 的上限值为 3.2 μm	∇ U Rz 3.2 / L Rz 1.6	用去除材料方法获得的表面粗糙度，Rz 的上限值为 3.2 μm，Rz 的下限值为 1.6 μm
∇ U Ra 3.2 / L Ra 1.6	用去除材料方法获得的表面粗糙度，Ra 的上限值为 3.2 μm，Ra 的下限值为 1.6 μm	∇ Ra 3.2 / Rz 12.5	用去除材料方法获得的表面粗糙度，Ra 的上限值为 3.2 μm，Rz 的上限值为 12.5 μm
∇ Ra max3.2	用任何方法获得的表面粗糙度，Ra 的上限值为 3.2 μm，"最大规则"	$\sqrt{}$ Rz max3.2	用任何方法获得的表面粗糙度，Rz 的上限值为 3.2 μm，"最大规则"
∇ Ra max3.2	用去除材料方法获得的表面粗糙度，Ra 的上限值为 3.2 μm，"最大规则"	$\circ$ Rz max200	用不去除材料方法获得的表面粗糙度，Rz 的上限值为 200 μm，"最大规则"
$\circ$ Ra max3.2	用不去除材料方法获得的表面粗糙度，Ra 的上限值为 3.2 μm，"最大规则"	∇ Rz 3.2 / Rz1.6	用去除材料方法获得的表面粗糙度，Rz 的上限值为 3.2 μm，Rz 的下限值为 1.6 μm
∇ Ra 3.2 / Ra1.6	用去除材料方法获得的表面粗糙度，Ra 的上限值为 3.2 μm，Ra 的下限值为 1.6 μm	∇ Ra max3.2 / Rz max12.5	用去除材料方法获得的表面粗糙度，Ra 的上限值为 3.2 μm，Rz 的下限值为 12.5 μm，"最大规则"

表 9-17　表面粗糙度标注方法示例（GB/T 131—2006 摘录）

使表面结构的注写和读取方向与尺寸的注写和读取方向一致，表面结构要求可以标注在轮廓线上，符号应从材料外指向并接触表面，也可以用带箭头的指引线引出标注

表面结构要求可以直接标注在延长线上

在不致引起误解时，表面结构要求可以标准在给定的尺寸线上，表面结构要求可以标注在几何公差框格的上方

圆柱和棱柱表面的表面结构要求只标注一次。如果每个棱柱表面有不同的表面结构要求，应分别单独标注

如果在工件的多数（包括全部）表面有相同的表面结构要求，则其表面结构要求可统一标注在图样的标题栏附件。此时（除全部表面有相同要求的情况外），表面结构要求的符号的后面应有：
——在圆括号内给出无任何其他标注的基本符号；
——在圆括号内给出不同的表面结构要求

当多个表面具有相同的表面结构要求或图纸空间有限时，可以采用简化注法。

可用带字母的完整符号，以等式的形式，在图形或标题栏附近，对有相同表面结构要求的表面进行简化标注

可用表面结构的基本图形符号和表示去除材料或不去除材料的扩展图形符号以等式的形式给出对多个表面共同的表面结构要求

$$\sqrt{} \quad = \quad \sqrt{Ra\,3.2}$$

未指定工艺方法的多个表面结构要求的简化注法

$$\sqrt{} \quad = \quad \sqrt{Ra\,3.2}$$

要求去除材料的多个表面结构要求的简化注法

$$\sqrt{} \quad = \quad \sqrt{Ra\,3.2}$$

不允许去除材料的多个表面结构要求的简化注法

由几种不同的工艺方法获得的同一表面，当需要明确每种工艺的表面结构要求时，可按下图所示方法标注

第十章 齿轮传动、蜗杆传动和链传动公差

一、渐开线圆柱齿轮精度

国家质量监督检验检疫总局批准发布的渐开线圆柱齿轮精度国家标准由两项标准和四项指导性文件组成,见表10-1。

表 10-1 渐开线圆柱齿轮精度标准体系

序号	文件编号	名　称
1	GB/T 10095.1—2008	圆柱齿轮　精度制　第1部分:轮齿同侧齿面偏差的定义和允许值
2	GB/T 10095.2—2008	圆柱齿轮　精度制　第2部分:径向综合偏差与径向跳动的定义和允许值
3	GB/Z 18620.1—2008	圆柱齿轮　检验实施规范　第1部分:轮齿同侧齿面的检验
4	GB/Z 18620.2—2008	圆柱齿轮　检验实施规范　第2部分:径向综合偏差、径向跳动、齿厚和侧隙的检验
5	GB/Z 18620.3—2008	圆柱齿轮　检验实施规范　第3部分:齿轮坯、轴中心距和轴线平行度的检验
6	GB/Z 18620.4—2008	圆柱齿轮　检验实施规范　第4部分:表面结构和轮齿接触斑点的检验

1. 定义与代号

在 GB/T 10095.1—2008 中规定了单个渐开线圆柱齿轮轮齿同侧齿面的精度制,见表10-2。

表 10-2 轮齿同侧齿面偏差的定义与代号(GB/T 10095.1—2008 摘录)

名　称	代号	定　义	名　称	代号	定　义
单个齿距偏差 (见图10-1)	f_{pt}	在端平面上,在接近齿高中部的一个与齿轮轴线同心的圆上,实际齿距与理论齿距的代数差	齿廓总偏差 (见图10-2)	F_α	在计值范围 L_α 内,包容实际齿廓迹线的两条设计齿廓迹线间的距离
齿距累积偏差 (见图10-1)	F_{pk}	任意 k 个齿距的实际弧长与理论弧长的代数差	齿廓形状偏差 (见图10-2)	$f_{f\alpha}$	在计值范围 L_α 内,包容实际齿廓迹线的、与平均齿廓迹线完全相同的两条曲线间的距离,且两条曲线与平均齿廓迹线的距离为常数
齿距累计总偏差 (见图10-1)	F_p	齿轮同侧齿面任意弧段($k=1$ 至 $k=z$)内的最大齿距累积偏差			
螺旋线总偏差 (见图10-3)	F_β	在计值范围 L_β 内,包容实际螺旋线迹线的两条设计螺旋线迹线间的距离	齿廓倾斜偏差 (见图10-2)	$f_{H\alpha}$	在计值范围 L_α 内,两端与平均齿廓迹线相交的两条设计齿廓迹线间的距离
螺旋线形状偏差 (见图10-3)	$f_{f\beta}$	在计值范围 L_β 内,包容实际螺旋线迹线的、与平均螺旋线迹线完全相同的两条曲线间的距离,且两条曲线与平均螺旋线迹线的距离为常数	切向综合总偏差 (见图10-4)	F_i'	被测齿轮与测量齿轮单面啮合检验时,被测齿轮一转内,齿轮分度圆上实际圆周位移与理论圆周位移的最大差值。(在检验过程中,只有同侧齿面单面接触)
螺旋线倾斜偏差 (见图10-3)	$f_{H\beta}$	在计值范围 L_β 的两端与平均螺旋线迹线相交的两条设计螺旋线迹线间的距离	一齿切向综合偏差 (见图10-4)	f_i'	在一个齿距内的切向综合偏差值

----- 理论齿廓 ——— 实际齿廓 在此例中 $F_{pk}=F_{p3}$

图 10-1 齿距偏差与齿距累积偏差

(a) 齿廓总偏差 (b) 齿廓形状偏差 (c) 齿廓倾斜偏差

——————— :设计齿廓 〰〰〰 :实际齿廓 ------------ :平均齿廓

i) 设计齿廓:未修形的渐开线 实际齿廓:在减薄区偏向体内

ii) 设计齿廓:修形的渐开线(举例) 实际齿廓:在减薄区偏向体内

iii) 设计齿廓:修形的渐开线(举例) 实际齿廓:在减薄区偏向体外

图 10-2 齿廓偏差

(a) 螺旋线总偏差 (b) 螺旋线形状偏差 (c) 螺旋线倾斜偏差

———————— :设计螺旋线 ～～～～～ :实际螺旋线 - - - - - - - - :平均螺旋线

i) 设计螺旋线:未修形的螺旋线 实际螺旋线:在减薄区偏向体内

ii) 设计螺旋线:修形的螺旋线(举例) 实际螺旋线:在减薄区偏向体内

iii) 设计螺旋线:修形的螺旋线(举例) 实际螺旋线:在减薄区偏向体外

图 10-3 螺旋线偏差

图 10-4 切向综合偏差

在 GB/T 10095.2—2008 中规定了单个渐开线圆柱齿轮径向综合偏差和径向跳动的精度制，见表 10-3。

表 10-3　径向综合偏差与径向跳动的定义与代号（GB/T 10095.2—2008 摘录）

名　称	代号	定　义	名　称	代号	定　义
径向综合总偏差（见图 10-5）	F_i''	在径向（双面）综合检验时，产品齿轮的左、右齿面同时与测量齿轮接触，并转过一圈时出现的中心距最大值和最小值之差	径向跳动偏差（见图 10-6）	F_r	当测头（球形、圆柱形、砧形）相继置于每个齿槽内时，它到齿轮轴线的最大和最小径向距离之差。检查中，测头在近似齿高中部与左、右齿面接触
一齿径向综合偏差（见图 10-5）	f_i''	当产品齿轮啮合一整圈时，对应一个齿距（360°/z）的径向综合偏差值			

图 10-5　径向综合偏差

图 10-6　16 个齿的齿轮径向跳动

2. 精度等级及检验项目的选择

GB/T 10095.1 规定了从 0 级到 12 级共 13 个精度等级，其中 0 级是最高的精度等级，12 级是最低的精度等级。GB/T 10095.2 规定了从 4 级到 12 级共 9 个精度等级。

在技术文件中，如果所要求的齿轮精度等级为 GB/T 10095.1 的某级精度而无其他说明时，则齿距偏差（f_{pt}、F_{pk}、F_p）、齿廓总偏差（F_α）、螺旋线总偏差（F_β）的允许值均按该精度等级。

GB/T 10095.1 规定可按供需双方协议对工作齿面和非工作齿面规定不同的精度等级,或对不同的偏差项目规定不同的精度等级。

径向综合偏差精度等级不一定与 GB/T 10095.1 中的要素偏差规定相同的精度等级,当技术文件需叙述齿轮精度要求时,应注明 GB/T 10095.1 或 GB/T 10095.2。

表 10-4 所列为各种精度等级齿轮的适用范围,表 10-5 为按德国标准 DIN 3960~DIN 3967 选择啮合精度和检验项目,可以作为选择精度等级和检验项目的参考。

圆柱齿轮精度制标准共规定了 14 个用于检测单个渐开线圆柱齿轮齿面精度的偏差项,在检验时,要求检测所有的偏差项既不经济,也不必要。对特定的齿轮,有些项目对其功能可能并没有明显的影响,另外,对有些项目的检测可以代替对另一些项目的检测(例如,对切向综合偏差的检验可以代替对齿距偏差的检验,对径向综合偏差的检测可以代替对径向跳动的检测)。

在众多齿轮偏差项目中,单个齿距偏差 f_{pt}、齿距累积总偏差 F_p、齿廓总偏差 F_α 和螺旋线总偏差 F_β 这四项偏差是强制性检验项目,对高速传动齿轮(例如线速度 >15 m/s)应检测齿距累积偏差 F_{pk},经供需双方协商同意,并且有高于产品齿轮四个精度等级的测量齿轮可用时,可用切向综合总偏差 F_i'、一齿切向综合偏差 f_i' 代替对单个齿距偏差 f_{pt}、齿距累积偏差 F_{pk}、齿距累积总偏差 F_p 等三项齿距偏差的检测。标准中的齿廓总偏差 F_α 可以分解为齿廓形状偏差 $f_{f\alpha}$ 和齿廓倾斜偏差 $f_{H\alpha}$,螺旋线总偏差 F_β 可以分解为螺旋线形状偏差 $f_{f\beta}$ 和螺旋线倾斜偏差 $f_{H\beta}$,评价齿轮精度等级只需要检测齿廓总偏差 F_α 和螺旋线总偏差 F_β。齿廓形状偏差 $f_{f\alpha}$ 和齿廓倾斜偏差 $f_{H\alpha}$、螺旋线形状偏差 $f_{f\beta}$ 和螺旋线倾斜偏差 $f_{H\beta}$ 对用户来说不是强制性检验项目,但是制造者通过掌握这些偏差数值有利于提高产品质量和降低加工成本。

在静态条件下,齿轮传动必须有足够的侧隙,以保证在最不利的工作条件下仍保持必要的侧隙。齿轮传动设计中通过减薄齿厚实现侧隙,通过控制公法线长度来控制齿厚的方法简便易行。

表 10-4 各种精度等级齿轮的适用范围

精度等级	工作条件与适用范围	圆周速度/(m/s)		齿面的最后加工
		直齿	斜齿	
5	用于高平稳且低噪声的高速传动中的齿轮,精密机构中的齿轮,透平传动的齿轮,检测 8、9 级的测量齿轮,重要的航空、船用齿轮箱齿轮	>20	>40	特精密的磨齿和珩磨用精密滚刀滚齿
6	用于高速下平稳工作,需要高效率及低噪声的齿轮,航空、汽车用齿轮,读数装置中的精密齿轮,机床传动链齿轮,机床传动齿轮	≥15	≥30	精密磨齿或剃齿
7	在高速和适度功率或大功率和适当速度下工作的齿轮,机床变速箱进给齿轮,起重机齿轮,汽车以及读数装置中的齿轮	≥10	≥15	用精确刀具加工;对于淬硬齿轮必须精整加工(磨齿、研齿、珩齿)
8	一般机器中无特殊精度要求的齿轮,机床变速齿轮,汽车制造业中不重要齿轮,冶金、起重、农业机械中的重要齿轮	≥6	≥10	滚、插齿均可,不用磨齿,必要时剃齿或研齿
9	用于不提精度要求的粗糙工作的齿轮,因结构上考虑,受载低于计算载荷的传动用齿轮,重载、低速不重要工作机械的传力齿轮、农机齿轮	≥2	≥4	不需要特殊的精加工工序

表 10-5　按 DIN3960~DIN3967 选择啮合精度和检验项目

用　途	DIN 精度等级	补充	需要检验的误差	其他检验项目	附注
机床主传动与进给机构	6~7		f_{pe} 或 F''_i、f''_i	侧隙	
机床变速齿轮	7~8		f_{pe} 或 F''_i、f''_i		
透平齿轮箱	5~6		F_p、f_p、F_f、F_β、F_r	接触斑点、噪声、侧隙	齿廓修形与齿向修形
船用柴油机齿轮箱	4~7		F_p、f_p、F_f、F_β		
小型工业齿轮箱	6~8	F_β	F_p、F_f、f_p、抽样 F''_i、f''_i		
重型机械的功率传动	6~7	F_β	$f_{pe}(F_p)$	接触斑点、侧隙	
起重机与运输带的齿轮箱	6~8	F_β	f_{pe} 或 F''_i、f''_i	接触斑点、侧隙	
机车传动	6	F_β	F_p、f_p、F_f、F_β 或 F''_i、f''_i	接触斑点、噪声、侧隙	齿廓修形与齿向修形
汽车齿轮箱	6~8		F''_i、f''_i	接触斑点、噪声、侧隙	齿廓修形与齿向修形
开式齿轮传动	8~12	F_β	f_{pe} 或 F_f(或样板)	接触斑点	
农业机械	9~10		F''_i、f''_i、抽样 F_β、$f_{H\beta}$、F_f、f_f、$f_{H\alpha}$		

注:1. F_f—齿形总偏差;$f_{H\alpha}$—齿廓倾斜偏差;f_f—齿形形状偏差;f_p—单个齿距偏差;f_{pe}—基圆齿距偏差;$f_{H\beta}$—螺旋线倾斜偏差。

　　2. 此表非摘录自 GB/T 10095,仅供参考。

　　在没有特殊要求的条件下,建议初学者在齿轮零件设计中选择单个齿距偏差 f_{pt}、齿距累积总偏差 F_p、齿廓总偏差 F_α 和螺旋线总偏差 F_β 这四项偏差项作为齿轮精度检验项目,对高速传动齿轮可增加检测齿距累积偏差 F_{pk},另外标注公法线长度尺寸以控制齿厚。

　　齿面精度参数只有在特定的工作轴线下才有意义,齿轮的内孔和端面及齿轮轴的定位轴径是确定齿轮轴线的基准,设计者要通过合理确定齿轮定位表面的组成及其精度要求,以实现基准轴线与工作轴线一致,确保齿轮传动精度的实现。

　　3. 极限偏差值

　　齿轮的单个齿距偏差 $\pm f_{pt}$、齿距累积总偏差 F_p、齿廓总偏差 F_α、齿廓形状偏差 $f_{f\alpha}$、齿廓倾斜偏差 $\pm f_{H\alpha}$、螺旋线总偏差 F_β、螺旋线形状偏差 $f_{f\beta}$、螺旋线倾斜偏差 $\pm f_{H\beta}$、一齿切向综合偏差 f'_i 见表 10-6 所示。径向综合总偏差 F''_i、一齿径向综合偏差 f''_i 和径向跳动偏差 F_r 的允许值见表10-7所示。齿距累积偏差 F_{pk}、切向综合偏差 F'_i 为

$$\pm F_{pk} = f_{pt} + 1.6\sqrt{(k-1)m_n}$$
$$F'_i = F_p + f'_i$$

表 10-6(1) 轮齿同侧齿面偏差的允许值（GB/T 10095.1—2008摘录）

μm

分度圆直径 d/mm	模数 m/mm	单个齿距偏差 ±f_{pt}						齿距累积总偏差 F_p						齿廓总偏差 F_α					
		精度等级																	
		4	5	6	7	8	9	4	5	6	7	8	9	4	5	6	7	8	9
5≤d≤20	0.5≤m≤2	3.3	4.7	6.5	9.5	13	19	8	11	16	23	32	45	3.2	4.6	6.5	9	13	18
	2<m≤3.5	3.7	5	7.5	10	15	21	8.5	12	17	23	33	47	4.7	6.5	9.5	13	19	26
20<d≤50	0.5≤m≤2	3.5	5	7	10	14	20	10	14	20	29	41	57	3.6	5	7.5	10	15	21
	2<m≤3.5	3.9	5.5	7.5	11	15	22	10	15	21	30	42	59	5	7	10	14	20	29
	3.5<m≤6	4.3	6	8.5	12	17	24	11	16	22	31	44	62	6	9	12	18	25	35
	6<m≤10	4.9	7	10	14	20	28	12	16	23	33	46	65	7.5	11	15	22	31	43
50<d≤125	0.5≤m≤2	3.8	5.5	7.5	11	15	21	13	18	26	37	52	74	4.1	6	8.5	12	17	23
	2<m≤3.5	4.1	6	8.5	12	17	23	13	19	27	38	53	76	5.5	8	11	16	22	31
	3.5<m≤6	4.6	6.5	9	13	18	26	14	19	28	39	55	78	6.5	9.5	13	19	27	38
	6<m≤10	5	7.5	10	15	21	30	14	20	29	41	58	82	8	12	16	23	33	46
	10<m≤16	6.5	9	13	18	25	35	15	22	31	44	62	88	10	14	20	28	40	56
125<d≤280	0.5≤m≤2	4.2	6	8.5	12	17	24	17	24	35	49	69	98	4.9	7	10	14	20	28
	2<m≤3.5	4.6	6.5	9	13	18	26	18	25	35	50	70	100	6.5	9	13	18	25	36
	3.5<m≤6	5	7	10	14	20	28	18	25	36	51	72	102	7.5	11	15	21	30	42
	6<m≤10	5.5	8	11	16	23	32	19	26	37	53	75	106	9	13	18	25	36	50
	10<m≤16	6.5	9.5	13	19	27	38	20	28	39	56	79	112	11	15	21	30	43	60
280<d≤560	0.5≤m≤2	4.7	6.5	9.5	13	19	27	23	32	46	64	91	129	6	8.5	12	17	23	33
	2<m≤3.5	5	7	10	14	20	29	23	33	46	65	92	131	7.5	10	15	21	29	41
	3.5<m≤6	5.5	8	11	16	22	31	24	33	47	66	94	133	8.5	12	17	24	34	48
	6<m≤10	6	8.5	12	17	25	35	24	34	48	68	97	137	10	14	20	28	40	56
	10<m≤16	7	10	14	20	29	41	25	36	50	71	101	143	12	16	23	33	47	66
	16<m≤25	9	12	18	25	35	50	27	38	54	76	107	151	14	19	27	39	55	78

表 10-6（2） 轮齿同侧齿面偏差的允许值（GB/T 10095.1—2008 摘录）

μm

分度圆直径 d/mm	模数 m/mm	齿廓形状偏差 $f_{f\alpha}$						齿廓倾斜偏差 $\pm f_{H\alpha}$						f_i'/k 的比值					
		精 度 等 级																	
		4	5	6	7	8	9	4	5	6	7	8	9	4	5	6	7	8	9
5≤d≤20	0.5≤m≤2	2.5	3.5	5	7	10	14	2.1	2.9	4.2	6	8.5	12	9.5	14	19	27	38	54
	2<m≤3.5	3.6	5	7	10	14	20	3	4.2	6	8.5	12	17	11	16	23	32	45	64
20<d≤50	0.5≤m≤2	2.8	4	5.5	8	11	16	2.3	3.3	4.6	6.5	9.5	13	10	14	20	29	41	58
	2<m≤3.5	3.9	5.5	8	11	16	22	3.2	4.5	6.5	9	13	18	12	17	24	34	48	68
	3.5<m≤6	4.8	7	9.5	14	19	27	3.9	5.5	8	11	16	22	14	19	27	38	54	77
	6<m≤10	6	8.5	12	17	24	34	4.8	7	9.5	14	19	27	16	22	31	44	63	89
50<d≤125	0.5≤m≤2	3.2	4.5	6.5	9	13	18	2.6	3.7	5.5	7.5	11	15	11	16	22	31	44	62
	2<m≤3.5	4.3	6	8.5	12	17	24	3.5	5	7	10	14	20	13	18	25	36	51	72
	3.5<m≤6	5	7.5	10	15	21	29	4.3	6	8.5	12	17	24	14	20	29	40	57	81
	6<m≤10	6.5	9	13	18	25	36	5	7.5	10	15	21	29	16	23	33	47	66	93
	10<m≤16	7.5	11	15	22	31	44	6.5	9	13	18	25	35	19	27	38	54	77	109
125<d≤280	0.5≤m≤2	3.8	5.5	7.5	11	15	21	3.1	4.4	6	9	12	18	12	17	24	34	49	69
	2<m≤3.5	4.9	7	9.5	14	19	28	4	5.5	8	11	16	23	14	20	28	39	56	79
	3.5<m≤6	6	8	12	16	23	33	4.7	6.5	9.5	13	19	27	15	22	31	44	62	88
	6<m≤10	7	10	14	20	28	39	5.5	8	11	16	23	32	18	25	35	50	70	100
	10<m≤16	8.5	12	17	23	33	47	6.5	9.5	13	19	27	38	20	29	41	58	82	115
280<d≤560	0.5≤m≤2	4.5	6.5	9	13	18	26	3.7	5.5	7.5	11	15	21	14	19	27	39	54	77
	2<m≤3.5	5.5	8	11	16	22	32	4.6	6.5	9	13	18	26	15	22	31	44	62	87
	3.5<m≤6	6.5	9	13	18	26	37	5.5	7.5	11	15	21	30	17	24	34	48	68	96
	6<m≤10	7.5	11	15	22	31	43	6.5	9	13	18	25	35	19	27	38	54	76	108
	10<m≤16	9	13	18	26	36	51	7.5	10	15	21	29	42	22	31	44	62	88	124
	16<m≤25	11	15	21	30	43	60	8.5	12	17	24	35	49	26	36	51	72	102	144

注：f_i' 的偏差值由表中值乘以 k 值得出。当 $\varepsilon_r < 4$ 时，$k = (\varepsilon_r + 4/\varepsilon_r)$；当 $\varepsilon_r \geq 4$ 时，$k = 0.4$。

表 10-6（3） 轮齿同侧齿面偏差的允许值（GB/T 10095.1—2008摘录） μm

分度圆直径 d/mm	齿宽 b/mm	螺旋线总偏差 F_β						螺旋线形状偏差 $f_{f\beta}$ 和 螺旋线倾斜偏差 $\pm f_{H\beta}$					
		精 度 等 级											
		4	5	6	7	8	9	4	5	6	7	8	9
$5 \leqslant d \leqslant 20$	$4 \leqslant b \leqslant 10$	4.3	6	8.5	12	17	24	3.1	4.4	6	8.5	12	17
	$10 < b \leqslant 20$	4.9	7	9.5	14	19	28	3.5	4.9	7	10	14	20
	$20 < b \leqslant 40$	5.5	8	11	16	22	31	4	5.5	8	11	16	22
$20 < d \leqslant 50$	$4 \leqslant b \leqslant 10$	4.5	6.5	9	13	18	25	3.2	4.5	6.5	9	13	18
	$10 < b \leqslant 20$	5	7	10	14	20	29	3.6	5	7	10	14	20
	$20 < b \leqslant 40$	5.5	8	11	16	23	32	4.1	6	8	12	16	23
	$40 < b \leqslant 80$	6.5	9.5	13	19	27	38	4.8	7	9.5	14	19	27
$50 < d \leqslant 125$	$4 \leqslant b \leqslant 10$	4.7	6.5	9.5	13	19	27	3.4	4.8	6.5	9.5	13	19
	$10 < b \leqslant 20$	5.5	7.5	11	15	21	30	3.8	5.5	7.5	11	15	21
	$20 < b \leqslant 40$	6	8.5	12	17	24	34	4.3	6	8.5	12	17	24
	$40 < b \leqslant 80$	7	10	14	20	28	39	5	7	10	14	20	28
	$80 < b \leqslant 160$	8.5	12	17	24	33	47	6	8.5	12	17	24	34
$125 < d \leqslant 280$	$4 \leqslant b \leqslant 10$	5	7	10	14	20	29	3.6	5	7	10	14	20
	$10 < b \leqslant 20$	5.5	8	11	16	22	32	4	5.5	8	11	16	23
	$20 < b \leqslant 40$	6.6	9	13	18	25	36	4.5	6.5	9	13	18	25
	$40 < b \leqslant 80$	7.5	10	35	21	29	41	5	7.5	10	15	21	29
	$80 < b \leqslant 160$	8.5	12	17	25	35	49	6	8.5	12	17	25	35
	$160 < b \leqslant 250$	10	14	20	29	41	58	7.5	10	15	21	29	41
	$250 < b \leqslant 400$	12	17	24	34	47	67	8.5	12	17	24	34	48
$280 < d \leqslant 560$	$10 < b \leqslant 20$	6	8.5	12	17	24	34	4.3	6	8.5	12	17	24
	$20 < b \leqslant 40$	6.5	9.5	13	19	27	38	4.8	7	9.5	14	19	27
	$40 < b \leqslant 80$	7.5	11	15	22	31	44	5.5	8	11	16	22	31
	$80 < b \leqslant 160$	9	13	18	26	36	52	6.5	9	13	18	26	37
	$160 < b \leqslant 250$	11	15	21	30	43	60	7.5	11	15	22	30	43
	$250 < b \leqslant 400$	12	17	25	35	49	70	9	12	18	25	35	50
	$400 < b \leqslant 650$	14	20	29	41	58	82	10	15	21	29	41	58
$560 < d \leqslant 1\,000$	$10 < b \leqslant 20$	6.5	9.5	13	19	26	37	4.7	6.5	9.5	13	19	26
	$20 < b \leqslant 40$	7.5	10	15	21	29	41	5	7.5	10	15	21	29
	$40 < b \leqslant 80$	8.5	12	17	23	33	47	6	8.5	12	17	23	33
	$80 < b \leqslant 160$	9.5	14	19	27	39	55	7	9.5	14	19	27	39
	$160 < b \leqslant 250$	11	16	22	32	45	63	8	11	16	23	32	45
	$250 < b \leqslant 400$	13	18	26	36	51	73	9	13	18	26	37	52
	$400 < b \leqslant 650$	15	21	30	42	60	85	11	15	21	30	43	60

表 10-7 径向综合偏差与径向跳动的允许值（GB/T 10095.2—2008 摘录）

μm

分度圆直径 d/mm	法向模数 m_n/mm	径向综合总偏差 F_i'' 精度等级						一齿径向综合偏差 f_i'' 精度等级					
		4	5	6	7	8	9	4	5	6	7	8	9
5≤d≤20	0.2≤m_n≤0.5	7.5	11	15	21	30	42	1	2	2.5	3.5	5	7
	0.5<m_n≤0.8	8	12	16	23	33	46	2	2.5	4	5.5	7.5	11
	0.8<m_n≤1.0	9	12	18	25	35	50	2.5	3.5	5	7	10	14
20<d≤50	0.2≤m_n≤0.5	9	13	19	26	37	52	1.5	2	2.5	3.5	5	7
	0.5<m_n≤0.8	10	14	20	28	40	56	2	2.5	4	5.5	7.5	11
	0.8<m_n≤1.0	11	15	21	30	42	60	2.5	3.5	5	7	10	14
	1.0<m_n≤1.5	11	16	23	32	45	64	2.5	3.5	5	7	10	14
	1.5<m_n≤2.5	13	18	26	37	52	73	4.5	6.5	9.5	13	19	26
50<d≤125	0.5<m_n≤0.8	12	17	25	35	49	70	2	3	4	5.5	8	11
	0.8<m_n≤1.0	13	18	26	36	52	73	2.5	3.5	5	7	10	14
	1.0<m_n≤1.5	14	19	27	39	55	77	3	4	6.5	9	13	18
	1.5<m_n≤2.5	15	22	31	43	61	86	4.5	6.5	9.5	13	19	26
	2.5<m_n≤4.0	18	25	36	51	72	102	7	10	14	20	29	41
125<d≤280	0.5<m_n≤0.8	16	22	31	44	63	89	2	3	4	5.5	8	11
	0.8<m_n≤1.0	16	23	33	46	65	92	2.5	3.5	5	7	10	14
	1.0<m_n≤1.5	17	24	34	48	68	97	3	4.5	6.5	9	13	18
	1.5<m_n≤2.5	19	26	37	53	75	106	4.5	6.5	9.5	13	19	27
	2.5<m_n≤4.0	21	30	43	61	86	121	7	10	15	21	29	41
280<d≤560	0.8<m_n≤1.0	21	29	42	59	83	117	2.5	3.5	5	7.5	10	15
	1.0<m_n≤1.5	22	30	43	61	86	122	3.5	4.5	6.5	9	13	18
	1.5<m_n≤2.5	23	33	46	65	92	131	5	6.5	9.5	13	19	27
	2.5<m_n≤4.0	26	37	52	73	104	146	7.5	10	15	21	29	41
	4.0<m_n≤6.0	30	42	60	84	119	169	11	15	22	31	44	62

分度圆直径 d/mm	法向模数 m_n/mm	径向跳动偏差 F_r 精度等级					
		4	5	6	7	8	9
5≤d≤20	0.5≤m_n≤2.0	6.5	9	13	18	25	36
	2.0<m_n≤3.5	6.5	9.5	13	19	27	38
20<d≤50	0.5≤m_n≤2.0	8	11	16	23	32	46
	2.0<m_n≤3.5	8.5	12	17	24	34	47
	3.5<m_n≤6.0	8.5	12	17	25	35	49
50<d≤125	0.5≤m_n≤2.0	10	15	21	29	42	59
	2.0<m_n≤3.5	11	15	21	30	43	61
	3.5<m_n≤6.0	11	16	22	31	44	62
	6.0<m_n≤10	12	16	23	33	46	65
125<d≤280	0.5≤m_n≤2.0	14	20	28	39	55	78
	2.0<m_n≤3.5	14	20	28	40	56	80
	3.5<m_n≤6.0	14	20	29	41	58	82
	6.0<m_n≤10	15	21	30	42	60	85
	10<m_n≤16	16	22	32	45	63	89
280<d≤560	2.0<m_n≤3.5	18	26	37	52	74	105
	3.5<m_n≤6.0	19	27	38	53	75	106
	6.0<m_n≤10	19	27	39	55	77	109
	10<m_n≤16	20	29	40	57	81	114
	16<m_n≤25	21	30	43	61	86	121
560<d≤1000	2.0<m_n≤3.5	24	34	48	67	95	134
	3.5<m_n≤6.0	24	34	48	68	96	136
	6.0<m_n≤10	25	35	49	70	98	139
	10<m_n≤16	25	36	51	72	102	144

4. 其他检验项目

（1）侧隙

侧隙是在装配好的齿轮副中，相啮合的轮齿之间的间隙。当两个齿轮的工作齿面相互接触时，其非工作齿面之间的最短距离为法向侧隙 j_{bn}；周向侧隙 j_{wt} 是指将相互啮合的齿轮中的一个固定，另一个齿轮能够转过的节圆弧长的最大值。

GB/Z 18620.2—2008 定义了侧隙、侧隙检验方法（见图 10-7）及最小侧隙的推荐数据（见表 10-8）。

（2）齿厚偏差

侧隙是通过齿厚减薄的方法实现的。齿厚偏差是指分度圆上实际齿厚与理论齿厚之差（对斜齿轮指法向齿厚）。

图 10-7　用塞尺测量侧隙（法向平面）

表 10-8　对中、大模数齿轮推荐的最小侧隙 j_{bnmin} 数据　　　　　　　　　　　mm

m_n	最小中心距 a_i					
	50	100	200	400	800	1 600
1.5	0.09	0.11	—	—	—	—
2	0.10	0.12	0.15	—	—	—
3	0.12	0.14	0.17	0.24	—	—
5	—	0.18	0.21	0.28	—	—
8	—	0.24	0.27	0.34	0.47	—
12	—	—	0.35	0.42	0.55	—
18	—	—	—	0.54	0.67	0.94

1）齿厚上偏差

确定齿厚的上偏差 E_{sns} 除应考虑最小侧隙外，还要考虑齿轮和齿轮副的加工和安装误差，关系式为

$$E_{sns1} + E_{sns2} = -2f_a \tan \alpha_n - \frac{j_{bnmin} + J_n}{\cos \alpha_n}$$

式中：E_{sns1}、E_{sns2}——小齿轮和大齿轮的齿厚上偏差；

　　　　f_a——中心距偏差；

　　　　J_n——齿轮和齿轮副的加工、安装误差对侧隙减小的补偿量。

$$J_n = \sqrt{(f_{pt1}^2 + f_{pt2}^2)\cos \alpha_n + F_{\beta1}^2 + F_{\beta2}^2 + \left(\frac{b}{L}f_{\Sigma\delta}\sin \alpha_n\right)^2 + \left(\frac{b}{L}f_{\Sigma\beta}\cos \alpha_n\right)^2}$$

式中：f_{pt1}、f_{pt2}——小齿轮和大齿轮的单个齿距偏差；

　　　　$F_{\beta1}$、$F_{\beta2}$——小齿轮和大齿轮的螺旋线总公差；

　　　　b——齿宽；

　　　　L——轴承跨距；

　　　　$f_{\Sigma\delta}$、$f_{\Sigma\beta}$——齿轮副轴线平行度公差；

　　　　α_n——法向压力角。

求得两齿轮的齿厚上偏差之和以后，可以按等值分配方法分配给大齿轮和小齿轮，也可以使小齿轮的齿厚减薄量小于大齿轮的齿厚减薄量，以使大、小齿轮的齿根弯曲强度匹配。

2）齿厚公差

齿厚公差的选择基本上与轮齿精度无关,除了十分必要的场合,不应采用很紧的齿厚公差,以利于在不影响齿轮性能和承载能力的前提下获得较经济的制造成本。

齿厚公差 T_{sn} 可由下式确定:

$$T_{sn} = \sqrt{F_r^2 + b_r^2} \times 2\tan \alpha_n$$

式中：F_r——径向跳动公差;

b_r——切齿径向进刀公差,可按表 10-9 选用。

表 10-9　切齿径向进刀公差

齿轮精度等级	4	5	6	7	8	9
b_r	1.26IT7	IT8	1.26IT8	IT9	1.26IT9	IT10

3）齿厚下偏差

齿厚下偏差 E_{sni} 按下式求得

$$E_{sni} = E_{sns} - T_{sn}$$

（3）公法线长度

齿厚改变时,齿轮的公法线长度也随之改变。可以通过测量公法线长度控制齿厚。公法线长度测量不以齿顶圆为测量基准,测量方法简单,测量精度较高,在生产中广泛使用。

公法线长度的计算公式见表 10-10。

$\alpha = 20°$ 标准圆柱齿轮的跨齿数 k 和公法线长度 W' 可在表 10-11 中查出。

表 10-10　公法线长度计算公式

项　目		代号	直　齿　轮	斜　齿　轮
标准齿轮	跨齿数	k	$k = \dfrac{\alpha z}{180°} + 0.5$ 四舍五入成整数	$k = \dfrac{\alpha z'}{180°} + 0.5$ $z' = z\dfrac{\text{inv }\alpha_t}{\text{inv }\alpha_n}$ 四舍五入成整数
	公法线长度	W	$W = W' \cdot m$ $W' = \cos \alpha [\pi(k-0.5) + z\text{inv }\alpha]$	$W_n = W' \cdot m_n$ $W' = \cos \alpha_n [\pi(k-0.5) + z'\text{inv }\alpha_n]$
变位齿轮	跨齿数	k	$k = \dfrac{z}{\pi}\left[\dfrac{1}{\cos \alpha}\sqrt{\left(1-\dfrac{2x}{z}\right)^2 - \cos^2 \alpha}\right.$ $\left. -\dfrac{2x}{z}\tan \alpha - \text{inv }\alpha\right] + 0.5$ 四舍五入成整数	$k = \dfrac{z'}{\pi}\left[\dfrac{1}{\cos \alpha_n}\sqrt{\left(1-\dfrac{2x_n}{z'}\right)^2 - \cos^2 \alpha_n}\right.$ $\left. -\dfrac{2x_n}{z}\tan \alpha_n - \text{inv }\alpha_n\right] + 0.5$ $z' = z\dfrac{\text{inv }\alpha_t}{\text{inv }\alpha_n}$ 四舍五入成整数
	公法线长度	W	$W = (W' + \Delta W')m$ $W' = \cos \alpha [\pi(k-0.5) + z\text{inv }\alpha]$ $\Delta W' = 2x\sin \alpha$	$W_n = (W' + \Delta W')m_n$ $W' = \cos \alpha_n [\pi(k-0.5) + z'\text{inv }\alpha_n]$ $z' = z\dfrac{\text{inv }\alpha_t}{\text{inv }\alpha_n}$ $\Delta W' = 2x_n\sin \alpha_n$

表 10-11　公法线长度 W'（$m=1$, $\alpha_0=20°$）

齿轮齿数 z	跨测齿数 k	公法线长度 W'	齿轮齿数 z	跨测齿数 k	公法线长度 W'	齿轮齿数 z	跨测齿数 k	公法线长度 W'	齿轮齿数 z	跨测齿数 k	公法线长度 W'	齿轮齿数 z	跨测齿数 k	公法线长度 W'
			41	5	13.858 8	81	10	29.179 7	121	14	41.548 4	161	18	53.917 2
			42	5	13.872 8	82	10	29.193 7	122	14	41.562 5	162	19	56.883 3
			43	5	13.886 8	83	10	29.207 7	123	14	41.576 5	163	19	56.897 3
4	2	4.484 2	44	5	13.900 8	84	10	29.221 7	124	14	41.590 5	164	19	55.911 3
5	2	4.498 2	45	6	16.867 0	85	10	29.235 7	125	14	41.604 5	165	19	56.925 3
6	2	4.512 2	46	6	16.881 0	86	10	29.249 7	126	15	44.570 6	166	19	56.939 4
7	2	4.526 2	47	6	16.895 0	87	10	29.263 7	127	15	44.584 6	167	19	56.953 4
8	2	4.540 2	48	6	16.909 0	88	10	29.277 7	128	15	44.598 6	168	19	56.967 4
9	2	4.554 2	49	6	16.923 0	89	10	29.291 7	129	15	44.612 6	169	19	56.981 4
10	2	4.568 3	50	6	16.937 0	90	11	32.257 9	130	15	44.626 6	170	19	56.995 4
11	2	4.582 3	51	6	16.951 0	91	11	32.271 9	131	15	44.640 6	171	20	59.961 5
12	2	4.596 3	52	6	16.965 0	92	11	32.285 9	132	15	44.654 6	172	20	59.975 5
13	2	4.610 3	53	6	16.979 0	93	11	32.299 9	133	15	44.668 6	173	20	59.989 5
14	2	4.624 3	54	7	19.945 2	94	11	32.313 9	134	15	44.682 6	174	20	60.003 5
15	2	4.638 3	55	7	19.959 2	95	11	32.327 9	135	16	47.648 8	175	20	60.017 5
16	2	4.652 3	56	7	19.973 2	96	11	32.341 9	136	16	47.662 8	176	20	60.031 5
17	2	4.666 3	57	7	19.987 2	97	11	32.355 9	137	16	47.676 8	177	20	60.045 5
18	3	7.632 4	58	7	20.001 2	98	11	32.369 9	138	16	47.690 8	178	20	60.059 5
19	3	7.646 4	59	7	20.015 2	99	12	35.336 1	139	16	47.704 8	179	20	60.073 6
20	3	7.660 4	60	7	20.029 2	100	12	35.350 1	140	16	47.718 8	180	21	63.039 7
21	3	7.674 4	61	7	20.043 2	101	12	35.364 1	141	16	47.732 8	181	21	63.053 7
22	3	7.688 5	62	7	20.057 2	102	12	35.378 1	142	16	47.746 8	182	21	63.067 7
23	3	7.702 5	63	8	23.023 3	103	12	35.392 1	143	16	47.760 8	183	21	63.081 7
24	3	7.716 5	64	8	23.037 3	104	12	35.406 1	144	17	50.727 0	184	21	63.095 7
25	3	7.730 5	65	8	23.051 3	105	12	35.420 1	145	17	50.741 0	185	21	63.109 7
26	3	7.744 5	66	8	23.065 4	106	12	35.434 1	146	17	50.755 0	186	21	63.123 7
27	4	10.710 6	67	8	23.079 4	107	12	35.448 1	147	17	50.769 0	187	21	63.137 7
28	4	10.724 6	68	8	23.093 4	108	13	38.414 2	148	17	50.783 0	188	21	63.151 7
29	4	10.738 6	69	8	23.107 4	109	13	38.428 2	149	17	50.797 0	189	22	66.117 9
30	4	10.752 6	70	8	23.121 4	110	13	38.442 3	150	17	50.811 0	190	22	66.131 9
31	4	10.766 6	71	8	23.135 4	111	13	38.456 3	151	17	50.825 0	191	22	66.145 9
32	4	10.780 6	72	9	26.101 5	112	13	38.470 3	152	17	50.839 0	192	22	66.159 9
33	4	10.794 6	73	9	26.115 5	113	13	38.484 3	153	18	53.805 1	193	22	66.173 9
34	4	10.808 6	74	9	26.129 5	114	13	38.498 3	154	18	53.819 2	194	22	66.187 9
35	4	10.822 7	75	9	26.143 5	115	13	38.512 3	155	18	53.833 2	195	22	66.201 2
36	5	13.788 8	76	9	26.157 5	116	13	38.526 3	156	18	53.847 2	196	22	66.215 9
37	5	13.802 8	77	9	26.171 5	117	14	41.492 4	157	18	53.861 2	197	22	66.229 9
38	5	13.816 8	78	9	26.185 5	118	14	41.506 4	158	18	53.875 2	198	23	69.196 1.
39	5	13.830 8	79	9	26.199 6	119	14	41.520 4	159	18	53.889 2	199	23	69.210 1
40	5	13.844 8	80	9	26.213 6	120	14	41.534 4	160	18	53.903 2	200	23	69.224 1

注：对标准直齿圆柱齿轮，公法线长度 $W=W'm$；W' 为 $m=1$ mm、$\alpha_0=20°$ 时的公法线长度。

公法线长度偏差指公法线的实际长度与公称长度之差,公法线长度偏差与齿厚偏差的关系如下:

$$E_{bns} = E_{sns} \cos \alpha_n$$

$$E_{bni} = E_{sni} \cos \alpha_n$$

(4) 齿轮坯的精度

GB/Z 18620.3—2008 推荐了齿轮坯上确定基准轴线的基准面的形状公差(表 10-12)。当基准轴线与工作轴线不重合时,工作安装面相对于基准轴线的跳动公差不应大于表 10-13 规定的数值。

齿轮的齿顶圆、齿轮孔以及安装齿轮的轴径尺寸公差与形状公差推荐按表 10-14 选用。

表 10-12　基准面与安装面的形状公差

确定轴线的基准面	公差项目		
	圆　度	圆　柱　度	平　面　度
两个"短的"圆柱或圆锥形基准面	$0.04(L/b)F_\beta$ 或 $0.1F_p$ 取两者中之小值		
一个"长的"圆柱或圆锥形基准面		$0.04(L/b)F_\beta$ 或 $0.1F_p$ 取两者中之小值	
一个短的圆柱面和一个端面	$0.06F_p$		$0.06(D_d/b)F_\beta$

注:齿轮坯的公差应减至能经济地制造的最小值。表中 L 为较大的轴承跨距(当有关轴承跨距不同时),D_d 为基准面直径,b 为齿宽。

表 10-13　安装面的跳动公差

确定轴线的基准面	跳动量(总的指示幅度)	
	径向	轴向
仅指圆柱或圆锥形基准面	$0.15(L/b)F_\beta$ 或 $0.3F_p$,取两者中之大值	
一个圆柱基准面和一个端面基准面	$0.3F_p$	$0.2(D_d/b)F_\beta$

注:齿轮坯的公差应减至能经济地制造的最小值。

表 10-14　齿坯的尺寸和形状公差

齿轮精度等级		6	7	8	9	10
孔	尺寸公差 形状公差	IT6	IT7		IT8	
轴	尺寸公差 形状公差	IT5	IT6		IT7	
齿顶圆直径	作测量基准	IT8			IT9	
	不作测量基准	公差按 IT11 给定,但不大于 $0.1m_n$				

在技术文件中需要叙述齿轮精度等级时应注明 GB/T 10095.1 或 GB/T 10095.2。若齿轮的各检验项目为同一精度等级,可标注精度等级和标准号。例如,齿轮各检验项目同为 7 级精度,则标注为

7　GB/T 10095.1—2008 或 7　GB/T 10095.2—2008

若齿轮各检验项目的精度等级不同,例如齿廓总偏差 F_α 为 6 级精度,单个齿距偏差 f_{pt}、齿距

累计总偏差 F_p、螺旋线总偏差 F_β 均为 7 级精度,则标注为

$6(F_\alpha), 7(f_{pt}、F_p、F_\beta)$ GB/T 10095.1—2008

齿轮零件图中的精度标注方法参见图 20-7。

（5）中心距允许偏差

中心距公差是设计者规定的允许偏差,确定中心距公差时应综合考虑轴、轴承和箱体的制造及安装误差,轴承跳动及温度变化等影响因素,并考虑中心距变动对重合度和侧隙的影响。

GB/Z 18620.3—2008 没有推荐中心距公差数值,GB/T 10095.1—2008 对中心距极限偏差也未作规定,为了方便初学者设计时参考,表 10-15 列出了 GB/T 10095—1988 规定的中心距极限偏差。

表 10-15　中心距极限偏差 $\pm f_a$　　　　　　　　　　μm

齿轮精度等级	f_a	齿轮副的中心距/mm												
		>6 ~10	10 18	18 30	30 50	50 80	80 120	120 180	180 250	250 315	315 400	400 500	500 630	630 800	800 1 000
5~6	$\frac{1}{2}$IT7	7.5	9	10.5	12.5	15	17.5	20	23	26	28.5	31.5	35	40	45
7~8	$\frac{1}{2}$IT8	11	13.5	16.5	19.5	28	27	31.5	36	40.5	44.5	48.5	55	62	70
9~10	$\frac{1}{2}$IT9	18	21.5	26	31	37	43.5	50	57.5	65	70	77.5	87	100	115

（6）轴线平行度公差

由于轴线平行度偏差的影响与其矢量的方向有关,对"轴线平面内的偏差" $f_{\Sigma\delta}$ 和"垂直平面内的偏差" $f_{\Sigma\beta}$ 作了不同的规定（图 10-8）。轴线偏差的推荐最大值为

$$f_{\Sigma\beta} = 0.5(L/b)F_\beta, \qquad f_{\Sigma\delta} = 2f_{\Sigma\beta}$$

式中:L——轴承跨距;

b——齿宽。

图 10-8　轴线平行度偏差

（7）齿面粗糙度

齿面粗糙度影响齿轮的传动精度和工作能力。齿面粗糙度规定值应优先从表 10-16 和表 10-17 中选用。

表 10-16　算术平均偏差 Ra 的推荐极限值　　　μm

精 度 等 级	模数/mm		
	$m \leqslant 6$	$6 < m \leqslant 25$	$m > 25$
5	0.5	0.63	0.80
6	0.8	1.00	1.25
7	1.25	1.6	2.0
8	2.0	2.5	3.2
9	3.2	4.0	5.0
10	5.0	6.3	8.0

表 10-17　轮廓的最大高度 Rz 的推荐极限值　　　μm

精 度 等 级	模数/mm		
	$m \leqslant 6$	$6 < m \leqslant 25$	$m > 25$
5	3.2	4.0	5.0
6	5.0	6.3	8.0
7	8.0	10.0	12.5
8	12.5	16	20
9	20	25	32
10	32	40	50

Ra 和 Rz 均可作为齿面粗糙度指标,但两者不应在同一部分使用。

齿轮精度等级和齿面粗糙度等级之间没有直接关系。

（8）接触斑点

检验产品齿轮副在其箱体内所产生的接触斑点,可以帮助评估轮齿间的载荷分布情况。

产品齿轮和测量齿轮的接触斑点可用于装配后的齿轮的螺旋线和齿廓精度的评估。

接触斑点可以给出齿长方向配合不准确的程度,包括齿长方向的不准确配合和波纹度,也可以给出齿廓不准确性的程度。

图 10-9～图 10-12 是产品齿轮与测量齿轮对滚产生的典型的接触斑点示意图。

图 10-9 典型的规范(接触近似为 齿宽 b 的 80% 有效齿面高度 h 的 70%,齿端修薄)

图 10-10 齿长方向配合正确,有齿廓偏差

图 10-11 波纹度

图 10-12 有螺旋线偏差,齿廓正确,有齿端修薄

图 10-13 和表 10-18、表 10-19 给出齿轮装配后(空载)检测时齿轮精度等级和接触斑点分布之间关系的一般指示(对齿廓和螺旋线修形的齿面是不适用的)。

图 10-13 接触斑点分布示意图

表 10-18	斜齿轮装配后的接触斑点			%
精度等级按 GB/T 10095	b_{c1} 占齿宽的	h_{c1} 占有效齿高的	b_{c2} 占齿宽的	h_{c2} 占有效齿高的
4级及更高	50	50	40	30
5和6	45	40	35	20
7和8	35	40	35	20
9至12	25	40	25	20

表 10-19	直齿轮装配后的接触斑点			%
精度等级按 GB/T 10095	b_{c1} 占齿宽的	h_{c1} 占有效齿高的	b_{c2} 占齿宽的	h_{c2} 占有效齿高的
4级及更高	50	70	40	50
5和6	45	50	35	30
7和8	35	50	35	30
9至12	25	50	25	30

二、锥齿轮精度(GB/T 11365—1989 摘录)

GB/T 11365—1989 标准适用于中点法向模数 $m_m \geq 1$ mm 的直齿、斜齿、曲线齿锥齿轮和准双曲面齿轮。

1. 精度等级

本标准对齿轮及齿轮副规定 12 个精度等级。第 1 级的精度最高,第 12 级的精度最低。

锥齿轮精度应根据传动用途、使用条件、传递功率、圆周速度以及其他技术要求决定。锥齿轮第 Ⅱ 公差组的精度等级可参考表 10-20 选择。

表 10-20 锥齿轮第 Ⅱ 公差组精度等级与圆周速度的关系

第Ⅱ公差组精度等级		7	8	9	第Ⅱ公差组精度等级		7	8	9
类 别	齿面硬度	平均直径处圆周速度/(m/s)≤			类 别	齿面硬度	平均直径处圆周速度/(m/s)≤		
直 齿	≤350 HBW	7	4	3	非 直 齿	≤350 HBW	16	9	6
	>350 HBW	6	3	2.5		>350 HBW	13	7	5

注:本表不属 GB/T 11365—1989,仅供参考。

2. 公差组与检验项目

标准中将锥齿轮和齿轮副的公差项目分成三个公差组(表 10-21)。第 Ⅰ 公差组为影响传递运动准确性的公差项目,第 Ⅱ 公差组为影响传动平稳性的公差项目,第 Ⅲ 公差组为影响载荷分布均匀性的公差项目。根据使用要求,允许各公差组选用不同的精度等级,但对齿轮副中大、小轮的同一公差组,应规定同一精度等级。

标准中规定了锥齿轮和齿轮副的各公差组的检验组。根据齿轮的工作要求和生产规模,在各公差组中,任选一个检验组评定和验收齿轮和齿轮副的精度等级。检验组可由订货的供、需双方协商确定。

推荐的锥齿轮和齿轮副的检验项目及其名称、代号、定义分别见表 10-22~表 10-29。

表 10-21　锥齿轮和齿轮副的公差组及各检验组的应用

公差组		公差与极限偏差项目			检验组	适用精度范围
		名　称	代　号	数　值		
I	齿轮	切向综合公差	F_i'	$F_p + 1.15f_c$	$\Delta F_i'$	4~8 级
		轴交角综合公差	$F_{i\Sigma}''$	$0.7F_{i\Sigma c}''$	$\Delta F_{i\Sigma}''$	7~12 级直齿, 9~12 级非直齿
		齿距累积公差	F_p	表 10-24	ΔF_p	7~8 级
		k 个齿距累积公差	F_{pk}		ΔF_p 与 ΔF_{pk}	4~6 级
		齿圈跳动公差	F_r	表 10-24	ΔF_r	7~12 级, 对 7、8 级 $d_m^①$ > 1 600 mm
	齿轮副	齿轮副切向综合公差	F_{ic}'	$F_{i1}' + F_{i2}'^②$	$\Delta F_{ic}'$	4~8 级
		齿轮副轴交角综合公差	$F_{i\Sigma c}''$	表 10-24	$\Delta F_{i\Sigma c}''$	7~12 级直齿, 9~12 级非直齿
		齿轮副侧隙变动公差	F_{vj}		$\Delta F_{vj}''$	9~12 级
II	齿轮	一齿切向综合公差	f_i'	$0.8(f_{pt} + 1.15f_c)$	$\Delta f_i'$	4~8 级
		一齿轴交角综合公差	$f_{i\Sigma}''$	$0.7f_{i\Sigma c}''$	$\Delta f_{i\Sigma}''$	7~12 级直齿, 9~12 级非直齿
		周期误差的公差	f_{zK}'	表 10-27	$\Delta f_{zK}'$	4~8 级, 纵向重合度 ε_β > 界限值[③]
		齿距极限偏差	$\pm f_{pt}$	表 10-25	Δf_{pt}	7~12 级
		齿形相对误差的公差	f_c		Δf_{pt} 与 Δf_c	4~6 级
	齿轮副	齿轮副一齿切向综合公差	f_{ic}'	$f_{i1} + f_{i2}$	$\Delta f_{ic}'$	4~8 级
		齿轮副一齿轴交角综合公差	$f_{i\Sigma c}''$	表 10-25	$\Delta f_{i\Sigma c}''$	7~12 级直齿, 9~12 级非直齿
		齿轮副周期误差的公差	f_{zKc}'	表 10-27	$\Delta f_{zKc}'$	4~8 级, 纵向重合度 ε_β > 界限值[③]
		齿轮副齿频周期误差的公差	f_{zzc}'	表 10-29	$\Delta f_{zzc}'$	4~8 级, 纵向重合度 ε_β < 界限值[③]
III	齿轮 齿轮副	接触斑点		表 10-26	接触斑点	4~12 级
安装精度	齿轮 齿轮副	齿圈轴向位移极限偏差	$\pm f_{AM}^④$	表 10-28	Δf_{AM}、Δf_a 和 ΔE_Σ	4~12 级。当齿轮副安装在实际装置上时检验
		齿轮副轴间距极限偏差	$\pm f_a^④$	表 10-29		
		齿轮副轴交角极限偏差	$\pm E_\Sigma$			

注: 1. d_m 为中点分度圆直径;

2. 当两齿轮的齿数比为不大于 3 的整数且采用选配时, 应将 F_{ic}' 值压缩 25% 或更多;

3. 纵向重合度 ε_β 的界限值, 对第 III 公差组精度等级 4~5 级, ε_β 为 1.35; 6~7 级, ε_β 为 1.55, 8 级, ε_β 为 2.0;

4. $\pm f_{AM}$ 属第 II 公差组, $\pm f_a$ 属第 III 公差组。

表 10-22　推荐的锥齿轮和齿轮副的检验项目

类　别		锥　齿　轮			齿　轮　副			安装精度
精度等级		7	8	9	7	8	9	
公差组	I	F_p 或 F_r		F_r	$F_{i\Sigma c}''$		F_{vj}	$\pm f_{AM}$, $\pm f_a$
	II	$\pm f_{pt}$			$f_{i\Sigma c}''$			
	III	接触斑点						$\pm E_\Sigma$
侧　隙		E_{ss}^-, E_{si}^-			j_{nmin}			
齿坯公差		外径尺寸极限偏差及轴孔尺寸公差; 齿坯顶锥母线跳动和基准端面跳动公差; 齿坯轮冠距和顶锥角极限偏差						

注: 本表不属 GB/T 11365—1989, 仅供参考。

表 10-23 推荐的锥齿轮及齿轮副检验项目的名称、代号和定义

名　称	代号	定　义	名　称	代号	定　义
齿距累积误差 	ΔF_p	在中点分度圆①上,任意两个同侧齿面间的实际弧长与公称弧长之差的最大绝对值	齿厚偏差 齿厚极限偏差 　上极限偏差 　下极限偏差 　公　差	$\Delta E_{\bar{s}}$ $E_{\bar{s}s}$ $E_{\bar{s}i}$ $T_{\bar{s}}$	齿宽中点法向弦齿厚的实际值与公称值之差
齿距累积公差	F_p		接触斑点 		安装好的齿轮副(或被测齿轮与测量齿轮)在轻微力的制动下运转后,工作齿面上得到的接触痕迹。 　接触斑点包括形状、位置、大小三方面的要求。 　接触痕迹的大小按百分比确定:沿齿长方向——接触痕迹长度 b'' 与工作长度 b' 之比的百分数,即 $(b''/b') \times 100\%$;沿齿高方向——接触痕迹高度 h'' 与接触痕迹中部的工作高度 h' 之比的百分数,即 $(h''/h') \times 100\%$
齿圈跳动 	ΔF_r	齿轮一转范围内,测头在齿槽内与齿面中部双面接触时,沿分锥法向相对齿轮轴线的最大变动量			
齿圈跳动公差	F_r				
齿距偏差 	Δf_{pt}	在中点分度圆①上,实际齿距与公称齿距之差	齿圈轴向位移 **齿圈轴向位移极限偏差**	Δf_{AM}	齿轮装配后,齿圈相对于滚动检查机上确定的最佳啮合位置的轴向位移量
齿距极限偏差 　上极限偏差 　下极限偏差	$+f_{pt}$ $-f_{pt}$		上极限偏差 　下极限偏差	$+f_{AM}$ $-f_{AM}$	
齿轮副轴交角综合误差	$\Delta F''_{i\Sigma c}$	齿轮副在分锥顶点重合条件下双面啮合时,在转动的整周期②内,轴交角的最大变动量。以齿宽中点处线性值计	齿轮副轴间距偏差 	Δf_a	齿轮副实际轴间距与公称轴间距之差
齿轮副轴交角综合公差	$F''_{i\Sigma c}$				
齿轮副—齿轴交角综合误差	$\Delta f''_{i\Sigma c}$	齿轮副在分锥顶点重合条件下双面啮合时,在一齿距角内,轴交角的最大变动量。在整周期②内取值,以齿宽中点处线性值计			
齿轮副—齿轴交角综合公差	$f''_{i\Sigma c}$		齿轮副轴间距极限偏差 　上极限偏差 　下极限偏差	$+f_a$ $-f_a$	
齿轮副侧隙变动量	ΔF_{vj}	齿轮副按规定的位置安装后,在转动的整周期②内,法向侧隙的最大值与最小值之差	齿轮副轴交角偏差 齿轮副轴交角极限偏差 　上极限偏差 　下极限偏差	ΔE_Σ $+E_\Sigma$ $-E_\Sigma$	齿轮副实际轴交角与公称轴交角之差。以齿宽中点处线性值计
齿轮副侧隙变动公差	F_{vj}				

注: 1. 允许在齿面中部测量;
　　2. 齿轮副转动整周期按 $n_2 = z_1/x$ 计算(n_2 为大轮转数; z_1 为小轮齿数; x 为大、小轮齿数的最大公约数)。

表 10-24　锥齿轮的 F_p、F_{pk}、F_r 和齿轮副的 $F''_{i\Sigma c}$、F_{vj} 值　　　　μm

齿距累积公差 F_p 和 k 个齿距累积公差 F_{pk}[1]

L/mm 大于	到	精度等级 6	7	8	9	10
—	11.2	11	16	22	32	45
11.2	20	16	22	32	45	63
20	32	20	28	40	56	80
32	50	22	32	45	63	90
50	80	25	36	50	71	100
80	160	32	45	63	90	125
160	315	45	63	90	125	180
315	630	63	90	125	180	250
630	1 000	80	112	160	224	315
1 000	1 600	100	140	200	280	400
1 600	2 500	112	160	224	315	450

中点分度圆直径/mm 大于	到	中点法向模数/mm	齿圈跳动公差 F_r 7	8	9	10	齿轮副轴交角综合公差 $F''_{i\Sigma c}$ 7	8	9	10	侧隙变动公差 F_{vj}[2] 9	10
—	125	1~3.5	36	45	56	71	67	85	110	130	75	90
		>3.5~6.3	40	50	63	80	75	95	120	150	80	100
		>6.3~10	45	56	71	90	85	105	130	170	100	120
		>10~16	50	63	80	100	100	120	150	190	105	130
125	400	1~3.5	50	63	80	100	100	125	160	190	110	140
		>3.5~6.3	56	71	90	112	105	130	170	200	120	150
		>6.3~10	63	80	100	125	120	150	180	220	130	160
		>10~16	71	90	112	140	130	160	200	250	140	170
400	800	1~3.5	63	80	100	125	130	160	200	260	140	180
		>3.5~6.3	71	90	112	140	150	170	220	280	150	190
		>6.3~10	80	100	125	160	150	190	240	300	160	200
		>10~16	90	112	140	180	170	200	280	320	180	220
800	1 600	1~3.5	—	—	—	—	150	180	240	280	—	—
		>3.5~6.3	80	100	130	160	180	220	280	360	170	220
		>6.3~10	90	112	140	180	180	220	280	360	200	250
		>10~16	100	125	160	200	200	250	320	400	220	270

注：1. F_p 和 F_{pk} 按中点分度圆弧长 L 查表，查 F_p 时，取 $L=\dfrac{1}{2}\pi d=\dfrac{\pi m_n z}{2\cos\beta}$；查 F_{pk} 时，取 $L=\dfrac{k\pi m_n}{\cos\beta}$（没有特殊要求时，k 值取 z/6 或最接近的整齿数）；

2. F_{vj} 取大小轮中点分度圆直径之和的一半作为查表直径。对于齿数比为整数且不大于 3（1、2、3）的齿轮副，当采用选配时，可将 F_{vj} 值缩小 25% 或更多。

表 10-25　锥齿轮的 $\pm f_{pt}$、f_c 和齿轮副的 $f''_{i\Sigma c}$ 值　　　　μm

中点分度圆直径/mm 大于	到	中点法向模数/mm	齿距极限偏差 $\pm f_{pt}$ 6	7	8	9	10	齿形相对误差的公差 f_c 6	7	8	齿轮副一齿轴交角综合公差 $f''_{i\Sigma c}$ 7	8	9	10
—	125	1~3.5	10	14	20	28	40	5	8	10	28	40	53	67
		>3.5~6.3	13	18	25	36	50	6	9	13	36	50	60	75
		>6.3~10	14	20	28	40	56	8	11	17	40	56	71	90
		>10~16	17	24	34	48	67	10	15	22	48	67	85	105
125	400	1~3.5	11	16	22	32	45	7	9	13	32	45	60	75
		>3.5~6.3	14	20	28	40	56	8	11	15	40	56	67	80
		>6.3~10	16	22	32	45	63	9	13	19	45	63	80	100
		>10~16	18	25	36	50	71	11	17	25	50	71	90	120
400	800	1~3.5	13	18	25	36	50	9	12	18	36	50	67	80
		>3.5~6.3	14	20	28	40	56	10	14	20	40	56	75	90
		>6.3~10	18	25	36	50	71	11	16	24	50	71	85	105
		>10~16	20	28	40	56	80	13	19	30	56	80	100	130
800	1 600	1~3.5	—	—	—	—	—	—	—	—	—	—	—	—
		>3.5~6.3	16	22	32	45	63	13	19	28	45	63	80	105
		>6.3~10	18	25	36	50	71	14	21	32	50	71	90	120
		>10~16	20	28	40	56	80	16	25	38	56	80	110	140

表 10-26　接 触 斑 点

精度等级	6,7	8,9	10	
沿齿长方向/%	50~70	35~65	25~55	对齿面修形的齿轮,在齿面大端、小端和齿顶边缘处不允许出现接触斑点;对齿面不修形的齿轮,其接触斑点大小不小于表中平均值
沿齿高方向/%	55~75	40~70	30~60	

表 10-27　周期误差的公差 f'_{zK} 值(齿轮副周期误差的公差 f'_{zKc} 值)　　　　μm

精度等级	中点分度圆直径/mm 大于	到	中点法向模数/mm	2~4	>4~8	>8~16	>16~32	>32~63	>63~125	>125~250	>250~500	>500
6	—	125	1~6.3	11	8	6	4.8	3.8	3.2	3	2.6	2.5
			>6.3~10	13	9.5	7.1	5.6	4.5	3.8	3.4	3	2.8
	125	400	1~6.3	16	11	8.5	6.7	5.6	4.8	4.2	3.8	3.6
			>6.3~10	18	13	10	7.5	6	5.3	4.5	4.2	4
	400	800	1~6.3	21	15	11	9	7.1	6	5.3	5	4.8
			>6.3~10	22	17	12	9.5	7.5	6.7	6	5.3	5
	800	1 600	1~6.3	24	17	15	10	8	7.5	7	6.3	6
			>6.3~10	27	20	15	12	9.5	8	7.1	6.7	6.3
7	—	125	1~6.3	17	13	10	8	6	5.3	4.5	4.2	4
			>6.3~10	21	15	11	9	7.1	6	5.3	5	4.5
	125	400	1~6.3	25	18	13	10	9	7.5	6.7	6	5.6
			>6.3~10	28	20	16	12	10	10	7.5	6.7	6.3
	400	800	1~6.3	32	24	18	14	11	10	8.5	8	7.5
			>6.3~10	36	26	19	15	12	10	9.5	8.5	8
	800	1 600	1~6.3	36	26	20	16	13	11	10	8.5	8
			>6.3~10	42	30	22	18	15	12	11	10	9.5
8	—	125	1~6.3	25	18	13	10	8.5	7.5	6.7	6	5.6
			>6.3~10	28	21	16	12	10	8.5	7.5	7	6.7
	125	400	1~6.3	36	26	19	15	12	10	9	8.5	8
			>6.3~10	40	30	22	17	14	12	10.5	10	8.5
	400	800	1~6.3	45	32	25	19	16	13	12	11	10
			>6.3~10	50	36	28	21	17	15	13	12	11
	800	1 600	1~6.3	53	38	28	22	18	15	14	12	11
			>6.3~10	63	44	32	26	22	18	16	14	13

表 10-28　齿圈轴向位移极限偏差 $\pm f_{AM}$ 值　　　　μm

精度等级；中点法向模数/mm

中点锥距/mm 大于	到	分锥角/(°) 大于	到	6 1~3.5	>3.5~6.3	>6.3~10	>10~16	7 1~3.5	>3.5~6.3	>6.3~10	>10~16	8 1~3.5	>3.5~6.3	>6.3~10	>10~16	9 1~3.5	>3.5~6.3	>6.3~10	>10~16	10 1~3.5	>3.5~6.3	>6.3~10	>10~16
—	50	—	20	14	8	—	—	20	11	—	—	28	16	—	—	40	22	—	—	56	32	—	—
		20	45	12	6.7	—	—	17	9.5	—	—	24	13	—	—	34	19	—	—	48	26	—	—
		45	—	5	2.8	—	—	7.1	4	—	—	10	5.6	—	—	14	8	—	—	20	11	—	—
50	100	—	20	48	26	17	13	67	38	24	18	95	53	34	26	140	75	50	38	190	105	71	50
		20	45	40	22	15	11	60	32	21	16	80	45	30	22	120	63	42	30	160	90	60	45
		45	—	17	9.5	6	4.5	24	13	8.5	6.7	34	17	12	9	48	26	17	12	64	36	24	18
100	200	—	20	105	56	38	28	150	80	53	40	200	120	75	56	300	160	105	80	420	240	150	110
		20	45	90	50	32	24	130	71	45	34	180	100	63	48	260	140	90	67	360	190	130	95
		45	—	38	21	13	10	53	29	19	14	75	40	26	20	105	60	38	28	150	80	53	40
200	400	—	20	240	130	85	60	340	180	120	85	480	250	170	120	670	360	240	170	950	500	320	240
		20	45	200	105	71	50	280	150	100	71	400	210	140	100	560	300	200	150	800	420	280	200
		45	—	85	45	30	21	120	63	40	30	170	90	60	42	240	130	85	60	340	180	120	85
400	800	—	20	530	280	180	130	750	400	250	180	1 050	560	360	260	1 500	800	500	380	2 100	1 100	710	500
		20	45	450	240	150	110	630	340	210	160	900	480	300	220	1 300	670	440	300	1 700	950	600	440
		45	—	190	100	63	45	270	140	90	67	380	200	125	90	530	280	180	130	750	400	250	180
800	1 600	—	20	—	—	380	280	—	—	560	400	—	—	750	560	—	—	1 100	800	—	—	1 500	1 100
		20	45	—	—	—	240	—	—	—	340	—	—	—	480	—	—	—	670	—	—	—	950
		45	—	—	—	—	100	—	—	—	140	—	—	—	200	—	—	—	280	—	—	—	400

注：表中数值用于 $\alpha = 20°$ 的非修形齿轮。对修形齿轮，允许采用低一级的 $\pm f_{AM}$ 值；当 $\alpha \ne 20°$ 时，表中数值乘 $\sin 20° / \sin \alpha$。

表 10-29　锥齿轮副的 f'_{zzc}、$\pm E_{\Sigma}$、$\pm f_a$ 值　　　　　　　　　　　μm

齿轮副齿频周期误差的公差 f'_{zzc} [1]				轴交角极限偏差 $\pm E_{\Sigma}$ [2]							轴间距极限偏差 $\pm f_a$ [3]					
大轮齿数	中点法向模数/mm	精度等级		中点锥距/mm	小轮分锥角/(°)	最小法向侧隙种类					中点锥距/mm	精度等级				
		6	7	8			h、e	d	c	b	a		6	7	8	9	10
≤16	1~3.5	10	15	22	≤50	≤15	7.5	11	18	30	45	≤50	12	18	28	36	67
	>3.5~6.3	12	18	28		>15~25	10	16	26	42	63						
	>6.3~10	14	22	32		>25	12	19	30	50	80						
>16~32	1~3.5	10	16	24	>50~100	≤15	10	16	26	42	63	>50~100	15	20	30	45	75
	>3.5~6.3	13	19	28		>15~25	12	19	30	50	80						
	>6.3~10	16	24	34		>25	15	22	32	60	95						
	>10~16	19	28	42													
>32~63	1~3.5	11	17	24	>100~200	≤15	12	19	30	50	80	>100~200	18	25	36	55	90
	>3.5~6.3	14	20	30		>15~25	17	26	45	71	110						
	>6.3~10	17	24	36		>25	20	32	50	80	125						
	>10~16	20	30	45													
>63~125	1~3.5	12	18	25	>200~400	≤15	15	22	32	60	95	>200~400	25	30	45	75	120
	>3.5~6.3	15	22	32		>15~25	24	36	56	90	140						
	>6.3~10	18	26	38		>25	26	40	63	100	160						
	>10~16	22	34	48													
>125~250	1~3.5	13	18	28	>400~800	≤15	20	32	50	80	125	>400~800	30	36	60	90	150
	>3.5~6.3	16	24	34		>15~25	28	45	71	110	180						
	>6.3~10	19	30	42		>25	34	56	85	140	220						
	>10~16	24	36	53													
>250~500	1~3.5	14	21	30	>800~1600	≤15	26	40	63	100	160	>800~1600	40	50	85	130	200
	>3.5~6.3	18	28	40		>15~25	40	63	100	160	250						
	>6.3~10	22	34	48		>25	53	85	130	210	320						
	>10~16	28	42	60													

注：1. f'_{zzc} 用于 $\varepsilon_{\beta c} \leqslant 0.45$ 的齿轮副。当 $\varepsilon_{\beta c} > 0.45 \sim 0.58$ 时，表中数值乘 0.6；当 $\varepsilon_{\beta c} > 0.58 \sim 0.67$ 时，表中数值乘 0.4；当 $\varepsilon_{\beta c} > 0.67$ 时，表中数值乘 0.3。其中，$\varepsilon_{\beta c}$ = 纵向重合度×齿长方向接触斑点大小百分比的平均值；

　　2. E_{Σ} 值的公差带位置相对于零线可以不对称或取在一侧，适用于 $\alpha = 20°$ 的正交齿轮副；

　　3. f_a 值用于无纵向修形的齿轮副。对纵向修形齿轮副允许采用低一级的 $\pm f_a$ 值。

3. 齿轮副侧隙

本标准规定齿轮副的最小法向侧隙种类为 6 种：a、b、c、d、e 和 h。最小法向侧隙值以 a 为最大，h 为零，如图 10-14 所示。最小法向侧隙种类与精度等级无关。

最小法向侧隙种类确定后，按表 10-33 和表 10-29 查取 E_{ss} 和 $\pm E_{\Sigma}$。

最小法向侧隙 $j_{n\min}$ 按表 10-30 规定。有特殊要求时，$j_{n\min}$ 可不按表 10-30 所列数值确定。此时，用线性插值法由表 10-33 和表 10-29 计算 $E_{\bar{s}s}$ 和 $\pm E_{\Sigma}$。

最大法向侧隙 $j_{n\max}$ 为

$$j_{n\max} = (\,|\,E_{\bar{s}s1} + E_{\bar{s}s2}\,| + T_{\bar{s}1} + T_{\bar{s}2} + E_{\bar{s}\Delta1} + E_{\bar{s}\Delta2})\cos\alpha_n$$

式中，$E_{\bar{s}\Delta}$ 为制造误差的补偿部分，由表 10-32 查取。

本标准规定齿轮副的法向侧隙公差种类为 5 种：A、B、C、D 和 H。法向侧隙公差种类与精度等级有关。允许不同种类的法向侧隙公差和最小法向侧隙组合。在一般情况下，推荐法向侧隙公差种类与最小法向侧隙种类的对应关系如图 10-14 所示。

齿厚公差 $T_{\bar{s}}$ 按表 10-31 规定。

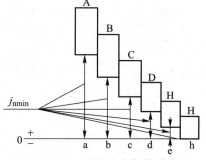

图 10-14　最小法向侧隙种类

表 10-30 最小法向侧隙 j_{nmin} 值 μm

中点锥距 /mm		小轮分锥角 /(°)		最小法向侧隙种类					
大于	到	大于	到	h	e	d	c	b	a
—	50	—	15	0	15	22	36	58	90
		15	25	0	21	33	52	84	130
		25	—	0	25	39	62	100	160
50	100	—	15	0	21	33	52	84	130
		15	25	0	25	39	62	100	160
		25	—	0	30	46	74	120	190
100	200	—	15	0	25	39	62	100	160
		15	25	0	35	54	87	140	220
		25	—	0	40	63	100	160	250
200	400	—	15	0	30	46	74	120	190
		15	25	0	46	72	115	185	290
		25	—	0	52	81	130	210	320
400	800	—	15	0	40	63	100	160	250
		15	25	0	57	89	140	230	360
		25	—	0	70	110	175	280	440
800	1 600	—	15	0	52	81	130	210	320
		15	25	0	80	125	200	320	500
		25	—	0	105	165	260	420	660
1 600	—	—	15	0	70	110	175	280	440
		15	25	0	125	195	310	500	780
		25	—	0	175	280	440	710	1 100

注：正交齿轮副按中点锥距 R 查表。非正交齿轮副按下式算出的 R' 查表：$R' = R(\sin 2\delta_1 + \sin 2\delta_2)/2$，式中，$\delta_1$ 和 δ_2 为大、小轮分锥角。

表 10-31 齿厚公差 $T_{\bar{s}}$ 值 μm

齿圈跳动公差 F_r		法向侧隙公差种类				
大于	到	H	D	C	B	A
—	8	21	25	30	40	52
8	10	22	28	34	45	55
10	12	24	30	36	48	60
12	16	26	32	40	52	65
16	20	28	36	45	58	75
20	25	32	42	52	65	85
25	32	38	48	60	75	95
32	40	42	55	70	85	110
40	50	50	65	80	100	130
50	60	60	75	95	120	150
60	80	70	90	110	130	180
80	100	90	110	140	170	220
100	125	110	130	170	200	260
125	160	130	160	200	250	320
160	200	160	200	260	320	400
200	250	200	250	320	380	500
250	320	240	300	400	480	630
320	400	300	380	500	600	750
400	500	380	480	600	750	950
500	630	450	500	750	950	1 180

表 10-32 最大法向侧隙(j_{nmax})的制造误差补偿部分 $E_{\bar{s}\Delta}$ 值 μm

第Ⅱ公差组精度等级	中点法向模数 /mm	中点分度圆直径/mm ≤125			>125~400			>400~800			>800~1 600		
		分锥角/(°) ≤20	>20~45	>45	≤20	>20~45	>45	≤20	>20~45	>45	≤20	>20~45	>45
4~6	1~3.5	18	18	20	25	28	28	32	45	40	—	—	—
	>3.5~6.3	20	20	22	28	28	28	34	50	40	67	75	72
	>6.3~10	22	22	25	32	32	30	36	50	45	72	80	75
	>10~16	25	25	28	32	34	32	45	55	50	72	90	75
7	1~3.5	20	20	22	28	32	30	36	50	45	—	—	—
	>3.5~6.3	22	22	25	32	32	30	38	55	45	75	85	80
	>6.3~10	25	25	28	36	36	34	40	55	50	80	90	85
	>10~16	28	28	30	36	38	36	48	60	55	80	100	85
8	1~3.5	22	22	24	30	36	32	40	55	50	—	—	—
	>3.5~6.3	24	24	28	36	36	32	42	60	50	80	90	85
	>6.3~10	28	28	30	40	40	38	45	60	55	85	100	95
	>10~16	30	30	32	40	42	40	55	65	60	85	110	95
9	1~3.5	24	24	25	32	38	36	45	65	55	—	—	—
	>3.5~6.3	25	25	30	38	38	36	45	65	55	90	100	95
	>6.3~10	30	30	32	45	45	40	48	60	60	95	110	100
	>10~16	32	32	36	45	45	48	55	70	65	95	120	100
10	1~3.5	25	25	28	36	42	40	48	65	60	—	—	—
	>3.5~6.3	28	28	32	42	42	40	50	70	60	95	110	105
	>6.3~10	32	32	36	48	48	45	50	70	65	105	115	110
	>10~16	36	36	40	48	50	48	60	80	70	105	130	110

表 10-33　齿厚上极限偏差 $E_{\overline{s}s}$ 值　　　　　　　　μm

基本值

中点法向模数/mm	中点分度圆直径/mm											
	≤125			>125~400			>400~800			>800~1600		
	分锥角/(°)											
	≤20	>20~45	>45	≤20	>20~45	>45	≤20	>20~45	>45	≤20	>20~45	>45
1~3.5	-20	-20	-22	-28	-32	-30	-36	-50	-45	—	—	—
>3.5~6.3	-22	-22	-25	-32	-32	-30	-38	-55	-45	-75	-85	-80
>6.3~10	-25	-25	-28	-36	-36	-34	-40	-55	-50	-80	-90	-85
>10~16	-28	-28	-30	-36	-38	-36	-48	-60	-55	-80	-100	-85

系数

最小法向侧隙种类	第Ⅱ公差组精度等级				
	6	7	8	9	10
h	0.9	1.0	—	—	—
e	1.45	1.6	—	—	—
d	1.8	2.0	2.2	—	—
c	2.4	2.7	3.0	3.2	—
b	3.4	3.8	4.2	4.6	4.9
a	5.0	5.5	6.0	6.6	7.0

注：1. 各最小法向侧隙种类和各精度等级齿轮的 $E_{\overline{s}s}$ 值，由基本值栏查出的数值乘以系数得出。

　　2. 当轴交角公差带相对零线不对称时，$E_{\overline{s}s}$ 数值修正如下：

　　　增大轴交角上极限偏差时，$E_{\overline{s}s}$ 加上 $(E_{\Sigma s}^{-} - |E_{\Sigma}|)\tan\alpha$

　　　减小轴交角上极限偏差时，$E_{\overline{s}s}$ 减去 $(|E_{\Sigma i}^{-}| - |E_{\Sigma}|)\tan\alpha$

　　　式中：$E_{\Sigma s}^{-}$—修改后的轴交角上极限偏差；$E_{\Sigma i}^{-}$—修改后的轴交角下极限偏差；E_{Σ}—表 10-29 中数值；α—齿形角。

　　3. 允许把大、小轮齿厚上极限偏差 $(E_{\overline{s}s1}, E_{\overline{s}s2})$ 之和重新分配在两个齿轮上。

4. 齿坯公差

齿坯公差值见表 10-34。

表 10-34　齿坯公差值

齿坯尺寸公差						齿坯轮冠距和顶锥角极限偏差			
精度等级	6	7	8	9	10	中点法向模数/mm	≤1.2	>1.2~10	>10
轴径尺寸公差	IT5	IT6	IT6	IT7	IT7	轮冠距极限偏差/μm	0 -50	0 -75	0 -100
孔径尺寸公差	IT6	IT7	IT7	IT8	IT8	顶锥角极限偏差/(')	+15 0	+8 0	+8 0
外径尺寸极限偏差	0 -IT8	0 -IT8	0 -IT8	0 -IT9	0 -IT9				

齿坯顶锥母线跳动公差/μm							基准端面跳动公差/μm					
精度等级		6	7	8	9	10	精度等级		6	7	8	9	10
外径/mm	≤30	15	25	25	50	50	基准端面直径/mm	≤30	6	10	10	15	15
	>30~50	20	30	30	60	60		>30~50	8	12	12	20	20
	>50~120	25	40	40	80	80		>50~120	10	15	15	25	25
	>120~250	30	50	50	100	100		>120~250	12	20	20	30	30
	>250~500	40	60	60	120	120		>250~500	15	25	25	40	40
	>500~800	50	80	80	150	150		>500~800	20	30	30	50	50
	>800~1250	60	100	100	200	200		>800~1250	25	40	40	60	60
	>1250~2000	80	120	120	250	250		>1250~2000	30	50	50	80	80

注：1. 当三个公差组精度等级不同时，公差值按最高的精度等级查取；

　　2. IT5~IT9 值见表 9-1。

5. 图样标注

在齿轮工作图上应标注齿轮的精度等级和最小法向侧隙种类及法向侧隙公差种类的数字（字母）代号。

标注示例：

（1）齿轮的三个公差组精度同为 7 级，最小法向侧隙种类为 b，法向侧隙公差种类为 B：

（2）齿轮的第Ⅰ公差组精度为8级,第Ⅱ、Ⅲ公差组精度为7级,最小法向侧隙种类为c,法向侧隙公差种类为B：

8 - 7 - 7 c B GB/T 11365
- 法向侧隙公差种类
- 最小法向侧隙种类
- 第Ⅲ公差组的精度等级
- 第Ⅱ公差组的精度等级
- 第Ⅰ公差组的精度等级

6. 锥齿轮和非变位圆柱齿轮的齿厚及齿高

$\alpha_0=20°$, $h_a=1$ 时,非变位直齿圆柱、锥齿轮分度圆上弦齿厚及弦齿高见表10-35。

表10-35 非变位直齿圆柱、锥齿轮分度圆上弦齿厚及弦齿高（$\alpha_0=20°$, $h_a^*=1$）

弦齿厚 $s_x=K_1 m$; 弦齿高 $h_x^*=K_2 m$

齿数 z	K_1	K_2	齿数 z	K_1	K_2	齿数 z	K_1	K_2	齿数 z	K_1	K_2
10	1.5643	1.0616	41		1.0150	73		1.0085	106		1.0058
11	1.5655	1.0560	42	1.5704	1.0147	74	1.5707	1.0084	107		1.0058
12	1.5663	1.0514	43		1.0143	75		1.0083	108	1.5707	1.0057
13	1.5670	1.0474	44		1.0140	76		1.0081	109		1.0057
14	1.5675	1.0440	45		1.0137	77		1.0080	110		1.0056
15	1.5679	1.0411	46		1.0134	78	1.5707	1.0079	111		1.0056
16	1.5683	1.0385	47	1.5705	1.0131	79		1.0078	112		1.0055
17	1.5686	1.0362	48		1.0128	80		1.0077	113	1.5707	1.0055
18	1.5688	1.0340	49		1.0126	81		1.0076	114		1.0054
19	1.5690	1.0324	50		1.0123	82		1.0075	115		1.0054
20	1.5692	1.0308	51		1.0121	83	1.5707	1.0074	116		1.0053
21	1.5694	1.0294	52		1.0119	84		1.0074	117		1.0053
22	1.5695	1.0281	53		1.0117	85		1.0073	118	1.5707	1.0053
23	1.5696	1.0268	54	1.5706	1.0114	86		1.0072	119		1.0052
24	1.5697	1.0257	55		1.0112	87		1.0071	120		1.0052
25	1.5698	1.0247	56		1.0110	88	1.5707	1.0070	121		1.0051
26		1.0237	57		1.0108	89		1.0069	122		1.0051
27	1.5699	1.0228	58	1.5706	1.0106	90		1.0068	123	1.5707	1.0050
28		1.0220	59		1.0105	91		1.0068	124		1.0050
29	1.5700	1.0213	60		1.0102	92		1.0067	125		1.0049
30	1.5701	1.0205	61		1.0101	93	1.5707	1.0067	126		1.0049
31		1.0199	62		1.0100	94		1.0066	127		1.0049
32		1.0193	63	1.5706	1.0098	95		1.0065	128	1.5707	1.0048
33	1.5702	1.0187	64		1.0097	96		1.0064	129		1.0048
34		1.0181	65		1.0095	97		1.0064	130		1.0047
35		1.0176	66		1.0094	98	1.5707	1.0063	131		1.0047
36	1.5703	1.0171	67	1.5706	1.0092	99		1.0062	132		1.0047
37		1.0167	68		1.0091	100		1.0061	133	1.5708	1.0047
38		1.0162	69	1.5707	1.0090	101		1.0061	134		1.0046
39	1.5704	1.0158	70		1.0088	102		1.0060	135		1.0046
40		1.0154	71	1.5707	1.0087	103	1.5707	1.0060	140		1.0044
			72		1.0086	104		1.0059	145	1.5708	1.0042
						105		1.0059	150		1.0041
									齿条		1.0000

注：1. 对于斜齿圆柱齿轮和锥齿轮,使用本表时,应以当量齿数 z_d 代替 z。斜齿轮:$z_d=z/\cos^3\beta_f$;锥齿轮:$z_d=z/\cos\varphi$。z_d 非整数时,可用插值法求出;

2. 本表不属于 GB/T 11365—1989 内容。

三、圆柱蜗杆、蜗轮精度(GB/T 10089—1988 摘录)

本标准适用于轴交角 Σ 为 $90°$,模数 $m \geqslant 1$ mm 的圆柱蜗杆、蜗轮及传动。其蜗杆分度圆直径 $d_1 \leqslant 400$ mm,蜗轮分度圆直径 $d_2 \leqslant 4\,000$ mm。基本蜗杆可为阿基米德蜗杆(ZA 蜗杆)、渐开线蜗杆(ZI 蜗杆)、法向直廓蜗杆(ZN 蜗杆)、锥面包络圆柱蜗杆(ZK 蜗杆)和圆弧圆柱蜗杆(ZC 蜗杆)。

1. 精度等级和公差组

本标准对蜗杆、蜗轮和蜗杆传动规定 12 个精度等级,第 1 级的精度最高,第 12 级的精度最低。按照公差的特性对传动性能的主要保证作用,将蜗杆、蜗轮和蜗杆传动的公差(或极限偏差)分成三个公差组(表 10-36)。

表 10-36 蜗杆、蜗轮及其传动的公差组

公差组	蜗 杆		蜗 轮		传 动	
	公差及极限偏差项目					
	名 称	代 号	名 称	代 号	名 称	代 号
I	—	—	蜗轮切向综合公差	F_i'	蜗杆副的切向综合公差	F_{ic}'
			蜗轮径向综合公差	F_i''		
			蜗轮齿距累积公差	F_p		
			蜗轮 k 个齿距累积公差	F_{pk}		
			蜗轮齿圈径向跳动公差	F_r		
II	蜗杆一转螺旋线公差	f_h	蜗轮一齿切向综合公差	f_i'	蜗杆副的一齿切向综合公差	f_{ic}'
	蜗杆螺旋线公差	f_{hL}	蜗轮一齿径向综合公差	f_i''		
	蜗杆轴向齿距极限偏差	$\pm f_{px}$	蜗轮齿距极限偏差	$\pm f_{pt}$		
	蜗杆轴向齿距累积公差	f_{pxL}				
	蜗杆齿槽径向跳动公差	f_r				
III	蜗杆齿形公差	f_{f1}	蜗轮齿形公差	f_{f2}	接触斑点	
					蜗杆副的中心距极限偏差	$\pm f_a$
					蜗杆副的中间平面极限偏差	$\pm f_x$
					蜗杆副的轴交角极限偏差	$\pm f_\Sigma$

根据使用要求不同,允许各公差组选用不同的精度等级组合,但在同一公差组中,各项公差与极限偏差应保持相同的精度等级。

蜗杆和配对蜗轮的精度等级一般取成相同,也允许取成不相同。对有特殊要求的蜗杆传动,除 F_r、F_i''、f_i''、f_r 项目外,其蜗杆、蜗轮左右齿面的精度等级也可取成不相同。

表 10-37 列出了 7~9 级精度蜗杆传动的加工方法及应用范围,供选择精度等级时参考。蜗杆、蜗轮部分误差的定义和代号见表 10-38。

表 10-37 蜗杆传动的加工方法及应用范围

精 度 等 级		7	8	9
蜗轮圆周速度		$\leqslant 7.5$ m/s	$\leqslant 3$ m/s	$\leqslant 1.5$ m/s
加工方法	蜗杆	渗碳淬火或淬火后磨削	淬火磨削或车削、铣削	车削或铣削
	蜗轮	滚削或飞刀加工后珩磨(或加载配对跑合)	滚削或飞刀加工后加载配对跑合	滚削或飞刀加工
应用范围		中等精度工业运转机构的动力传动。如机床进给、操纵机构,电梯曳引装置	每天工作时间不长的一般动力传动。如起重运输机械减速器,纺织机械传动装置	低速传动或手动机构。如舞台升降装置,塑料蜗杆传动

注:此表不属于 GB/T 10089—1988,仅供参考。

表 10-38　蜗杆、蜗轮部分误差的定义和代号

名　称	代号	定　义	名　称	代号	定　义
蜗杆轴向齿距偏差 蜗杆轴向齿距极限偏差　上极限偏差 下极限偏差	Δf_{px} $+f_{px}$ $-f_{px}$	在蜗杆轴向截面上实际齿距与公称齿距之差	蜗轮齿形误差 蜗轮齿形公差	Δf_{f2} f_{f2}	在蜗轮轮齿给定截面上的齿形工作部分内,包容实际齿形且距离为最小的两条设计齿形间的法向距离 当两条设计齿形线为非等距离曲线时,应在靠近齿体内的设计齿形线的法线上确定其两者间的法向距离
蜗杆轴向齿距累积误差 蜗杆轴向齿距累积公差	Δf_{pxL} f_{pxL}	在蜗杆轴向截面上的工作齿宽范围(两端不完整齿部分应除外)内,任意两个同侧齿面间实际轴向距离与公称轴向距离之差的最大绝对值	蜗轮齿厚偏差 蜗轮齿厚极限偏差　上极限偏差 下极限偏差 蜗轮齿厚公差	ΔE_{s2} E_{ss2} E_{si2} T_{s2}	在蜗轮中间平面上,分度圆齿厚的实际值与公称值之差
蜗杆齿槽径向跳动 蜗杆齿槽径向跳动公差	Δf_r f_r	在蜗杆任意一转范围内,测头在齿槽内与齿高中部的齿面双面接触,其测头相对于蜗杆轴线的径向最大变动量	蜗杆副的中心距偏差 蜗杆副的中心距极限偏差 上极限偏差 下极限偏差	Δf_a $+f_a$ $-f_a$	在安装好的蜗杆副中间平面内,实际中心距与公称中心距之差
蜗杆齿形误差 蜗杆齿形公差	Δf_{f1} f_{f1}	在蜗杆轮齿给定截面上的齿形工作部分内,包容实际齿形且距离为最小的两条设计齿形间的法向距离 当两条设计齿形线为非等距离的曲线时,应在靠近齿体内的设计齿形线的法线上确定其两者间的法向距离	蜗杆副的中间平面偏移 蜗杆副的中间平面极限偏差 上极限偏差 下极限偏差	Δf_x $+f_x$ $-f_x$	在安装好的蜗杆副中,蜗轮中间平面与传动中间平面之间的距离
蜗杆齿厚偏差 蜗杆齿厚极限偏差　上极限偏差 下极限偏差 蜗杆齿厚公差	ΔE_{s1} E_{ss1} E_{si1} T_{s1}	在蜗杆分度圆柱上,法向齿厚的实际值与公称值之差	蜗杆副的轴交角偏差 蜗杆副的轴交角极限偏差 上极限偏差 下极限偏差	Δf_{Σ} $+f_{\Sigma}$ $-f_{\Sigma}$	在安装好的蜗杆副中,实际轴交角与公称轴交角之差。 偏差值按蜗轮齿宽确定,以其线性值计

2. 蜗杆、蜗轮及传动的检验与公差

标准中规定了蜗杆、蜗轮及其传动的检验要求,标准把各公差组的项目分为若干检验组(表10-39),根据蜗杆传动的工作要求和生产规模,在各公差组中,选定一个检验组来评定和验收蜗杆、蜗轮的精度。当检验组中有两项或两项以上的误差时,应以检验组中最低的一项精度来评定蜗杆、蜗轮的精度等级。若制造厂与订货者双方有专门协议时,应按协议的规定进行蜗杆、蜗轮精度的验收、评定。

本标准规定的公差值是以蜗杆、蜗轮的工作轴线为测量的基准轴线。当实际测量基准不符合本规定时,应从测量结果中消除基准不同所带来的影响。

蜗杆传动的精度主要以传动切向综合误差 $\Delta F'_{ic}$、传动一齿切向综合误差 $\Delta f'_{ic}$ 和传动接触斑点的形状、分布位置与面积大小来评定。对不可调中心距的传动,检验接触斑点的同时,还应检验 Δf_a、Δf_x 和 Δf_Σ。

各项公差与极限偏差值见表10-40~表10-49,表面粗糙度推荐值见表10-50,未列入公差表的项目则由下列公式求得:

$$F'_i = F_p + f_{f2} ; \quad F'_{ic} = F_p + f'_{ic} ; \quad f'_i = 0.6(f_{pt} + f_{f2}) ; \quad f'_{ic} = 0.7(f'_i + f_h)$$

表 10-39 推荐的蜗杆、蜗轮及其传动的检验项目

类　别		蜗　杆			蜗　轮			传　动
精度等级		7	8	9	7	8	9	
公差组	I	—			F_p		F_p 或 F_r	接触斑点
	II	$\pm f_{px}$, f_{pxL} 与 f_r			$\pm f_{pt}$			$\pm f_a$, $\pm f_x$ 和 $\pm f_\Sigma$
	III	f_{f1}			f_{f2}			
侧　隙		E_{ss1} , E_{si1}			E_{ss2} , E_{si2}			j_{nmin}
齿坯公差		蜗杆、蜗轮齿坯尺寸和形状公差,基准面径向和端面跳动公差						

注:1. 当接触斑点有要求时,f_{f2} 可不进行检验;
    2. 本表不属于 GB/T 10089—1988,仅供参考。

表 10-40 蜗杆的公差和极限偏差 f_h、f_{hL}、f_{px}、f_{pxL}、f_{f1}、f_r 值　　　　μm

名称代号	模数 m/mm	精度等级					名称代号	分度圆直径 d_1/mm	模数 m/mm	精度等级				
		6	7	8	9	10				6	7	8	9	10
蜗杆一转螺旋线公差 f_h	1~3.5	11	14	—	—	—	蜗杆齿槽径向跳动公差 f_r	≤10	1~3.5	11	14	20	28	40
	>3.5~6.3	14	20	—	—	—								
	>6.3~10	18	25	—	—	—		>10~18	1~3.5	12	15	21	29	41
	>10~16	24	32	—	—	—								
	>16~25	32	45	—	—	—		>18~31.5	1~6.3	12	16	22	30	42
蜗杆螺旋线公差 f_{hL}	1~3.5	22	32	—	—	—								
	>3.5~6.3	28	40	—	—	—		>31.5~50	1~10	13	17	23	32	45
	>6.3~10	36	50	—	—	—								
	>10~16	45	63	—	—	—		>50~80	1~16	14	18	25	36	48
	>16~25	63	90	—	—	—								
蜗杆轴向齿距极限偏差 $\pm f_{px}$	1~3.5	7.5	11	14	20	28		>80~125	1~16	16	20	28	40	56
	>3.5~6.3	9	14	20	25	36								
	>6.3~10	12	17	25	32	48		>125~180	1~25	18	25	32	45	63
	>10~16	16	22	32	46	63								
	>16~25	22	32	45	63	85		>180~250	1~25	22	28	40	53	75
蜗杆轴向齿距累积公差 f_{pxL}	1~3.5	13	18	25	36	—								
	>3.5~6.3	16	24	34	48	—		>250~315	1~25	25	32	45	63	90
	>6.3~10	21	32	45	63	—								
	>10~16	28	40	56	80	—		>315~400	1~25	28	36	53	71	100
	>16~25	40	53	75	100	—								
蜗杆齿形公差 f_{f1}	1~3.5	11	16	22	32	45								
	>3.5~6.3	14	22	32	45	60								
	>6.3~10	19	28	40	53	75								
	>10~16	25	36	53	75	100								
	>16~25	36	53	75	100	140								

注:当基准蜗杆齿形角 α 不等于 20°时,本标准规定的 f_r 值乘以系数 $\sin 20°/\sin \alpha$。

表 10-41　蜗轮的 F_p、F_{pk}、$\pm f_{pt}$、f_{f2} 值　　　　μm

蜗轮齿距累积公差 F_p 和 k 个齿距累积公差 F_{pk}

分度圆弧长 L/mm	精度等级 6	7	8	9	10
≤11.2	11	16	22	32	45
>11.2~20	16	22	32	45	63
>20~32	20	28	40	56	80
>32~50	22	32	45	63	90
>50~80	25	36	50	71	100
>80~160	32	45	63	90	125
>160~315	45	63	90	125	180
>315~630	63	90	125	180	250
>630~1 000	80	112	160	224	315
>1 000~1 600	100	140	200	280	400
>1 600~2 500	112	160	224	315	450

分度圆直径 d_2/mm	模数 m/mm	蜗轮齿距极限偏差 $\pm f_{pt}$ 6	7	8	9	10	蜗轮齿形公差 f_{f2} 6	7	8	9	10
≤125	1~3.5	10	14	20	28	40	8	11	14	22	36
	>3.5~6.3	13	18	25	36	50	10	14	20	32	50
	>6.3~10	14	20	28	40	56	12	17	22	36	56
>125~400	1~3.5	11	14	22	32	45	9	13	18	28	45
	>3.5~6.3	14	18	28	40	56	11	16	22	36	56
	>6.3~10	16	22	32	45	63	13	19	28	45	71
	>10~16	18	25	36	50	71	16	22	32	50	80
>400~800	1~3.5	13	18	25	36	50	12	17	25	40	63
	>3.5~6.3	14	20	28	40	56	14	20	28	45	71
	>6.3~10	18	25	36	50	71	16	24	36	56	90
	>10~16	20	28	40	56	80	18	26	40	63	100
	>16~25	25	36	50	71	100	24	36	50	90	140
>800~1 600	1~3.5	14	20	28	40	56	17	24	36	56	90
	>3.5~6.3	16	22	32	45	63	18	28	40	63	100
	>6.3~10	18	25	36	50	71	20	30	45	71	112
	>10~16	20	28	40	56	80	22	34	50	80	125
	>16~25	25	36	50	71	100	28	42	63	100	160

注：1. 查 F_p 时，取 $L = \dfrac{1}{2}\pi d_2 = \dfrac{1}{2}\pi m z_2$；查 F_{pk} 时，取 $L = k\pi m$（k 为 2 到小于 $z_2/2$ 的整数）；

　　2. 除特殊情况外，对于 F_{pk}，k 值规定取为小于 $z_2/6$ 的最大整数。

表 10-42　蜗轮的 F_r、F_i''、f_i'' 值　　　　μm

分度圆直径 d_2/mm	模数 m/mm	蜗轮齿圈径向跳动公差 F_r 6	7	8	9	10	蜗轮径向综合公差 F_i'' 6	7	8	9	10	蜗轮一齿径向综合公差 f_i'' 6	7	8	9	10
≤125	1~3.5	28	40	50	63	80	—	56	71	90	112	—	20	28	36	45
	>3.5~6.3	36	50	63	80	100	—	71	90	112	140	—	25	36	45	56
	>6.3~10	40	56	71	90	112	—	80	100	125	160	—	28	40	50	63
>125~400	1~3.5	32	45	56	71	90	—	63	80	100	125	—	22	32	40	50
	>3.5~6.3	40	56	71	90	112	—	80	100	125	160	—	28	40	50	63
	>6.3~10	45	63	80	100	125	—	90	112	140	180	—	32	45	56	71
	>10~16	50	71	90	112	140	—	100	125	160	200	—	36	50	63	80
>400~800	1~3.5	45	63	80	100	125	—	90	112	140	180	—	25	36	45	56
	>3.5~6.3	50	71	90	112	140	—	100	125	160	200	—	28	40	50	63
	>6.3~10	56	80	100	125	160	—	112	140	180	224	—	32	45	56	71
	>10~16	71	100	125	160	200	—	140	180	224	280	—	40	56	71	90
	>16~25	90	125	160	200	250	—	180	224	280	355	—	50	71	90	112
>800~1 600	1~3.5	50	71	90	112	140	—	100	125	160	200	—	28	40	50	63
	>3.5~6.3	56	80	100	125	160	—	112	140	180	224	—	32	45	56	71
	>6.3~10	63	90	112	140	180	—	125	160	200	250	—	36	50	63	80
	>10~16	71	100	125	160	200	—	140	180	224	280	—	40	56	71	90
	>16~25	90	125	160	200	250	—	180	224	280	355	—	50	71	90	112

注：当基准蜗杆齿形角 α 不等于 20°时，本标准规定的公差值乘以系数 $\sin 20°/\sin \alpha$。

表 10-43　蜗杆副接触斑点的要求

精度等级	接触面积的百分比/%		接 触 形 状	接 触 位 置
	沿齿高不小于	沿齿长不小于		
5 和 6	65	60	接触斑点在齿高方向无断缺,不允许成带状条纹	接触斑点痕迹的分布位置趋近齿面中部,允许略偏于啮入端。在齿顶和啮入、啮出端的棱边处不允许接触
7 和 8	55	50	不作要求	接触斑点痕迹应偏于啮出端,但不允许在齿顶和啮入、啮出端的棱边接触
9 和 10	45	40		

注:采用修形齿面的蜗杆传动,接触斑点的要求可不受本标准规定的限制。

表 10-44　蜗杆副的 $\pm f_a$、$\pm f_x$、$\pm f_\Sigma$ 值　　　　　　　　μm

传动中心距 a/mm	蜗杆副中心距极限偏差 $\pm f_a$			蜗杆副中间平面极限偏移 $\pm f_x$			蜗杆副轴交角极限偏差 $\pm f_\Sigma$					
	精 度 等 级			精 度 等 级			蜗轮齿宽 b_2/mm	精 度 等 级				
	6	7、8	9、10	6	7、8	9、10		6	7	8	9	10
≤30	17	26	42	14	21	34	≤30	10	12	17	24	34
30~50	20	31	50	16	25	40						
50~80	23	37	60	18.5	30	48	>30~50	11	14	19	28	38
80~120	27	44	70	22	36	56						
120~180	32	50	80	27	40	64	>50~80	13	16	22	32	45
180~250	36	58	92	29	47	74						
250~315	40	65	105	32	52	85	>80~120	15	19	24	36	53
315~400	45	70	115	36	56	92						
400~500	50	78	125	40	63	100	>120~180	17	22	28	42	60
500~630	55	87	140	44	70	112						
630~800	62	100	160	50	80	130	>180~250	20	25	32	48	67
800~1 000	70	115	180	56	92	145						
1 000~1 250	82	130	210	66	105	170	>250	22	28	36	53	75
1 250~1 600	97	155	250	78	125	200						

3. 蜗杆传动的侧隙

本标准按蜗杆传动的最小法向侧隙大小,将侧隙种类分为 8 种:a、b、c、d、e、f、g 和 h。最小法向侧隙值以 a 为最大,h 为零,其他依次减小(图 10-15)。侧隙种类与精度等级无关。各种侧隙的最小法向侧隙 j_{nmin} 值按表 10-46 的规定。

传动的最小法向侧隙由蜗杆齿厚的减薄量来保证,最大法向侧隙由蜗杆、蜗轮齿厚公差 T_{s1}、T_{s2} 确定。蜗杆、蜗轮齿厚上极限偏差和下极限偏差按表 10-45 确定。

表 10-45　齿厚偏差计算公式

齿厚偏差名称		计 算 公 式
蜗杆齿厚	上极限偏差	$E_{ss1} = -(j_{nmin}/\cos \alpha_n + E_{s\Delta})$
	下极限偏差	$E_{si1} = E_{ss1} - T_{s1}$
蜗轮齿厚	上极限偏差	$E_{ss2} = 0$
	下极限偏差	$E_{si2} = -T_{s2}$

注:1. T_{s1}、T_{s2} 分别为蜗杆、蜗轮齿厚公差,见表 10-48;

2. $E_{s\Delta}$ 为制造误差的补偿部分,见表 10-47。

对可调中心距传动或蜗杆、蜗轮不要求互换的传动,允许传动的侧隙规范用最小侧隙 j_{tmin}

（或 j_{nmin}）和最大侧隙 j_{tmax}（或 j_{nmax}）来规定,具体由设计确定。即其蜗轮的齿厚公差可不作规定,蜗杆齿厚的上、下极限偏差由设计确定。

对各种侧隙种类的侧隙规范数值系蜗杆传动在 20 ℃时的情况,未计入传动发热和传动弹性变形的影响。

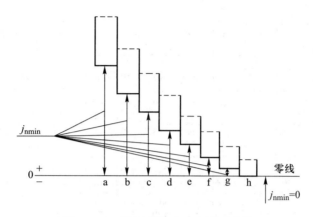

图 10-15 蜗杆副最小法向侧隙种类

表 10-46 蜗杆副的最小法向侧隙 j_{nmin} 值   μm

传动中心距 a/mm	侧 隙 种 类							
	h	g	f	e	d	c	b	a
≤30	0	9	13	21	33	52	84	130
>30~50	0	11	16	25	39	62	100	160
>50~80	0	13	19	30	46	74	120	190
>80~120	0	15	22	35	54	87	140	220
>120~180	0	18	25	40	63	100	160	250
>180~250	0	20	29	46	72	115	185	290
>250~315	0	23	32	52	81	130	210	320
>315~400	0	25	36	57	89	140	230	360
>400~500	0	27	40	63	97	155	250	400
>500~630	0	30	44	70	110	175	280	440
>630~800	0	35	50	80	125	200	320	500
>800~1 000	0	40	56	90	140	230	360	560
>1 000~1 250	0	46	66	105	165	260	420	660
>1 250~1 600	0	54	78	125	195	310	500	780

注：传动的最小圆周侧隙 $j_{tmin} \approx j_{nmin} / \cos \gamma' \cos \alpha_n$。式中,$\gamma'$ 为蜗杆节圆柱导程角;α_n 为蜗杆法向齿形角。

表 10-47　蜗杆齿厚上极限偏差(E_{ss1})中的误差补偿部分 $E_{s\Delta}$ 值　　　　μm

第Ⅱ公差组精度等级	模数 m/mm	传动中心距 a/mm													
		≤30	>30~50	>50~80	>80~120	>120~180	>180~250	>250~315	>315~400	>400~500	>500~630	>630~800	>800~1000	>1000~1250	>1250~1600
6	1~3.5	30	30	32	36	40	45	48	50	56	60	65	75	85	100
	>3.5~6.3	32	36	38	40	45	48	50	56	60	63	70	75	90	100
	>6.3~10	42	45	45	48	50	52	56	60	63	68	75	80	90	105
	>10~16	—	—	—	58	60	63	65	68	71	75	80	85	95	110
	>16~25	—	—	—	—	75	78	80	85	85	90	95	100	110	120
7	1~3.5	45	48	50	56	60	71	75	80	85	95	105	120	135	160
	>3.5~6.3	50	56	58	63	68	75	80	85	90	100	110	125	140	160
	>6.3~10	60	63	65	71	75	80	85	90	95	105	115	130	150	170
	>10~16	—	—	—	80	85	90	95	100	105	115	125	135	150	185
	>16~25	—	—	—	—	115	120	120	125	130	135	145	155	165	185
8	1~3.5	50	56	58	63	68	75	80	85	90	100	110	130	145	170
	>3.5~6.3	68	71	75	78	85	90	95	100	110	120	130	140	150	175
	>6.3~10	80	85	90	90	95	100	115	120	125	130	135	155	165	185
	>10~16	—	—	—	110	115	115	120	125	130	135	160	170	180	210
	>16~25	—	—	—	—	150	155	155	160	160	170	175	180	190	210
9	1~3.5	75	80	90	95	100	110	120	130	140	155	170	190	220	260
	>3.5~6.3	90	95	100	105	110	120	130	140	150	160	170	190	235	270
	>6.3~10	110	115	120	125	130	140	145	155	160	170	190	200	255	290
	>10~16	—	—	—	160	165	170	180	185	190	200	220	230	255	290
	>16~25	—	—	—	—	215	220	225	230	235	245	255	270	290	320
10	1~3.5	100	105	110	115	120	130	140	145	155	165	185	200	230	270
	>3.5~6.3	120	125	130	135	140	145	155	160	170	180	200	210	240	280
	>6.3~10	155	160	165	170	175	180	185	190	200	205	220	240	260	290
	>10~16	—	—	—	210	215	220	225	230	235	240	260	270	290	320
	>16~25	—	—	—	—	280	285	290	295	300	305	310	320	340	370

表 10-48　蜗轮齿厚公差 T_{s2}、蜗杆齿厚公差 T_{s1} 值　　　　μm

分度圆直径 d_2/mm	模数 m/mm	T_{s2} 精度等级					模数 m/mm	T_{s1} 精度等级				
		6	7	8	9	10		6	7	8	9	10
≤125	1~3.5	71	90	110	130	160	1~3.5	36	45	53	67	95
	>3.5~6.3	85	110	130	160	190						
	>6.3~10	90	120	140	170	210	>3.5~6.3	45	56	71	90	130
>125~400	1~3.5	80	100	120	140	170						
	>3.5~6.3	90	120	140	170	210	>6.3~10	60	71	90	110	160
	>6.3~10	100	130	160	190	230						
	>10~16	110	140	170	210	260	>10~16	80	95	120	150	210
	>16~25	130	170	210	260	320						
>400~800	1~3.5	85	110	130	160	190	>16~25	110	130	160	200	280
	>3.5~6.3	90	120	140	170	210						
	>6.3~10	100	130	160	190	230						
	>10~16	120	160	190	230	290						
	>16~25	140	190	230	290	350						
>800~1600	1~3.5	90	120	140	170	210						
	>3.5~6.3	100	130	160	190	230						
	>6.3~10	110	140	170	210	260						
	>10~16	120	160	190	230	290						
	>16~25	140	190	230	290	350						

注：1. 精度等级分别按蜗轮、蜗杆第Ⅱ公差组确定；
　　2. 在最小法向侧隙能保证的条件下，T_{s2}公差带允许采用对称分布；
　　3. 对传动最大法向侧隙 j_{nmax} 无要求时，允许蜗杆齿厚公差 T_{s1}增大，最大不超过两倍

4. 齿坯公差和蜗杆、蜗轮的表面粗糙度

蜗杆、蜗轮齿坯公差值及表面粗糙度 Ra 推荐值分别见表10-49、表10-50。

表 10-49　齿坯公差值

蜗杆、蜗轮齿坯尺寸和形状公差						蜗杆、蜗轮齿坯基准面径向和端面跳动公差/μm			
精 度 等 级	6	7	8	9	10	基准面直径 d/mm	精 度 等 级		
							6	7~8	9~10
孔 尺寸公差	IT6	IT7		IT8		≤31.5	4	7	10
孔 形状公差	IT5	IT6		IT7		>31.5~63	6	10	16
轴 尺寸公差	IT5	IT6		IT7		>63~125	8.5	14	22
轴 形状公差	IT4	IT5		IT6		>125~400	11	18	28
齿顶圆直径 作测量基准	IT8			IT9		>400~800	14	22	36
齿顶圆直径 不作测量基准	尺寸公差按IT11确定,但不大于0.1 mm					>800~1 600	20	32	50

注:1. 当三个公差组的精度等级不同时,按最高精度等级确定公差;
　　2. 当以齿顶圆作为测量基准时,也即为蜗杆、蜗轮的齿坯基准面;
　　3. IT4~IT11 值见表9-1。

表 10-50　蜗杆、蜗轮的表面粗糙度 Ra 推荐值　　　　　　μm

蜗　杆				蜗　轮			
精 度 等 级	7	8	9	精 度 等 级	7	8	9
Ra 齿　面	0.8	1.6	3.2	Ra 齿　面	0.8	1.6	3.2
Ra 顶　圆	1.6	1.6	3.2	Ra 顶　圆	3.2	3.2	6.3

注:本表不属于GB/T 10089—1988,仅供参考。

5. 图样标注

在蜗杆、蜗轮工作图上,应分别标注精度等级、齿厚极限偏差或相应的侧隙种类代号和本标准代号。对传动,应标出相应的精度等级、侧隙种类代号和本标准代号。

标注示例:

(1)蜗杆的第Ⅱ、Ⅲ公差组的精度为8级,齿厚极限偏差为标准值,相配的侧隙种类为c,则标注为

蜗杆 8　c　　GB/T 10089—1988
　　　　　　　　　本标准代号
　　　　侧隙种类代号
　　第Ⅱ、Ⅲ公差组的精度等级

若蜗杆齿厚极限偏差为非标准值,如上极限偏差为-0.27,下极限偏差为-0.40,则标注为

$$\text{蜗杆　} 8 \binom{-0.27}{-0.40}\text{　GB/T 10089—1988}$$

(2)蜗轮的第Ⅰ公差组的精度为7级,第Ⅱ、Ⅲ公差组的精度为8级,齿厚极限偏差为标准值,相配的侧隙种类为c,则标注为

若蜗轮的三个公差组的精度同为 8 级,其他同上,则标注为　8c　GB/T 10089—1988

若蜗轮齿厚无公差要求,则标注为　7-8-8　GB/T 10089—1988

（3）传动的第 Ⅰ 公差组的精度为 7 级,第 Ⅱ、Ⅲ 公差组的精度为 8 级,侧隙种类为 c,则标注为

若传动的三个公差组的精度同为 8 级,侧隙种类为 c,则标注为　传动　8c　GB/T 10089—1988

若侧隙为非标准值时,如 $j_{tmin} = 0.03$ mm,$j_{tmax} = 0.06$ mm,则标注为

$$传动\ \ 7\text{-}8\text{-}8\binom{0.03}{0.06}t\ \ \text{GB/T 10089—1988}$$

四、传动用短节距精密滚子链和套筒链链轮公差（GB/T 1243—2006）

表 10-51　链轮齿根圆直径 d_f 极限偏差 Δd_f 或跨柱测量距极限偏差 ΔM_R

项目（符号）	上极限偏差	下极限偏差/mm	
齿根圆直径极限偏差（Δd_f）、跨柱测量距极限偏差（ΔM_R）	0	0.25	$d_f \leq 127$
	0	0.3	$127 < d_f \leq 250$
	0	h11	$d_f > 250$

径向圆跳动

链轮孔和根圆直径 d_f 之间的径向跳动量不应超过下列两数值的较大值:

$$(0.000\ 8d_f + 0.08)\ \text{mm 或 } 0.15\ \text{mm}$$

最大到 0.76 mm。

端面圆跳动

以轴孔和齿部侧面的平直部分为参考测得的轴向跳动量不应超过下列计算值:

$$(0.000\ 9\ d_f+0.08)\ mm$$

最大到 1.14 mm。d_f 为齿根圆直径。

对于焊接链轮,如上述公式的计算值较小,可采用 0.25 mm。

表 10-52 跨柱测量距 M_R

(a) 偶数齿   (b) 奇数齿

偶 数 齿	$M_R = d + d_{Rmin}$
奇 数 齿	$M_R = d\cos\dfrac{90°}{z} + d_{Rmin}$

注:量柱直径 d_R 等于链条滚子直径 d_1,其极限偏差为 $^{+0.01}_{0}$。

轴孔公差

轴孔公差采用 H8。

链轮应有如下标志:

(1)制造商名或商标;

(2)齿数;

(3)链条标号。

第十一章 减速器设计资料

表 11-1 铸铁减速器箱体主要结构尺寸(图 11-1,图 11-2)

名　　称	符号	减速器形式及尺寸关系/mm		
		齿轮减速器	锥齿轮减速器	蜗杆减速器
箱座壁厚	δ	一级 $\quad 0.025a+1\geqslant 8$ 二级 $\quad 0.025a+3\geqslant 8$ 三级 $\quad 0.025a+5\geqslant 8$	$0.012\,5(d_{1m}+d_{2m})+1\geqslant 8$ 或 $0.01(d_1+d_2)+1\geqslant 8$ d_1、d_2—小、大锥齿轮的大端直径 d_{1m}、d_{2m}—小、大锥齿轮的平均直径	$0.04a+3\geqslant 8$
箱盖壁厚	δ_1	一级 $\quad 0.02a+1\geqslant 8$ 二级 $\quad 0.02a+3\geqslant 8$ 三级 $\quad 0.02a+5\geqslant 8$	$0.01(d_{1m}+d_{2m})+1\geqslant 8$ 或 $0.008\,5(d_1+d_2)+1\geqslant 8$	蜗杆在上:$\approx\delta$ 蜗杆在下: $=0.85\delta\geqslant 8$
箱盖凸缘厚度	b_1	$1.5\delta_1$		
箱座凸缘厚度	b	1.5δ		
箱座底凸缘厚度	b_2	2.5δ		
地脚螺钉直径	d_f	$0.036a+12$	$0.018(d_{1m}+d_{2m})+1\geqslant 12$ 或 $0.015(d_1+d_2)+1\geqslant 12$	$0.036a+12$
地脚螺钉数目	n	$a\leqslant 250$ 时,$n=4$ $a>250\sim500$ 时,$n=6$ $a>500$ 时,$n=8$	$n=\dfrac{底凸缘周长之半}{200\sim300}\geqslant 4$	4
轴承旁连接螺栓直径	d_1	$0.75d_f$		
盖与座连接螺栓直径	d_2	$(0.5\sim0.6)d_f$		
连接螺栓 d_2 的间距	l	$150\sim200$		
轴承端盖螺钉直径	d_3	$(0.4\sim0.5)d_f$		
视孔盖螺钉直径	d_4	$(0.3\sim0.4)d_f$		
定位销直径	d	$(0.7\sim0.8)d_2$		
d_f、d_1、d_2 至外箱壁距离	C_1	见表 11-2		
d_f、d_2 至凸缘边缘距离	C_2	见表 11-2		
轴承旁凸台半径	R_1	C_2		
凸台高度	h	根据低速级轴承座外径确定,以便于扳手操作为准		
外箱壁至轴承座端面距离	l_1	$C_1+C_2+(5\sim10)$		
铸造过渡尺寸	x、y	见表 1-38		
大齿轮顶圆(蜗轮外圆)与内箱壁距离	Δ_1	$>1.2\delta$		
齿轮(锥齿轮或蜗轮轮毂)端面与内箱壁距离	Δ_2	$>\delta$		
箱盖、箱座肋厚	m_1、m	$m_1\approx0.85\delta_1$;　$m\approx0.85\delta$		
轴承端盖外径	D_2	$D+(5\sim5.5)d_3$;D—轴承外径(嵌入式轴承盖尺寸见表 11-11)		
轴承旁连接螺栓距离	s	尽量靠近,以 Md_1 和 Md_3 互不干涉为准,一般取 $s\approx D_2$		

注:1. 多级传动时,a 取低速级中心距。对圆锥-圆柱齿轮减速器,按圆柱齿轮传动中心距取值。

　　2. 焊接箱体的箱壁厚度约为铸造箱体壁厚的 0.7~0.8 倍,但要保证箱体有足够的刚度。

图 11-1 齿轮减速器箱体结构尺寸

图 11-2 蜗杆减速器箱体结构尺寸

表 11-2　凸台及凸缘的结构尺寸（图 11-1、图 11-2）　　　　　　　　mm

螺栓直径	M6	M8	M10	M12	M14	M16	M18	M20	M22	M24	M27	M30
C_{1min}	12	13	16	18	20	22	24	26	30	34	36	40
C_{2min}	10	11	14	16	18	20	22	24	26	28	32	34
D_0	13	18	22	26	30	33	36	40	43	48	53	61
R_{0max}	5						8				10	
r_{max}	3						5				8	

表 11-3　起重吊耳和吊钩

吊耳（在箱盖上铸出）	吊耳环（在箱盖上铸出）

$C_3 = (4 \sim 5)\delta_1$
$C_4 = (1.3 \sim 1.5)C_3$
$b = (1.8 \sim 2.5)\delta_1$
$R = C_4$
$r_1 \approx 0.2C_3$
$r \approx 0.25C_3$
δ_1—箱盖壁厚

$d = b$
$b \approx (1.8 \sim 2.5)\delta_1$
$R \approx (1 \sim 1.2)d$
$e \approx (0.8 \sim 1)d$

吊钩（在箱座上铸出）	吊钩（在箱座上铸出）

$K = C_1 + C_2$
$H \approx 0.8K$
$h \approx 0.5H$
$r \approx 0.25K$
$b \approx (1.8 \sim 2.5)\delta$
C_1、C_2—见表 11-2

$K = C_1 + C_2$
$H \approx 0.8K$
$h \approx 0.5H$
$r \approx K/6$
$b \approx (1.8 \sim 2.5)\delta$
H_1—按结构确定
C_1、C_2—见表 11-2

表 11-4　视　孔　盖　　　　　　　　mm

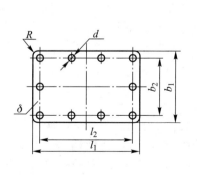

减速器中心距 a、a_{Σ}		l_1	l_2	b_1	b_2	d 直径	d 孔数	盖厚 δ	R
单级	$a \leqslant 150$	90	75	70	55	7	4	4	5
	$a \leqslant 250$	120	105	90	75	7	4	4	5
	$a \leqslant 350$	180	165	140	125	7	8	4	5
	$a \leqslant 450$	200	180	180	160	11	8	4	10
	$a \leqslant 500$	220	200	200	180	11	8	4	10
双级	$a_{\Sigma} \leqslant 250$	140	125	120	105	7	8	4	5
	$a_{\Sigma} \leqslant 425$	180	165	140	125	7	8	4	5
	$a_{\Sigma} \leqslant 500$	220	190	160	130	11	8	4	15
	$a_{\Sigma} \leqslant 650$	270	240	180	150	11	8	6	15

表 11-5　通气器的结构形式及其尺寸　　　　　　　　　　mm

提手式通气器

通气塞

s—螺母扳手宽度

d	D	D_1	s	L	l	a	d_1
M12×1.25	18	16.5	14	19	10	2	4
M16×1.5	22	19.6	17	23	12	2	5
M20×1.5	30	25.4	22	28	15	4	6
M22×1.5	32	25.4	22	29	15	4	7
M27×1.5	38	31.2	27	34	18	4	8
M30×2	42	36.9	32	36	18	4	8
M33×2	45	36.9	32	38	20	4	8
M36×3	50	41.6	36	46	25	5	8

通 气 帽

d	D_1	B	h	H	D_2	H_1	a	δ	K	b	h_1	b_1	D_3	D_4	L	孔数
M27×1.5	15	≈30	15	≈45	36	32	6	4	10	8	22	6	32	18	32	6
M36×2	20	≈40	20	≈60	48	42	8	4	12	11	29	8	42	24	41	6
M48×3	30	≈45	25	≈70	62	52	10	5	15	13	32	10	56	36	55	8

通 气 罩

s—螺母扳手宽度

d	d_1	d_2	d_3	d_4	D	h	a	b	c	h_1	R	D_1	s	K	e	f
M18×1.5	M33×1.5	8	3	16	40	40	12	7	16	18	40	25.4	22	6	2	2
M27×1.5	M48×1.5	12	4.5	24	60	54	15	10	22	24	60	36.9	32	7	2	2
M36×1.5	M64×1.5	16	6	30	80	70	20	13	28	32	80	53.1	41	10	3	3

表 11-6　圆柱齿轮的结构及其尺寸

锻 造 齿 轮

实心式

不渗碳淬火 $x \geqslant 2.5$ m
渗碳、火焰或感应淬火 $x \geqslant 3.5$ m
火焰或感应回转淬火 $x \geqslant 6$ m

　　如无重量限制和无快速变转向，对中、小尺寸齿轮是最经济的结构。

$\delta_0 \geqslant 3$ mm
$d_1 = 1.6d$
$d_0 \approx d_a / 20 \geqslant 15$ mm
$D_0 = 0.5(D_1 + d_1)$
$n \approx m_n$
n_1 由结构确定

腹板式

轻型结构

模锻或自由锻

$d_1 = 1.6d$
$\delta_0 = 2.5 m_n \geqslant 8 \sim 10$ mm
$D_0 = 0.5(D_1 + d_1)$
$n \approx m_n$
n_1 由结构确定
$d_0 = 0.25(D_1 - d_1)$
$r = 5$ mm
$C = 0.3B$
$C_1 = 0.3B$

铸 造 齿 轮

$d_a = 400 \sim 1\,000$ mm　　　$B \leqslant 200$ mm　　　$d_a < 400$ mm

其他尺寸与左图同

$d_1 = 1.6d$
$H = 0.8d$
$\delta_0 = 2.5 m_n \geqslant 8$ mm
$C = 0.25H \geqslant 10$ mm
$C_1 = 0.8C$
$s = 0.17H \geqslant 10$ mm
$e = 0.15 \sim 0.2d$
$n \approx m_n$
n_1 由结构确定
$d_2 = 0.25(D_1 - d_1)$
$D_0 = 0.5(D_1 + d_1)$
$r > 10$ mm
$R = 0.4H$

注：当 $x < 3.5\, m_1$，或 $d_a < 2d$ 时，应将齿轮做成齿轮轴，其结构参考第三篇。

表 11-7　锥齿轮的结构及其尺寸

齿轮轴($x \leqslant 1.6\,m$)　　实心式($d_a \leqslant 200\,mm$)

$x > 1.6\,m$

$d_1 = 1.6d$

$l = (1 \sim 1.2)\,d$

$\delta_0 = (3 \sim 4)\,m \geqslant 10\,mm$

$C = (0.1 \sim 0.17)\,R \geqslant 10\,mm$

(R—锥距)

$D_0 \cdot d_0 \cdot n_1$ 由结构确定

腹板式($d_a \leqslant 500\,mm$)

自由锻　　　　　模锻(批量较大时)

表 11-8　蜗杆的结构及其尺寸

车制($d_f - d \geqslant 2 \sim 4\,mm$)　　　　铣制($d$ 可大于 d_f)

由铣刀半径确定

$L \geqslant 2m\sqrt{z_2 + 1}$(不变位)　　$L \geqslant \sqrt{d_{a2}^2 + d_2^2}$(变位)

d_{a2}—蜗轮顶圆直径;m—模数;

d_2—蜗轮分度圆直径

表 11-9 蜗轮的结构及其尺寸   mm

装配式(六角头螺钉连接, $d_2 > 100$)

装配式(铰制孔螺栓连接)

$d_3 = (1.6 \sim 1.8)d$

$l = (1.2 \sim 1.8)d$

$d_4 = (1.2 \sim 1.5)m \geqslant 6$

$l_1 = 3d_4$

$a = b = 2m \geqslant 10$

$C = 1.5m \geqslant 10$

$x = 1 \sim 3$

$e \approx 10$

$n = 2 \sim 3$

$R_1 = 0.5(d_1 + 2.4m)$

$R_2 = 0.5(d_1 - 2m)$

$d_{a2} = d_2 + 2m$

$2\gamma = 90° \sim 110°$

$D_0 = 0.5(d_5 - 2b + d_3)$

d_6 按强度计算确定

$f \geqslant 1.7m$

$R = 4 \sim 5$

$D_w \leqslant d_{a2} + 2m(z_1 = 1)$

$D_w \leqslant d_{a2} + 1.5m(z_1 = 2 \sim 3)$

$D_w \leqslant d_{a2} + m(z_1 = 4)$

$B \leqslant 0.75 d_{a1}(z_1 = 1 \sim 3)$

$B \leqslant 0.67 d_{a1}(z_1 = 4)$

$d_5 、 d_7 、 d_0 、 n_1 、 r$ 由结构确定

$d_5 \dfrac{H7}{s6}\left(\dfrac{H7}{r6}\right)$

$d_6 \dfrac{H7}{r6}$

装配式(螺钉连接)

整体式(青铜 $d_2 \leqslant 100$

铸铁 $v_s \leqslant 2$ m/s;

v_s —滑动速度)

表 11-10 凸缘式轴承盖

mm

注：材料为 HT150

$d_0 = d_3 + 1$	$D_4 = D - (12 \sim 16)$	轴承外径 D	螺钉直径 d_3	螺钉数
d_3—轴承盖连接螺栓直径，尺寸见右表	$D_5 = D_0 - 3d_3$			
$D_0 = D + 2.5d_3$	$D_6 = D - (2 \sim 4)$	$45 \sim 65$	6	4
$D_2 = D_0 + 2.5d_3$	b_1、d_1 由密封件尺寸确定	$70 \sim 100$	8	4
$e = 1.2d_3$	$b = 5 \sim 10$	$110 \sim 140$	10	6
$e_1 \geqslant e$	$h = (0.8 \sim 1)b$	$150 \sim 230$	$12 \sim 16$	6
m 由结构确定				

表 11-11 嵌入式轴承盖

mm

注：材料为 HT150

$s_1 = 15 \sim 20$

$s_2 = 10 \sim 15$

$e_2 = 8 \sim 12$

$e_3 = 5 \sim 8$

m 由结构确定

$D_3 = D + e_2$，装有 O 形密封圈时，接 O 形密封圈外径取整（见表 7-13）

b、h 尺寸见表 7-13

$b_2 = 8 \sim 10$

其余尺寸由密封尺寸确定

表 11-12 套 杯

mm

注：材料为 HT150

s_3、s_4、$e_4 = 7 \sim 12$

$D_0 = D + 2S_3 + 2.5d_3$

D_1 由轴承安装尺寸确定

$D_2 = D_0 + 2.5d_3$

m 由结构确定

d_3 见表 11-1

第十二章 电 动 机

一、YX3、YE2、YE3 系列三相异步电动机

YX3、YE2、YE3 系列三相异步电动机技术数据见表 12-1。

表 12-1　YX3（GB/T 22722—2008）、YE2（JB/T 11707—2013）、YE3（GB/T 28575—2012）

系列（IP55）三相异步电动机技术数据

型号	功率/kW	同步转速 r/min	效率%			功率因数 cos ψ			空载噪声/dB（A）			堵转电流 额定电流			堵转转矩 额定转矩			最大转矩 额定转矩			最小转矩 额定转矩		
			YX3	YE2	YE3	YX3	YE2	YE3	YX3	YE2	YE3	YX3	YE2	YE3	YX3	YE2	YE3	YX3	YE2	YE3	YX3	YE2	YE3
80M1-2	0.75	3000	77.5	77.4	80.7	0.83	0.82	0.82	62	62	62	6.8	6.8	7.0	2.3	2.3	2.3	2.3	2.3	2.3	1.5	1.5	1.5
80M2-2	1.1	3000	82.8	79.6	82.7	0.83	0.83	0.83	62	62	62	7.3	7.1	7.3	2.3	2.3	2.2	2.3	2.3	2.3	1.5	1.5	1.5
90S-2	1.5	3000	84.1	81.3	84.2	0.84	0.84	0.84	67	67	67	7.6	7.3	7.6	2.3	2.3	2.2	2.3	2.3	2.3	1.5	1.5	1.5
90L-2	2.2	3000	85.6	83.2	85.9	0.85	0.85	0.85	67	67	67	7.8	7.6	7.6	2.3	2.3	2.2	2.3	2.3	2.3	1.4	1.4	1.4
100L-2	3	3000	86.7	84.6	87.1	0.87	0.87	0.87	74	74	74	8.1	7.8	7.8	2.3	2.2	2.2	2.3	2.3	2.3	1.4	1.4	1.4
112M-2	4	3000	87.6	85.8	88.1	0.88	0.88	0.88	77	77	77	8.3	8.1	8.3	2.3	2.2	2.2	2.3	2.3	2.3	1.4	1.4	1.4
132S1-2	5.5	3000	88.6	87.0	89.2	0.88	0.88	0.88	79	79	79	8.0	8.2	8.3	2.2	2.3	2.0	2.3	2.3	2.3	1.2	1.2	1.2
132S2-2	7.5	3000	89.5	88.1	90.1	0.89	0.89	0.88	79	79	79	7.8	7.8	7.9	2.2	2.2	2.0	2.3	2.3	2.3	1.2	1.2	1.2
160M1-2	11	3000	90.5	89.4	91.2	0.89	0.89	0.89	81	81	81	7.9	7.9	8.1	2.2	2.3	2.0	2.3	2.3	2.3	1.2	1.2	1.2
160M2-2	15	3000	91.3	90.3	91.9	0.89	0.89	0.89	81	81	81	8.0	7.9	8.1	2.2	2.3	2.0	2.3	2.3	2.3	1.2	1.2	1.2
160L-2	18.5	3000	91.8	90.9	92.4	0.89	0.89	0.89	81	81	81	8.1	8.0	8.2	2.2	2.2	2.0	2.3	2.3	2.3	1.1	1.1	1.1
180M-2	22	3000	92.2	91.3	92.7	0.89	0.89	0.89	83	83	83	8.2	8.1	8.2	2.2	2.2	2.0	2.3	2.3	2.3	1.1	1.1	1.1
200L1-2	30	3000	92.9	92.0	93.3	0.89	0.89	0.89	84	84	84	7.5	7.5	7.6	2.2	2.0	2.0	2.3	2.3	2.3	1.1	1.1	1.1
200L2-2	37	3000	93.3	92.5	93.7	0.89	0.89	0.89	84	84	84	7.5	7.5	7.6	2.2	2.0	2.0	2.3	2.3	2.3	1.1	1.1	1.1
225M-2	45	3000	93.7	92.9	94.0	0.89	0.89	0.90	86	86	86	7.6	7.5	7.7	2.2	2.0	2.0	2.3	2.3	2.3	1.0	1.0	1.0
250M-2	55	3000	94.0	93.2	94.3	0.89	0.89	0.90	89	89	89	7.6	7.6	7.7	2.2	2.2	2.0	2.3	2.3	2.3	1.0	1.0	1.0
80M1-4	0.55	1500	80.7	—	82.7	0.75	—	0.75	56	—	56	6.3	—	6.6	2.3	—	2.3	2.3	—	2.3	1.7	—	1.6
80M2-4	0.75	1500	82.3	79.6	82.5	0.75	0.76	0.75	56	56	56	6.5	6.4	6.6	2.3	2.3	2.3	2.3	2.3	2.3	1.6	1.6	1.6
90S-4	1.1	1500	83.8	81.4	84.1	0.75	0.77	0.76	59	59	59	6.6	6.6	6.8	2.3	2.3	2.3	2.3	2.3	2.3	1.6	1.6	1.6
90L-4	1.5	1500	85.0	82.8	85.3	0.75	0.78	0.77	59	59	59	6.9	6.7	7.0	2.3	2.3	2.3	2.3	2.3	2.3	1.6	1.6	1.6
100L1-4	2.2	1500	86.4	84.3	86.7	0.81	0.80	0.81	64	64	64	7.5	7.3	7.6	2.3	2.3	2.3	2.3	2.3	2.3	1.5	1.5	1.5
100L2-4	3	1500	87.4	85.5	87.7	0.82	0.81	0.82	64	64	64	7.6	7.5	7.6	2.3	2.3	2.3	2.3	2.3	2.3	1.5	1.5	1.5
112M-4	4	1500	88.3	86.6	88.6	0.82	0.81	0.82	65	65	65	7.7	7.5	7.4	2.3	2.2	2.2	2.3	2.3	2.3	1.5	1.5	1.5
132S-4	5.5	1500	89.2	87.7	89.6	0.82	0.82	0.83	71	71	71	7.5	7.5	7.9	2.0	2.0	2.0	2.3	2.3	2.3	1.4	1.4	1.4

型号	功率/kW	同步转速 r/min	效率%			功率因数 cos ψ			空载噪声/dB(A)			堵转电流 额定电流			堵转转矩 额定转矩			最大转矩 额定转矩			最小转矩 额定转矩		
			YX3	YE2	YE3	YX3	YE2	YE3	YX3	YE2	YE3	YX3	YE2	YE3	YX3	YE2	YE3	YX3	YE2	YE3	YX3	YE2	YE3
132M-4	7.5	1500	90.1	88.7	90.4	0.83	0.83	0.84	71	71	71	7.4	7.3	7.5	2.0	2.0	2.0	2.3	2.3	2.3	1.4	1.4	1.4
160M-4	11	1500	91.0	89.8	91.4	0.85	0.83	0.85	73	73	73	7.5	7.4	7.7	2.2	2.0	2.2	2.3	2.3	2.3	1.4	1.4	1.4
160L-4	15	1500	91.8	90.6	92.1	0.86	0.84	0.86	73	73	73	7.5	7.5	7.8	2.2	2.0	2.2	2.3	2.3	2.3	1.4	1.4	1.4
180M-4	18.5	1500	92.2	91.2	92.6	0.86	0.85	0.86	76	76	76	7.7	7.6	7.8	2.2	2.0	2.0	2.3	2.3	2.3	1.2	1.2	1.2
180L-4	22	1500	92.6	91.6	93.0	0.86	0.85	0.86	76	76	76	7.8	7.7	7.8	2.2	2.1	2.3	2.3	2.3	2.3	1.2	1.2	1.2
200L-4	30	1500	93.2	92.3	93.6	0.86	0.85	0.86	76	76	76	7.2	7.1	7.3	2.2	2.1	2.0	2.3	2.3	2.3	1.2	1.2	1.2
225S-4	37	1500	93.6	92.7	93.9	0.86	0.86	0.86	78	78	78	7.3	7.3	7.4	2.2	2.1	2.3	2.3	2.3	2.3	1.2	1.2	1.2
225M-4	45	1500	93.9	93.1	94.2	0.86	0.86	0.86	78	78	78	7.4	7.3	7.4	2.2	2.1	2.3	2.3	2.3	2.3	1.1	1.1	1.1
250M-4	55	1500	94.2	93.5	94.6	0.86	0.86	0.86	79	79	79	7.4	7.3	7.4	2.2	2.2	2.2	2.3	2.3	2.3	1.1	1.1	1.1
90S-6	0.75	1000	77.7	75.9	78.9	0.72	0.71	0.71	57	57	57	5.8	5.8	6.0	2.1	2.0	2.0	2.1	2.1	2.1	1.5	1.5	1.5
90L-6	1.1	1000	79.9	78.1	81.0	0.73	0.72	0.73	57	57	57	5.9	5.9	6.0	2.1	2.0	2.0	2.1	2.1	2.1	1.3	1.3	1.3
100L-6	1.5	1000	81.5	79.8	82.5	0.74	0.72	0.73	61	61	61	6.0	5.9	6.0	2.1	2.0	2.0	2.1	2.1	2.1	1.3	1.3	1.3
112M-6	2.2	1000	83.4	81.8	84.3	0.74	0.72	0.74	65	65	65	6.0	6.2	6.6	2.1	2.0	2.0	2.1	2.1	2.1	1.3	1.3	1.3
132S-6	3	1000	84.9	83.3	85.6	0.74	0.72	0.74	69	69	69	6.2	6.4	6.8	2.0	2.0	2.0	2.1	2.1	2.1	1.3	1.3	1.3
132M1-6	4	1000	86.1	84.6	86.8	0.74	0.74	0.74	69	69	69	6.8	6.6	6.8	2.0	2.0	2.0	2.1	2.1	2.1	1.3	1.3	1.3
132M2-6	5.5	1000	87.4	86.0	88.0	0.75	0.75	0.75	69	69	69	7.1	6.6	7.0	2.0	2.0	2.0	2.1	2.1	2.1	1.3	1.3	1.3
160M-6	7.5	1000	89.0	87.2	89.1	0.78	0.78	0.79	70	73	73	6.7	6.8	7.0	2.1	2.0	2.0	2.1	2.1	2.1	1.3	1.3	1.3
160L-6	11	1000	90.0	88.7	90.3	0.79	0.79	0.80	70	73	73	6.9	6.9	7.2	2.1	2.0	2.0	2.1	2.1	2.1	1.2	1.2	1.2
180L-6	15	1000	91.0	89.7	91.2	0.81	0.82	0.81	73	73	73	7.2	7.3	7.3	2.1	2.0	2.0	2.1	2.1	2.1	1.2	1.2	1.2
200L1-6	18.5	1000	91.5	90.4	91.7	0.81	0.80	0.81	73	73	73	7.2	7.2	7.3	2.1	2.0	2.0	2.1	2.1	2.1	1.2	1.2	1.2
200L2-6	22	1000	92.0	90.9	92.2	0.82	0.81	0.81	73	73	73	7.3	7.3	7.4	2.1	2.0	2.0	2.1	2.1	2.1	1.2	1.2	1.2
225M-6	30	1000	92.5	91.7	92.9	0.81	0.82	0.83	74	74	74	7.1	6.8	6.9	2.1	2.0	2.0	2.1	2.1	2.1	1.2	1.2	1.2
250M-6	37	1000	93.0	92.2	93.3	0.84	0.83	0.84	76	76	76	7.1	7.0	7.1	2.1	2.0	2.0	2.1	2.1	2.1	1.2	1.2	1.2

　　YX3 系列三相异步电动机采用冷轧硅钢片作为导磁材料,在 Y3 系列的基础上进行设计,属于高效率电动机,符合强制性国家标准 GB 18613—2012 中 3 级电动机能效指标。YE2 系列是根据高效率电动机标准设计的,性能与 YX3 系列相当。YE3 系列电动机采用高导磁率、低损耗的冷轧无取向硅钢片作为导磁材料,属于超高效率、低噪声三相异步电动机。

　　电动机型号由"系列号-机座号-极数"组成,例如:YX3-90S-4,表示电动机属于 YX3 系列,机座号为 90S,极数等于 4。机座号由中心高数值和长度代号组成,机座号 90S 表示电机中心高为 90 mm,长度代号 S(S:短机座,M:中机座,L:长机座),长度代号后面可以加一位数字,表示同一机座号和转速下的不同功率。

　　电动机的额定频率为 50 Hz,额定电压 380 V,功率在 3 kW 及以下为 Y 接法,其他功率均为 Δ 接法。

YX3、YE2、YE3 三相异步电动机的外形及安装尺寸见表 12-2～表 12～6。

表 12-2　机座带底脚、端盖无凸缘电动机的外形及安装尺寸　　　mm

（GB/T 22722-2008、JB/T 11707-2013、GB/T 28575-2012 摘录）

Y80~Y132　　　　Y160~Y280

机座号	极数	A	B	C	D	E	F	G	H	K	AB	AC	AD	HD	L
80M	2,4,6	125	100	50	19	40	6	15.5	80	10	165	175	145	220	305
90S		140	100	56	24	50		20	90		180	195	165	260	360
90L		140	125	56	24	+0.009 −0.004	50		20	90	180	205*	170*	265*	390
100L		160	125	63	28	60	8	24	100	12	205	215	180	270	435
112M		190	140	70	28	60	8	24	112	12	230	240 / 255*	190 / 200*	300 / 310*	470 / 440*
132S		216		89	38	80	10	33	132		270	275	210	345	510
132M			178	89	38	80	10	33	132		270	310*	230*	365*	560,550*
160M		254	210	108	42	+0.018 +0.002	80	12	37	160	320	330	255	420	670●,700▲,730*
160L			254	108	42	80	12	37	160	14.5	320	340*	260*	425*	700●,740▲,760*
180M		279	241	121	48	110	14	42.5	180		355	380	280	455	740●,790▲,770*
180L			279	121	48	110	14	42.5	180		355	390*	285*	460*	790,800*
200L		318	305	133	55	110	16	49	200		395	420 / 445*	305 / 320*	505 / 520*	790●,830▲,860*
225S	4	356	286	149	60	140	18	53	225	18.5	435				830
225M	2	356	311	149	55	110	16	49	225		435	470 / 495*	335 / 350*	560 / 575*	825,830*
	4,6		311	149	60			53	225		435				855,860*
250M	2	406	349	168	60	+0.030 +0.011	140	18	53	250	24	490	510 / 550*	370 / 390*	615 / 635*	915,990*
	4,6	406	349	168	65	140	18	58	250		490				
280S	2	457	368	190	65	140	18	58	280		550	580 / 630*	410 / 435*	680 / 705*	985,990*
	4,6		368	190	75	140	20	67.5	280		550				
280M	2	457	419	190	65	140	18	58	280		550				1035,1040*
	4,6		419	190	75	140	20	67.5	280		550				

注：带 ● 的尺寸是 YX3 系列的尺寸，带 ▲ 的尺寸是 YE2 系列的尺寸，带 * 的尺寸是 YE3 系列的尺寸，其他为三个系列共同的尺寸。

表 12-3 机座带底脚、端盖有凸缘（带通孔）的电动机的外形及安装尺寸

（GB/T 22722—2008，JB/T 11707—2013，GB/T 28575—2012 摘录）

mm

机座号80~90　机座号100~132　机座号160~355　机座号80~200　机座号225~355

机座号	极数	A	B	C	D	E	F	G	H	K	M	N	P	R	S	T	凸缘孔数	AB	AC	AD	HD	L
80M	2,4,6	125	100	50	19	40	6	15.5	80	10	165	130	200	0	12	3.5	4	165	175	145	220	305
90S		140	100	56	24	50	8	20	90	10	165	130	200	0	12	3.5	4	180	195	165	260	360
90L		140	125	56	24	50	8	20	90	10	165	130	200	0	12	3.5	4	180	205 *	170 *	265 *	390
100L		160	140	63	28	60	8	24	100	12	215	180	250	0	12	3.5	4	205	215	180	270	435
112M		190	140	70	28	60	8	24	112	12	215	180	250	0	12	3.5	4	230	240	190	300	470,475 *
132S		216	140	89	38	80	10	33	132	12	265	230	300	0	14.5	4	4	270	255 *	200 *	310 *	510,535 *
132M		216	178	89	38	80	10	33	132	12	265	230	300	0	14.5	4	4	270	275	210	345	560,550 *
160M		254	210	108	42	110	12	37	160	14.5	300	250	350	0	14.5	4	4	320	310 *	230 *	365 *	670,730 *
160L		254	254	108	42	110	12	37	160	14.5	300	250	350	0	14.5	4	4	320	330	255	420	700,760 *
180M		279	241	121	48	110	14	42.5	180	14.5	300	250	350	0	14.5	4	4	355	340 *	260 *	425 *	740,805 *
180L		279	279	121	48	110	14	42.5	180	14.5	300	250	350	0	14.5	4	4	355	380	280	455	790,835 *
200L		318	305	133	55	110	16	49	200	18.5	350	300	400	0	18.5	5	8	395	390 *	285 *	460 *	790,890
225S	4	356	286	149	60	140	18	53	225	18.5	400	350	450	0	18.5	5	8	435	420	305	505	830,865 *
225M	2	356	311	149	55	110	16	49	225	18.5	400	350	450	0	18.5	5	8	435	445 *	320 *	520 *	825,865 *
225M	4,6	356	311	149	60	140	18	53	225	18.5	400	350	450	0	18.5	5	8	435	470	335	560	855,895 *
250M	2	406	349	168	60	140	18	53	250	24	500	450	550	0	18.5	5	8	490	495 *	350 *	575 *	915,995 *
250M	4,6	406	349	168	65	140	18	58	250	24	500	450	550	0	18.5	5	8	490	510	370	615	915,995 *
280S	2	457	368	190	65	140	18	58	280	24	500	450	550	0	18.5	5	8	550	550 *	390 *	635 *	985,1 030 *
280S	4,6	457	368	190	75	140	20	67.5	280	24	500	450	550	0	18.5	5	8	550	580	410	680	985,1 030 *
280M	4,6	457	419	190	75	140	20	67.5	280	24	500	450	550	0	18.5	5	8	550	630 *	435 *	705 *	1 035,1 080 *

D 的极限偏差：80M~112M（19~28）为 +0.009 / −0.004；132S~180L（38~48）为 +0.018 / +0.002；200L~280M（55~75）为 +0.030 / +0.011。

注：1. 带 * 的尺寸是 YE3 系列的尺寸，其他系列共同的尺寸；

2. 中心高 $H \leqslant 112$，N 的极限偏差为（+0.014 / −0.011），中心高 $132 \leqslant H \leqslant 180$，$N$ 的极限偏差为（+0.016 / −0.013），中心高 200，N 的极限偏差为 ±0.016，225 为 ±0.018，250 和 280 为 ±0.02。

表12-4 机座不带底脚、端盖有凸缘（带通孔）的电动机的外形及安装尺寸

（GB/T 22722—2008、JB/T 11707—2013、GB/T 28575—2012 摘录）

mm

机座号80~90　　机座号100~132　　机座号160~280　　机座号80~200　　机座号225~280

机座号	极数	D	E	F	G	M	N	P	R	S	T	凸缘孔数	AC	AD	HF	L
80M	2、4、6	19	40	6	15.5	165	130	200	0	12	3.5	4	175	145		305
90S	2、4、6	24	50	8	20	165	130	200	0	12	3.5	4	195*	165		360,395*
90L	2、4、6	24	50	8	20	165	130	200	0	12	3.5	4	205*	170*		390,425*
100L	2、4、6	28	60	8	24	215	180	250	0	14.5	4	4	215	180		435
112M	2、4、6	28	60	8	24	215	180	250	0	14.5	4	4	240,255*	190,200*	245,240*	470,475*
132S	2、4、6	38	80	10	33	265	230	300	0	14.5	4	4	275	210	265,275*	510,535*
132M	2、4、6	38	80	10	33	265	230	300	0	14.5	4	4	310*	230*	315	560,550*
160M	2、4、6	42	110	12	37	300	250	350	0	18.5	5	4	330	255	335*	670,730*
160L	2、4、6	42	110	12	37	300	250	350	0	18.5	5	4	340*	260*	385	700,760*
180M	2、4、6	48	110	14	42.5	300	250	350	0	18.5	5	4	380	280	390*	740,805*
180L	2、4、6	48	110	14	42.5	300	250	350	0	18.5	5	4	390*	285*	430	790,835*
200L	2、4、6	55	110	16	49	350	300	400	0	18.5	5	4	420,445*	305,320*	435*	790,890*
225S	4	60	140	18	53	400	350	450	0	18.5	5	8	470	335	480,495*	830,865*
225M	2	55	110	16	49	400	350	450	0	18.5	5	8	495*	350*	535	825,865*
225M	4、6	60	110	18	53	400	350	450	0	18.5	5	8	495*	350*	550	855,895*
250M	2	60	140	18	53	400	350	450	0	18.5	5	8	510	370	595	915,995*
250M	4、6	65	140	18	58	400	350	450	0	18.5	5	8	550*	390*	615*	915,995*
280S	4、6	75	140	20	67.5	500	450	550	0	18.5	5	8	580	410	650	985
280S	2	65	140	18	58	500	450	550	0	18.5	5	8	580	410	650	985
280M	4、6	75	140	20	67.5	500	450	550	0	18.5	5	8	630*	435*	675*	1035,1030*
280M	2	65	140	18	58	500	450	550	0	18.5	5	8	630*	435*	675*	1035,1080*

公差：D（机座号80~90）+0.009/−0.004，D（机座号100~132）+0.018/+0.002，D（机座号160~280）+0.030/+0.011；F（机座号80~90）0/−0.030，F（机座号100~132）0/−0.036，F（机座号160~200）0/−0.043，F（机座号225~280）0/−0.052、0/−0.043；G 0/−0.10、0/−0.20；N +0.014/−0.011、+0.016/−0.013、±0.016、±0.018、±0.020。

注：带*的尺寸是 YE3 系列的尺寸，其他各系列共同的尺寸。

表12-5 机座带底脚、端盖有凸缘（带螺孔）和机座不带底脚、端盖有凸缘（带螺孔）的电动机的外形及安装尺寸

（GB/T 22722—2008，JB/T 11707—2013，GB/T 28575—2012 摘录）

mm

机座号80~112

机座号80~90

机座号100~112

机座号80~90

机座号100~112

机座号	极数	A	B	C	D	E	F	G	H	K	M	N	P	R	S	T	凸缘孔数	AB	AC	AD	HD	HF	L
80M	2,4,6	125	100	50	19	40	6	15.5	80	10	100	80	120	0	M6	3.0	4	165	175	145	220 ●		305
90S		140	100	56	24 +0.009 −0.004	50	8	20	90	10	115	95	140		M8	3.0		180	195	165	260 ● 250 ▲		360
90L		140	125	56	24	50	8	20	90	10	115	95	140		M8	3.0			205 *	170 *	265 *		350
100L		160	140	63	28	60	8	24	100	12	130	110	160		M8	3.5		205	215	180	270	245	435
112M		190	140	70	28	60	8	24	112	12	130	110	160		M8	3.5		230	240 255 *	190 200 *	300 310 *	265 275 *	470 440 *

注：1. 带●的尺寸是YX3系列的尺寸，带▲的尺寸是YE2系列的尺寸，带*的尺寸是YE3系列的尺寸，其他为各系列共用的尺寸；

2. 中心高80的YE2和YE3系列N的极限偏差为（$^{+0.013}_{-0.009}$），其他N的极限偏差为（$^{+0.012}_{-0.007}$）。

表12-6　立式安装，机座不带底脚，端盖有凸缘（带通孔）轴伸向下的电动机的外形及安装尺寸

（GB/T 22722—2008，JB/T 11707—2013，GB/T 28575—2012摘录）

mm

机座号225~355

机座号180~200

A向

机座号	极数	D	(公差)	E	F	G	M	N	(公差)	P	R	S	T	凸缘孔数	AC	AD	HF	L
180M	2,4,6	48	+0.018	110	14	42.5	300	250	+0.016	350	0	18.5	5	4	380,390*	280,285*	500,505*	800●,760▲,825*
180L	2,4,6	48	+0.002	110	14	42.5	300	250	−0.013	350		18.5	5					850●,800▲,845*
200L		55		110	16	49	350	300	±0.016	400		18.5	5		420,445*	305,320*	550,565*	860●,840▲,940*
225S	4	60	+0.030	140	18	53	400	350	±0.018	450		18.5	5					920●,910▲,945*
225M	2	55		110	16	49	400	350		450		18.5	5		470,495*	335,350*	610,625*	915●,905▲,945*
225M	4,6	60	+0.011	140	18	53	400	350		450		18.5	5	8				945●,935▲,975*
250M	2	60		140	18	53	500	450	±0.020	550		18.5	5		510,550*	370,390*	650,670*	1020●,1015▲,1095*
250M	4,6	65		140	18	58	500	450		550		18.5	5					1020●,1015▲,1095*
280S	2	65		140	18	58	500	450		550		18.5	5		580,630*	410,435*	720,745*	1110,1155*
280S	4,6	75		140	20	67.5	500	450		550		18.5	5					1110,1155*
280M	2	65		140	18	58	500	450		550		18.5	5					1150,1195*
280M	4,6	75		140	20	67.5	500	450		550		18.5	5					1150,1195*

注：带 ● 的尺寸是 YX3 系列的尺寸，带 ▲ 的尺寸是 YE2 系列的尺寸，带 * 的尺寸是 YE3 系列的尺寸，其他为各系列共用的尺寸。

二、YZR、YZ 系列冶金及起重用三相异步电动机

冶金及起重用三相异步电动机是用于驱动各种形式的起重机械和冶金设备中的辅助机械的专用系列产品。它具有较大的过载能力和较高的机械强度,特别适用于短时或断续周期运行、频繁起动和制动、有时过负荷及有显著的振动与冲击的设备。

YZR 系列为绕线转子电动机(表 12-7),YZ 系列为笼型转子电动机。冶金及起重用电动机大多采用绕线转子,但对于 30 kW 以下电动机以及在起动不是很频繁而电网容量又许可满压起动的场所,也可采用笼型转子。

根据负荷的不同性质,电动机常用的工作制分为 S2(短时工作制)、S3(断续周期工作制)、S4(包括起动的断续周期性工作制)、S5(包括电制动的断续周期工作制)四种。电动机的额定工作制为 S3,每一工作周期为 10 min,即相当于等效起动 6 次/h。电动机的基准负载持续率 $FC=40\%$,$FC=$ 工作时间/一个工作周期;工作时间包括起动和制动时间。

电动机的各种起动和制动状态折算成每小时等效全起动次数的方法为:点动相当于 0.25 次全起动;电制动至停转相当于 1.8 次全起动;电制动至全速反转相当于 1.8 次全起动。YZR、YZ 系列冶金及起重用三相异步电动机各种参数见表 12-8~表 12-14。

表 12-7 YZR 系列电动机技术数据(JB/T 10105—1999 摘录)

机座号	同步转速 r/min								
	1 000			750			600		
	额定功率	转子转动惯量	转子绕组开路电压	额定功率	转子转动惯量	转子绕组开路电压	额定功率	转子转动惯量	转子绕组开路电压
	/kW	/(kg·m²)	/V	/kW	/(kg·m²)	/V	/kW	/(kg·m²)	/V
112M	1.5	0.03	100	—	—	—	—	—	—
132M1	2.2	0.06	132	—	—	—	—	—	—
132M2	3.7	0.07	185	—	—	—	—	—	—
160M1	5.5	0.12	138	—	—	—	—	—	—
160M2	7.5	0.15	185	—	—	—	—	—	—
160L	11	0.20	250	7.5	0.20	205	—	—	—
180L	15	0.39	218	11	0.39	172	—	—	—
200L	22	0.67	200	15	0.67	178	—	—	—
225M	30	0.84	250	22	0.82	232	—	—	—
250M1	37	1.52	250	30	1.52	272	—	—	—
250M2	45	1.78	290	37	1.79	335	—	—	—
280S	55	2.35	280	45	2.35	305	37	3.58	150
280M	75	2.86	370	55	2.86	360	45	3.98	172
315S	—	—	—	75	7.22	302	55	7.22	242
315M	—	—	—	90	8.68	372	75	8.68	325
355M	—	—	—	—	—	—	90	14.32	330
355L1	—	—	—	—	—	—	110	17.08	388
355L2	—	—	—	—	—	—	132	19.18	475
400L1	—	—	—	—	—	—	160	24.52	395
400L2	—	—	—	—	—	—	200	28.10	460

表 12-8　YZR、YZ 系列电动机安装形式及其代号

安 装 形 式	代　号	制造范围(机座号)	安 装 形 式	代　号	制造范围(机座号)
	IM1001	112~160		IM3001	112~160
	IM1003	180~400(YZ:180~250)		IM3003	180
	IM1002	112~160		IM3011	112~160
	IM1004	180~400(YZ:180~250)		IM3013	180~315(YZ:180~250)

表 12-9　YZR 系列电动机的安装及外形尺寸
(IM1001、IM1003 及 IM1002、IM1004 型)

mm

机座号	安 装 尺 寸													外 形 尺 寸						
	H	A	B	C	CA	K	螺栓直径	D	D_1	E	E_1	F	G	AC	AB	HD	BB	L	LC	HA
112M	112	190	140	70	300	12	M10	32		80	10	27		245	250	335	235	590	670	18
132M	132	216	178	89				38				33		285	275	365	260	645	727	20
160M	160	254	210	108	330	15	M12	48		110	14	42.5		325	320	425	290	758	868	25
160L			254														335	800	912	
180L	180	279	279	121	360			55	M36×3		82	19.9		360	360	465	380	870	980	
200L	200	318	305	133	400	19	M16	60	M42×3	140	105	16	21.4	405	405	510	400	975	1 118	28
225M	225	356	311	149	450			65					23.9	430	455	545	410	1 050	1 190	
250M	250	406	349	168				70	M48×3			18	25.4	480	515	605	510	1 195	1 337	30
280S	280	457	368	190	540	24	M20	85	M56×4	170	130	20	31.7	535	575	665	530	1 265	1 438	32
280M			419														580	1 315	1 489	
315S	315	508	406	216	600			95	M64×4			22	35.2	620	640	750		1 390	1 562	35
315M			457			28	M24										630	1 440	1 613	
355M	355	610	560	254	630			110	M80×4	210	165	25	41.9	710	740	840	730	1 650	1 864	38
355L			630														800	1 720	1 934	
400L	400	686	710	280		35	M30	130	M100×4	250	200	28	50	840	855	950	910	1 865	2 120	45

表 12-10　YZR 系列电动机的安装及外形尺寸
（IM3001、IM3003 型）

mm

机座号	D	E	F	G	M	N	P	R	S	T	凸缘孔数	AD	L	LA	LB
112M	32	80	$10\ ^{0}_{-0.036}$	$27\ ^{0}_{-0.2}$	215	180j6	250	0	15	4	4	220	595	14	515
132M	$38\ ^{+0.018}_{+0.002}$	80	$10\ ^{0}_{-0.036}$	$33\ ^{0}_{-0.2}$	265	230j6	300	0	15	4	4	230	645	14	565
160M	$48\ ^{+0.018}_{+0.002}$	110	$14\ ^{0}_{-0.043}$	$42.5\ ^{0}_{-0.2}$	300	250j6	350	0	19	5	4	260	828	18	718
160L	48	110	$14\ ^{0}_{-0.043}$	$42.5\ ^{0}_{-0.2}$	300	250j6	350	0	19	5	4	260	872	18	762
180L	$55\ ^{+0.046}_{0}$	110	$14\ ^{0}_{-0.043}$	$19.9\ ^{0}_{-0.2}$	300	250j6	350	0	19	5	4	280	915	18	805

表 12-11 YZR 系列电动机的安装及外形尺寸（IM3011,IM3013 型）

mm

机座号	D	E	F	G	M	N	P	R	S	T	凸缘孔数	AD	L	LA	LB
112M	32 (+0.018/+0.002)	80	10 (0/−0.036)	27 (0/−0.2)	215	180j6	250	0	15	4	4	220	595	14	515
132M	38 (+0.018/+0.002)	80	10 (0/−0.036)	33 (0/−0.2)	265	230j6	300	0	15	4	4	230	645	14	565
160M	48	110	14 (0/−0.043)	42.5 (0/−0.2)	300	250j6	350	0	19	5	4	260	828	18	718
160L	55	110	14 (0/−0.043)	19.9 (0/−0.2)	300	250j6	350	0	19	5	4	260	872	18	762
180L	60 (+0.046/0)	140	16 (0/−0.043)	21.4 (0/−0.2)	300	250j6	350	0	19	5	4	280	915	20	805
200L	65 (+0.046/0)	140	16 (0/−0.043)	23.9 (0/−0.2)	400	350j6	450	0	19	5	8	320	1 050	20	910
225M	70 (+0.046/0)	140	16 (0/−0.043)	25.4 (0/−0.2)	400	350j6	450	0	19	5	8	355	1 110	20	970
250M		140	18 (0/−0.043)		400	350j6	450	0	19	5	8	355	1 266	22	1 126
280S	85 (+0.054/0)	170	20 (0/−0.052)	31.7 (0/−0.2)	500	450j6	550	0	19	5	8	385	1 370	22	1 200
280M	85 (+0.054/0)	170	20 (0/−0.052)	31.7 (0/−0.2)	500	450j6	550	0	19	5	8	385	1 420	22	1 250
315S	95 (+0.054/0)	170	22 (0/−0.052)	35.2 (0/−0.2)	600	550j6	660	0	24	6	8	435	1 475	25	1 305
315M	95 (+0.054/0)	170	22 (0/−0.052)	35.2 (0/−0.2)	600	550j6	660	0	24	6	8	435	1 525	25	1 355

表 12-12　YZ 系列电动机技术数据（JB/T 10104—2011 摘录）

机　座　号	同步转速/（r/min）			
	1 000		750	
	功率/kW	转子转动惯量/（kg·m²）	功率/kW	转子转动惯量/（kg·m²）
112M	1.5	0.022		
132M1	2.2	0.056		
132M2	3.7	0.062		
160M1	5.5	0.114		
160M2	7.5	0.143		
160L	11	0.192	7.5	0.192
180L			11	0.352
200L			15	0.622
225M			22	0.820
250M1			30	1.432

表 12-13　YZ 系列电动机的安装及外形尺寸
（IM1001、IM1002、IM1003、IM1004 型）

mm

机座号	安装尺寸													外形尺寸						
	A	B	C	CA	K	螺栓直径	D	D_1	E	E_1	F	G	H	AC	AB	HD	BB	L	LC	HA
112M	190	140	70	135	12	M10	32		80		10	27	112	245	250	335	235	420	505	18
132M	216	178	89	150	12	M10	38		80		10	33	132	285	275	365	260	495	577	20
160M	254	210	108	180	15	M12	48		110		14	42.5	160	325	320	425	290	608	718	25
160L	254	254	108	180	15	M12	48		110		14	42.5	160	325	320	425	335	650	762	25
180L	279	279	121		15	M36×3	55		82			19.9	180	360	360	465	380	685	800	
200L	318	305	133	210	19	M16	60	M42×3	140	105	16	21.4	200	405	405	510	400	780	928	28
225M	356	311	149	258	19	M16	65	M42×3	140	105	16	23.9	225	430	455	545	410	850	998	28
250M	406	349	168	295	24	M20	70	M48×3	140	105	18	25.4	250	480	515	605	510	935	1 092	30

表 12-14　YZ 系列电动机的安装及外形尺寸
（IM3001、IM3003 型）　　　　　　　　　　　mm

机座号	安装尺寸											外形尺寸			
		D	E	F	G	M	N	P	R	S	T	孔数	AD	L	LA	LB
112M	32		80	10	27	215	180	250		15	4		220	430	14	350
132M	38	+0.018	80	10	33	265	230	300		15	4		230	495	14	415
160M	48	+0.002	110	14	42.5	300	250	350	0	19	5	4	260	700	18	590
160L	48	+0.002	110	14	42.5	300	250	350	0	19	5	4	260	743	18	633
180L	55	+0.046 0	110	14	19.9	300	250	350		19	5		280	735	18	625

三、小功率异步电动机

　　小功率电动机也称为分马力电动机,指连续工作定额不超过 1.1 kW 的电动机,小功率异步电动机分为三相异步电动机和单相异步电动机,其中 YS 系列为取代 AO_2 系列的三相异步电动机,YU 系列为取代 BO_2 系列的单相电阻启动异步电动机,YC 系列为取代 CO_2 系列的单相电容启动异步电动机,YY 系列为取代 DO_2 系列的单相电容运转异步电动机,YL 系列为单相双值电容异步电动机。小功率异步电动机特点及适用范围见表 12-15。

表 12-15　小功率异步电动机特点及适用范围

代号	种类	标准号	特点	适用范围
YS	三相异步电动机	JB/T 1009—2016	优良的启动和运行性能	使用三相电源的小型机械
YU	电阻启动单相异步电动机	JB/T 1010—2007	中等启动和过载能力	使用单相电源的小型机械
YC	电容启动单相异步电动机	JB/T 1011—2007	启动力矩大,启动电流小	满载启动的机械,如空压机,磨粉机等
YY	电容运转单相异步电动机	JB/T 1012—2007	高功率因数,高效率和过载能力,启动力矩小,空载电流大	空载或轻载启动的小型机械,如电影放映机,风扇等

代号	种类	标准号	特点	适用范围
YL	双值电容单相异步电动机	JB/T 7588—2010	高转矩、高效率、高功率因数	要求启动力矩大的空气压缩机,木工机械,粉碎机及其他小型机械

YS、YU、YC、YY 系列有 IMB3、IMB14、IMB34、IMB5 和 IMB35 五种安装形式,YL 系列有 IMB3、IMB14、IMB34 和 IMB5 四种安装形式。YS、YU、YC、YY、YL 系列电动机的技术数据和外形尺寸见表 12-16~表 12-23。

表 12-16　YS 系列电动机技术数据(JB/T 1009—2016 摘录)

型号	功率/kW	电压/V	频率/Hz	同步转速/(r/min)	效率/%	功率因数 cos φ	堵转转矩 额定转矩	最大转矩 额定转矩	堵转电流 额定电流	空载噪声/dB(A)	外形尺寸 长×宽×高 mm×mm×mm
YS451-2	16				46	0.57				65	150×100×115
YS452-2	25				52	0.60				65	150×100×115
YS501-2	40				55	0.65				65	155×110×125
YS502-2	60				60	0.66				70	155×110×125
YS561-2	90				62	0.68	2.3		6.0	70	170×120×135
YS562-2	120				67	0.71				70	170×120×135
YS631-2	180			3 000	69	0.75		2.3		70	230×130×165
YS632-2	250				72	0.78				70	230×130×165
YS711-2	370				73.5	0.80				75	235×145×180
YS712-2	550				75.5	0.82				75	235×145×180
YS801-2	750				76.5	0.85				75	295×165×200
YS802-2	1100				77	0.85	2.2			78	295×165×200
YS90S-2	1500	220/380	50		78.5	0.85			7.0	83	310×185×220
YS90L-2	2200				81	0.86	2.0			83	335×185×220
YS451-4	10				28	0.45				60	150×100×115
YS452-4	16				32	0.49				60	150×100×115
YS501-4	25				42	0.53				60	155×110×125
YS502-4	40				50	0.54				60	155×110×125
YS561-4	60				56	0.58				65	170×120×135
YS562-4	90				58	0.61	2.4			65	170×120×135
YS631-4	120			1 500	60	0.63		2.4	6.0	65	230×130×165
YS632-4	180				64	0.66				65	230×130×165
YS711-4	250				67	0.68				65	235×145×180
YS712-4	370				69.5	0.72				70	235×145×180
YS801-4	550				73.5	0.73				70	295×165×200
YS802-4	750				75.5	0.75	2.3			70	295×165×200
YS90S-4	1100				78	0.78			6.5	73	310×185×220
YS90L-4	1500				79	0.79				78	335×185×220

表 12-17　YU 系列电动机技术数据（JB/T 1010—2007 摘录）

型号	功率/W	电压/V	频率/Hz	同步转速/(r/min)	效率/%	功率因数 cos φ	堵转转矩 额定转矩	最大转矩 额定转矩	堵转电流/A	空载噪声/dB(A)	外形尺寸 长×宽×高 mm×mm×mm
YU631-2	90				56	0.67	1.5		12	70	230×130×165
YU632-2	120				58	0.69	1.4		14	70	230×130×165
YU711-2	180				60	0.72	1.3		17	70	255×145×180
YU712-2	250				64	0.74	1.1		22	70	255×145×180
YU801-2	370			3 000	65	0.77	1.1		30	75	295×165×200
YU802-2	550				68	0.79	1.0		42	75	295×165×200
YU90S-2	750				70	0.80	0.8		55	75	310×185×220
YU90L-2	1100	220	50		72	0.80	0.8	1.8	99	78	355×185×220
YU631-4	60				39	0.57	1.7		9	65	230×130×165
YU632-4	90				43	0.58	1.5		12	65	230×130×165
YU711-4	120				50	0.58	1.5		14	65	255×145×180
YU712-4	180			1 500	53	0.62	1.4		17	65	255×145×180
YU801-4	250				58	0.63	1.2		22	65	295×165×200
YU802-4	370				62	0.64	1.2		30	70	295×165×200
YU90S-4	550				66	0.69	1.0		42	70	310×185×220
YU90L-4	750				68	0.73	1.0		55	70	355×185×220

表 12-18　YC 系列电动机技术数据（JB/T 1011—2007 摘录）

型号	功率/W	电压/V	频率/Hz	同步转速/(r/min)	效率/%	功率因数 cos φ	堵转转矩 额定转矩	最大转矩 额定转矩	堵转电流/A	空载噪声/dB(A)	外形尺寸 长×宽×高 mm×mm×mm
YC711-2	180				60	0.72	3.0		12	70	255×145×180
YC712-2	250				64	0.74	3.0		15	70	255×145×180
YC801-2	370				65	0.77	2.8		21	75	295×165×200
YC802-2	550				68	0.79	2.8		29	75	295×165×200
YC90S-2	750				70	0.80	2.5		37	75	370×185×240
YC90L-2	1100			3 000	72	0.80	2.5		60	78	400×185×240
YC100L1-2	1500				74	0.81	2.5		80	83	430×200×260
YC100L2-2	2200				75	0.81	2.2		120	83	430×200×260
YC112M-2	3000				76	0.82	2.2		150	87	455×250×300
YC132S-2	3700				77	0.82	2.2		175	87	525×290×350
YC711-4	120	220	50		50	0.58	3.0	1.8	9	65	255×145×180
YC712-4	180				53	0.62	2.8		12	65	255×145×180
YC801-4	250				58	0.63	2.8		15	65	295×165×200
YC802-4	370				62	0.64	2.5		21	70	295×165×200
YC90S-4	550				66	0.69	2.5		29	70	370×185×240
YC90L-4	750			1 500	68	0.73	2.5		37	70	400×185×240
YC100L1-4	1100				71	0.74	2.5		60	73	430×200×260
YC100L2-4	1500				73	0.75	2.5		80	78	430×200×260
YC112M-4	2200				74	0.76	2.2		120	78	455×250×300
YC132S-4	3000				75	0.77	2.2		150	82	525×290×350
YC132M-4	3700				76	0.79	2.2		175	82	565×290×350

表 12-19 YY系列电动机技术数据(JB/T 1012—2007摘录)

型号	功率/W	电压/V	频率/Hz	同步转速/(r/min)	效率/%	功率因数cos φ	堵转转矩/额定转矩	最大转矩/额定转矩	堵转电流/A	空载噪声/dB(A)	外形尺寸 长×宽×高 mm×mm×mm
YY451-2	16	220	50	3 000	35	0.90	0.60	1.7	1.0	65	150×100×115
YY452-2	25				40	0.90	0.60		1.2	65	150×100×115
YY501-2	40				47	0.90	0.50		1.5	65	155×110×125
YY502-2	60				53	0.90	0.50		2.0	70	155×110×125
YY561-2	90				56	0.92	0.50		2.5	70	170×120×135
YY562-2	120				60	0.92	0.50		3.5	70	170×120×135
YY631-2	180				65	0.92	0.40		5.0	70	230×130×165
YY632-2	250				66	0.92	0.40		7.0	70	230×130×165
YY711-2	370				67	0.92	0.35		10	75	255×145×180
YY712-2	550				70	0.92	0.35		15	75	255×145×180
YY801-2	750				72	0.92	0.33		20	75	295×165×200
YY802-2	1100				75	0.95	0.33		30	78	295×165×200
YY90S-2	1500				76	0.95	0.30		45	83	310×185×240
YY90L-2	2200				77	0.95	0.30		65	83	355×185×240
YY451-4	10			1 500	24	0.85	0.55		0.8	60	150×100×115
YY452-4	16				33	0.85	0.55		1.0	60	150×100×115
YY501-4	25				38	0.85	0.55		1.2	60	155×110×125
YY502-4	40				45	0.85	0.55		1.5	60	155×110×125
YY561-4	60				50	0.90	0.45		2.0	65	170×120×135
YY562-4	90				52	0.90	0.45		2.5	65	170×120×135
YY631-4	120				57	0.90	0.40		3.5	65	230×130×165
YY632-4	180				59	0.90	0.40		5.0	65	230×130×165
YY711-4	250				61	0.92	0.35		7.0	65	255×145×180
YY712-4	370				62	0.92	0.35		10	70	255×145×180
YY801-4	550				64	0.92	0.35		15	70	295×165×200
YY802-4	750				68	0.92	0.32		20	70	295×165×200
YY90S-4	1100				71	0.95	0.32		30	73	310×185×240
YY90L-4	1500				73	0.95	0.30		45	78	355×185×240

表 12-20 YL系列电动机技术数据(JB/T 7588—2010摘录)

型号	功率/kW	电压/V	频率/Hz	同步转速/(r/min)	效率/%	功率因数cos φ	堵转转矩/额定转矩	最大转矩/额定转矩	堵转电流/额定电流	空载噪声/dB(A) 1级	空载噪声/dB(A) 2级	外形尺寸 长×宽×高 mm×mm×mm
YL80M1-2	0.75	220	50	3 000	72	0.95	1.8	1.6	5.5	70	75	355×220×210
YL80M2-2	1.1				74		1.8		5.5	70	75	355×220×210
YL90S-2	1.5				75					73	78	380×240×250
YL90L-2	2.2				76	0.95			6	73	78	405×240×250
YL100L-2	3				78				6	78	83	455×260×260
YL112M-2	3.7				79			1.6		78	83	475×280×285
YL132S-2	5.5				80					83	83	550×300×335
YL80M1-4	0.55			1 500	68	0.92	1.7	1.6	5	65	70	355×220×210
YL80M2-4	0.75				70					65	70	355×220×210
YL90S-4	1.1				71				5	68	73	380×240×250
YL90L-4	1.5				73		1.7			68	73	405×240×250
YL100L1-4	2.2				75	0.95				73	78	455×260×260
YL100L2-4	3				77					73	78	455×260×260
YL112M-4	3.7				78				5.5	78	83	475×280×285
YL132S-4	5.5				79					78	83	550×300×335

表12-21 YS,YU,YC,YY系列 IMB34,IMB14型电动机的外形及安装尺寸

(JB/T 1009-2016,JB/T 1010-2007,JB/T 1011-2007,JB/T 1012-2007 摘录)

IMB14(IMV18,IMV19)

IMB34

机座号	安装尺寸															外形尺寸不大于				
	A	B	C	D	E	F	G	H	K	M	N	P	R	S	T	AB	AC	AD	HD	L
45	71	56	28	9 (+0.007/−0.002)	20	3	7.2	45	4.8	45	32	60		M5	2.5	90	100	90	115	150
50	80	63	32	9 (+0.007/−0.002)	20	3	7.2	50	5.8	55	40	70		M5	2.5	100	110	100	125	155
56	90	71	36	9 (+0.007/−0.002)	20	3	7.2	56	5.8	65	50	80		M5	2.5	115	120	110	135	170
63	100	80	40	11 (+0.008/−0.003)	23	4	8.5	63	7	75	60	90		M5	2.5	130	130	125	165	230
71	112	90	45	14 (+0.008/−0.003)	30	5	11	71	7	85	70	105	0	M6	2.5	145	145	140	180	255
80	125	100	50	19 (+0.009/−0.004)	40	6	15.5	80	10	100	80	120		M6	3	160	165	150	200	295
90S	140	100	56	24 (+0.009/−0.004)	50	8	20	90	10	115	95	140		M8	3	180	185	160	220	310,370▲
90L	140	125	56	24 (+0.009/−0.004)	50	8	20	90	10	115	95	140		M8	3	180	185	160	240▲	335,400▲

注:1.带▲的尺寸是YC系列的尺寸,其他为各系列公用的尺寸;
　　2. R为凸缘配合面至轴伸肩的距离。

表 12-22　YS,YU,YC,YY,YL 系列 IMB35,IMB5 型电动机的外形及安装尺寸

（JB/T 1009-2016,JB/T 1010-2007,JB/T 1011-2007,JB/T 1012-2007,JB/T7588-2010 摘录）

mm

IMB5(IMV1,IMV3)

IMB35(IMV36)

外形尺寸不大于：右侧 AB、AC、AD、HD、L；安装尺寸：左侧 A～T

机座号	A	B	C	D	E	F	G	H	K	M	N	P	R	S	T	AB	AC	AD	HD	L
63	100	80	40	$11^{+0.008}_{-0.003}$	23	4	8.5	63	10	115	95	140	0	10	3.0		130	125	210	250
71	112	90	45	$14^{+0.008}_{-0.003}$	30	5	11	71	10	130	110	160	0	10	3.0		145	140	210	275
80	125	100	50	$19^{+0.009}_{-0.004}$	40	6	15.5	80	10	165	130	200	0	12	3.5	165	165	150	210	300 / 355*
90S	140	100	56	$24^{+0.009}_{-0.004}$	50	8	20	90	10	165	130	200	0	12	3.5	160■ / 180	185	160	220 / 240▲ / 250*	335 / 370▲ / 380*
90L	140	125	56	$24^{+0.009}_{-0.004}$	50	8	20	90	10	165	130	200	0	12	3.5	180	185	160	220	360 / 400▲ / 405*
100L	160	140	63	$28^{+0.009}_{-0.004}$	60	8	24	100	10	215	180	250	0	15	4.0	205	220	180	260	430 / 455*
112M	190	140	70	$28^{+0.009}_{-0.004}$	60	8	24	112	12	215	180	250	0	15	4.0	245	250	190	300 / 285*	455 / 475*
132S	216	140	89	$38^{+0.018}_{+0.002}$	80	10	33	132	12	265	230	300	0	15	4.0	280	290	210	350 / 335*	525 / 550*
132M	216	178	89	$38^{+0.018}_{+0.002}$	80	10	33	132	12	265	230	300	0	15	4.0	280	290	210	350	565

注：1. 带■的尺寸是YS系列的尺寸；带▲的尺寸是YC系列的尺寸；带▲▲的尺寸是YL系列的尺寸；带*的尺寸是YC系列IMB5型的尺寸，其他为各系列公用的尺寸；
　　2. R 为凸缘配合面至轴肩的距离。

表 12-23　YS、YU、YC、YY、YL 系列 IMB3 型电动机的外形及安装尺寸　　mm

（JB/T 1009—2016、JB/T 1010—2007、JB/T 1011—2007、JB/T 1012—2007、JB/T7588—2010 摘录）

IMB3(IMV5、IMV6)

机座号	安装尺寸									外形尺寸不大于				
	A	B	C	D	E	F	G	H	K	AB	AC	AD	HD	L
45	71	56	28	9 +0.007/-0.002	20	3	7.2	45	4.8	90	100	90	115	150
50	80	63	32	9	20	3	7.2	50	5.8	100	110	100	125	155
56	90	71	36	9	20	3	7.2	56	5.8	115	120	110	135	170
63	100	80	40	11 +0.008/-0.003	23	4	8.5	63	7	130	130	125	165	230
71	112	90	45	14	30	5	11	71	7	145	145	140	180	255
80	125	100	50	19	40	6	15.5	80	10	160 / 165*	165	150	200 / 210*	295 / 355*
90S	140	100	56	24 +0.009/-0.004	50	8	20	90	10	180	185	160	220 / 240●	310 / 370▲ / 380*
90L	140	125	56	24	50	8	20	90	10	180	185	160	240▲ / 250*	335 / 400▲ / 405*
100L	160	125 / 140*	63	28	60	8	24	100	10	205	200	180	260 / 265*	430 / 455*
112M	190	140	70	28	60	8	24	112	12	245	250	190	300 / 285*	455 / 475*
132S	216	140	89	38 +0.018/-0.002	80	10	33	132	12	280	290	210	350 / 335*	525 / 550*
132M	216	178	89	38	80	10	33	132	12	280	290	210	350 / 335*	565

注：带●的尺寸是 YY 系列的尺寸；带▲的尺寸是 YC 系列的尺寸；带 * 的尺寸是 YL 系列的尺寸；其他为各系列公用的尺寸。

第二篇

机械设计课程设计指导书

第十三章　机械设计课程设计概述

一、机械设计课程设计的目的

机械设计课程是培养学生机械设计能力的技术基础课,是机械设计课程的重要实践教学环节,也是学生第一次较全面的设计能力训练。其基本目的是:

1. 培养理论联系实际的设计思想　通过课程设计,训练综合运用机械设计课程和有关先修课程的理论和实际知识,结合生产实际培养分析和解决实际问题的能力,巩固、加深和扩展有关机械设计方面的知识,掌握机械设计的一般规律,树立正确的设计思想。

2. 培养机械设计能力　学会从机器功能的要求出发,合理选择执行机构和传动机构的类型,制定执行机构方案和传动机构方案,合理选择标准部件的类型和型号,正确计算零件的工作能力,确定它的尺寸、形状、结构及材料,并考虑制造工艺、使用、维护、经济和安全等问题,进行结构设计,达到了解和掌握机械设计方案、机械零件、机械传动装置的设计过程和方法。

3. 进行设计基本技能的训练　通过课程设计,学习运用标准、规范、手册、图册和查阅科技文献资料以及使用计算机、经验数据,进行经验估算和处理数据的能力,培养机械设计的基本技能和获取有关信息的能力。

在本课程设计中用计算机绘图或手工绘图都能达到以上基本要求,但是由目前发展趋势应尽量采用计算机绘图。

二、机械设计课程设计的内容

课程设计的题目为一套简单的整体设备设计,包括电动机、传动装置及执行机构。要求每个学生完成:

1. 设备总装图 1 张;

2. 传动装置部件装配图 1 张;

3. 零件工作图 1~2 张;

4. 设计计算说明书 1 份。

三、机械设计课程设计的步骤

课程设计大致按以下步骤进行:

1. 设计准备

阅读设计任务书,明确设计要求和工作条件:通过实物、模型、录像、光盘或拆装实验等了解设计对象;阅读有关资料、图纸;拟订设计方案。

2. 机械系统总体设计

分析设计要求,确定系统总体设计方案。根据机械设计基本原则,拟订多个原理设计方案(机械工作原理或机构运动简图),并对方案进行技术经济性分析,从可靠性和经济性方面考虑评价,通过比较、综合和优选,选出一个最佳设计方案;根据执行机构要求,进行运动学和动力学分析计算,确定工作机载荷(转矩)、速度(转速);计算系统所需功率。

3. 执行机构设计

确定执行机构具体结构,进行执行机构运动和动力分析。

4. 传动装置总体设计

比较和选择传动装置的方案;选定电动机类型和型号;确定总传动比和各级传动比;计算各轴转速和转矩。

5. 传动件设计计算

设计计算各级传动件的参数和主要尺寸,例如减速器外传动零件(带、链传动等)和减速器内传动零件(齿轮、蜗杆传动等),以及选择联轴器的类型和型号。

6. 总装图及装配图设计

7. 零件工作图设计

8. 编写设计说明书

9. 总结和答辩

四、机械设计课程设计中应注意的问题

1. 课程设计是在教师指导下进行的,为了更好地达到培养设计能力的要求,提倡独立思考、严肃认真、精益求精的学习精神,反对照抄照搬和容忍错误的态度。

2. 设计过程中,需要综合考虑多种因素,采取多种办法进行分析、比较和选择,来确定方案、尺寸和结构。计算和画图需要交叉进行,边画图、边计算、反复修改以完善设计,必须耐心、认真对待。

3. 利用已有资料是学习前人经验、提高设计质量的重要保证,但不应该盲目地、机械地抄袭,要根据具体条件和要求,大胆创新。

4. 设计中应学习正确运用标准和规范,要注意一些尺寸需要圆整为标准系列或优先数列。

5. 要注意掌握设计进度,每一阶段的设计都要认真检查,避免出现重大错误,影响下一阶段设计。

第十四章　机械系统总体设计

现代机器通常由动力机,传动系统和执行机构三部分组成。此外,为保证机器正常运转还需要一些操纵装置或控制系统,用来操纵和控制机器各组成部分协调动作。在课程设计中,由于课程教学要求和时间限制,我们不进行操纵装置或控制系统的设计。

一、机械系统运动方案选择

由于设计的多解性和复杂性,满足某种功能要求的机械系统运动方案可能会有很多种,因此,在考虑机械系统运动方案时,除满足基本的功能要求外,还应遵循以下几项原则。

1. 满足使用要求

机构应具有较好的动力特性。机构在机械系统中不仅传递运动,同时还要传递动力,因此,要选择具有较好动力学特性的机构。对于执行构件行程不大,而短时克服工作阻力很大的机构(如冲压机械中的主机构),应采用"增力"的方法,即瞬时有较大机械增益的机构。对于高速运转的机构,其作往复运动和平面一般运动的构件以及偏心回转构件的惯性力和惯性力矩较大,在选择机构时,应尽可能考虑机构的对称性,以减小运转过程中的动载荷和振动。

机械系统应具有良好的人机性能。任何机械系统都是由人来设计,并用来为人服务的,而且大多数机械系统都要由人来操作和使用,因此,在进行机械设计时,必须考虑人的生理特点,以求得人与机械系统的和谐统一。

采用传动角较大的机构。要尽可能选择传动角较大的机构,以提高机器的传动效率,减少功耗。尤其对于传力大的机构,这一点更为重要。

2. 满足工艺要求

在设计机械的过程中,在满足使用要求的前提下,应尽量使加工、装配更为方便,易于实现高精度,加工效率较高。

高副机构可减少构件数和运动副数,设计简单;但低副机构的运动副元素加工方便,容易保证配合精度且具有较高的承载能力。究竟选用何种机构,应根据具体设计要求全面衡量得失,尽可能做到扬长避短。在一般情况下,应优先考虑低副机构,而且尽量少用移动副;当执行构件的运动规律要求复杂,采用连杆机构很难完成精确设计时,应考虑采用高副机构。

3. 满足经济性要求

机械系统尽可能简单。机构运动链尽量简短,在保证实现功能要求的前提下,应尽量采用构件数和运动副数少的机构,这样可以简化机器构造,从而减轻重量,降低成本。此外,也可以减少零件的制造误差而形成的运动链的累积误差。机械系统的运动与动力机的形式密切相关,目前电动机、内燃机使用最广泛,价格也较低,但是应结合具体情况灵活选择。

尽量缩小机构尺寸。机械的尺寸和重量随所选择的机构类型不同有很大差别。在相同的传动比情况下,周转轮系减速器的尺寸和重量比普通定轴轮系减速器要小得多。在连杆机构和齿轮机构中,也可利用齿轮传动时节圆作纯滚动的原理,或利用杠杆放大或缩小的原理来缩小机构尺寸。盘状凸轮机构的尺寸也可借助杠杆原理相应缩小。

二、动力机选择

1. 动力机类型选择

常用动力机的类型和特点见表14-1。在设计机械系统时,应选用何种形式的动力机,主要应从以下三个方面进行分析比较:

(1) 分析工作机械的负载特性和要求　包括工作机械的载荷特性、工作制度、结构布置和工作环境等。

(2) 分析动力机本身的机械特性　包括动力机的功率、转矩、转速等特性以及动力机所能适应的工作环境。应使动力机的机械特性与工作机械的负载特性相匹配。

(3) 进行经济性比较　当同时可用多种类型的动力机进行驱动时,经济性的分析是必不可少的,包括能源的供应和消耗、动力机的制造、运行和维修成本的对比等。

除上述三方面外,有些动力机的选择还要考虑对环境的污染,其中包括空气污染、噪声污染和振动污染等。例如,室内工作的机械使用内燃机作为动力机就不很合适。

表 14-1　常用动力机的类型和特点

类型	功率	驱动效率	调速性能	结构尺寸	对环境影响	其　他
电动机	大	高	好	较大	小	与被驱动的工作机械连接简便,其种类和型号较多,并具有各种运行特性,可满足不同类型机械的工作要求。但使用电动机必须具备相应的电源,对野外工作的机械及移动式机械常因缺乏所需电源而不能选用
液压马达	较大	较高	好	小	较大	必须具有高压油的供给系统,应使液压系统元件有必要的制造和装配精度,否则容易漏油,这不仅影响工作效率,而且还影响工作机械的运动精度和环境
气动马达	小	较低	好	较小	小	用空气作为工作介质,容易获得,气动马达动作迅速、反应快、维护简单、成本比较低、绿色环保,对易燃、易爆、多尘和振动等恶劣工作环境的适应性较好。但因空气具有可压缩性,因此气动马达的工作稳定性差,气动系统的噪声较大,一般只适用于小型和轻型的工作机械
内燃机	很大	低	差	大	大	具有功率范围宽、操作简便、起动迅速和便于移动等优点,大多用于野外作业的工程机械、农业机械以及船舶,车辆等。主要缺点是需要柴油或汽油作为燃料,通常对燃料的要求也比较高,在结构上也比较复杂,而且对零部件的加工精度要求较高

根据上述各类动力机的特点,选择时可进行各种方案的比较,首先确定动力机的类型,然后根据执行机构的负载特性计算动力机的容量。有时也可先预选动力机容量,在产品设计出来后再进行校核。

2. 电动机选择

电动机选择的内容包括:电动机的类型、结构形式、功率、额定转速、额定电压。以下仅讨论电动机的类型、功率及转速的选择。

（1）选择电动机的类型

选择电动机的类型主要根据工作机械的工作载荷特性，有无冲击，过载情况，调速范围，起动、制动的频繁程度以及电网供电状况等。

对恒转矩负载特性的机械，应选用机械特性为硬特性的电动机；对恒功率负载特性的机械，应选用变速直流电动机或带机械变速的交流异步电动机。

由于直流电动机需要直流电源，结构复杂，价格较高。因此，当交流电动机能满足工作机械要求时，一般不采用直流电动机。工业生产现场一般采用三相交流电源，如无特殊要求均应采用三相交流电动机。其中，三相异步电动机应用最多，常用的为 YE2、YE3 或 YX3 系列三相异步电动机。当电动机需经常起动、制动和正、反转时（例如起重机），要求电动机有较小的转动惯量和较大的过载能力，因此应选用起重及冶金用三相异步电动机，常用的为 YZ 或 YZR 系列。

此外，根据电动机的工作环境条件，如环境温度、湿度、通风及有无防尘、防爆等特殊要求，选择不同的防护性能的外壳结构形式。根据电动机与被驱动机械的连接形式，决定其安装方式，一般采用卧式。

（2）选择电动机的功率

标准电动机的容量由额定功率表示。所选电动机的额定功率应等于或稍大于工作要求的功率。容量小于工作要求，则不能保证工作机正常工作，或使电动机长期过载、发热大而过早损坏；容量过大，则增加成本，并且由于功率和功率因数低而造成浪费。

电动机的容量主要由运行时发热条件限定，在不变或变化很小的载荷下长期连续运行的机械，只要其电动机的负载不超过额定值，电动机便不会过热，通常不必校验发热和起动力矩。所需电动机功率为

$$P_d = \frac{P_w}{\eta} \qquad (14-1)$$

式中：P_d 为工作机实际需要的电动机输出功率，kW；P_w 为工作机需要的输入功率，kW；η 为电动机至工作机之间传动装置的总效率。

工作机所需功率 P_w 应由机器工作阻力和运动参数计算求得，例如图 14-1 所示的带式运输机传动装置：

$$P_w = \frac{Fv}{1\,000\eta_w} \quad kW \qquad (14-2)$$

或

$$P_w = \frac{T n_w}{9\,550\eta_w} \quad kW \qquad (14-3)$$

图 14-1　带式运输机传动装置

式中，F 为工作机的阻力，N；v 为工作机的线速度，m/s；T 为工作机的阻力矩，N·m；n_w 为工作机的转速，r/min；η_w 为工作机的效率。

传动装置总效率 η 按下式计算：

$$\eta = \eta_0\,\eta_1\,\eta_2\cdots\eta_n \qquad (14-4)$$

其中 η_0、η_1、η_2、$\cdots$、η_n 分别为传动装置中每一传动副（齿轮、蜗杆、带或链）、每对轴承、每个联轴器的效率，其概略值见表 1-5。选用此表数值时，一般取中间值，如工作条件差，润滑维护不

良时应取低值,反之取高值。

对于行星齿轮减速器的效率将随行星齿轮机构形式的不同而异,而且即便结构形式相同,也还会因传动比的不同,或主动件与从动件选择的不同而相差甚远。其效率高的可达 0.98 以上,甚至比定轴齿轮机构的效率还要高;而低的却可以接近于零,设计不合理时甚至效率出现负值,导致机构自锁而不能运动。行星减速器的效率计算方法有多种,如转化机构法、基本速比法等。在此不再详述,设计时可参阅参考文献[26]。

（3）选择电动机的转速

同一功率的电动机通常有几种转速可供选用,电动机转速越高,磁极越少,尺寸、重量越小,价格也越低,但传动装置的总传动比要增大,传动级数增多,尺寸及重量增大,从而使成本增加。低转速电动机则相反。因此,应全面分析比较其利弊来选定电动机转速。

按照工作机转速要求和传动机构的合理传动比范围,可以推算电动机转速的可选范围,如

$$n_{d'} = i' n_w = (i'_1 \, i'_2 \, i'_3 \cdots \, i'_n) n_w \tag{14-5}$$

式中,$n_{d'}$ 为电动机转速的可选范围;i'_1、i'_2、i'_3、$\cdots$、i'_n 为各级传动的合理传动比范围,见表 1-6 或表 14-2。

表 14-2　常用传动机构的性能及使用范围

传动机构 选用指标	平带传动	V 带传动	圆柱摩擦轮传动	链传动	齿轮传动		蜗杆传动
功率/kW（常用值）	小（≤20）	中（≤100）	小（≤20）	中（≤100）	大（最大可达 50 000）		小（≤50）
单级传动比　常用值	2~4	2~4	2~4	2~5	圆柱 3~5	锥 2~3	10~40
单级传动比　最大值	5	7	5	6	8	5	80
传动效率	见表 1-5						
许用线速度（一般精度等级）	≤25	≤25~30	≤15~25	≤40	≤15~30*	≤5~15*	≤15~35
外廓尺寸	大	大	大	大	小		小
传动精度	低	低	低	中	高		高
工作平稳性	好	好	好	较差	一般		好
自锁能力	无	无	无	无	无		可有
过载保护作用	有	有	有	无	无		无
使用寿命	短	短	短	中等	长		中等
缓冲吸振能力	好	好	好	中等	差		差
要求制造及安装精度	低	低	中等	中等	高		高
要求润滑条件	不需	不需	一般不需	中等	高		高
环境适应性	不能接触酸、碱、油类爆炸性气体	一般	好		一般		一般

*上限为斜（曲）齿轮,下限为直齿轮圆周速度。

对 YE 或 YX 系列电机,通常多选用同步转速为 1 500 r/min 和 1 000 r/min 的电动机,如无

特殊需要,不选用低于 750 r/min 的电动机。

根据选定的电动机类型、结构、容量和转速,由表 12-1~表 12-14 查出电动机型号,并记录其型号、额定功率、满载转速、外形尺寸、中心高、轴伸尺寸、键连接尺寸、安装尺寸等参数备用。

设计传动装置时一般按工作机实际需要的电动机输出功率 P_d 计算,转速则取满载转速。

三、执行机构设计

执行机构是指最接近被作业工件一端的机械系统,其中接触作业工件或执行终端运动的构件称为执行构件。执行机构的协调动作使执行构件完成机械的预期作业要求。

执行机构功能原理设计主要是通过创造性思维过程确定其功能原理(技术原理)或工艺动作(运动规律),为执行系统的机构结构提供依据。一般分为以下三步:

(1) 功能分析 尽量全面地分析与产品相关的各种因素,准确、简明地描述功能,使功能原理设计思路开阔,不受任何限制,以确定产品的总功能目标。

(2) 功能分解 对较复杂的机械系统来说,难以直接求得满足总功能的原理解,所以要把总功能进行分解,分解到能直接求解的基本功能,即功能元为止。并且,可用树状功能关系图来表示,为以后进一步设计带来方便。

机械系统的基本功能是正确分解总功能的依据,因此,很有必要进一步认识。对于机械系统常见的基本功能有如下几种。

变换功能 例如,能量类型的变化、运动形式的变换、物态的变换、信号类型的变换等。

缩放功能 例如,能量的缩放,信号的缩放,速度、位移等运动量的缩放等。

结合与分离功能 例如,各种物料的混合、分离,能量和信号的结合等。

储存与释放功能 例如,能量的储存与释放(飞轮)、物料的储存与释放等。

传导与离合功能 例如,能量的传导、运动的传导、信号的切断等。

(3) 功能求解 首先对功能元求解,主要是确定具体的技术原理、合适的工艺动作或运动规律;再利用形态矩阵将功能元和其解进行有序排列,它们的各种组合结果即为执行系统总功能的系列解;然后对这一系列的解进行初步评价,得出可行初步方案。

执行机构的选型是指根据工作要求,在已有的机构中,进行搜索、比较、选择,选取合适的机构。选型需要对现有机构十分了解,常用机构的功能特点、常用运动形式及功能分类情况分别见表 14-3 及表 14-4。

表 14-3　常用机构的功能特点

机构类型	功能特点
连杆机构	由主动件的转动变为从动件的转动、移动、摆动,可以实现一定轨迹、位置要求;利用死点可用于夹紧、自锁装置;运动副为面接触,承载能力大,但平衡困难,不宜高速
凸轮机构	由主动件的转动变为从动件的任意运动规律的移动、摆动,但行程不大;运动副为高副,不宜重载
齿轮机构	由主动件的转动变为从动件的转动或移动;功率和速度范围大;传动比准确可靠
螺旋机构	由主动件的转动变为从动件的移动;可实现微动、增力、定位等功能;工作平稳,精度高,但效率低,易磨损

机构类型	功能特点
棘轮机构	由主动件的转动变为从动件的间歇运动,且动程可调;有刚性冲击,噪声大,适用于低速轻载
槽轮机构	由主动件的转动变为从动件的间歇运动;转位平稳;有柔性冲击,不适用于高速
挠性件机构	包括带、链、绳传动;一般主动件的转动变为从动件的转动;可实现大距离传动;带传动传动平稳,噪声小,有过载保护;链传动瞬时传动比不准确

表 14-4　常用运动形式及功能分类

实现的运动或功能		机 构 形 式
匀速转动	定传动比	平行四边形机构、齿轮机构、轮系、谐波传动机构、带传动机构、链传动机构、双万向联轴节机构等
	变传动比	轴向滑移圆柱齿轮机构、混合轮系变速机构、摩擦轮无级变速机构、挠性件无级变速机构等
非匀速转动		双曲柄机构、转动导杆机构、非圆齿轮机构、单万向联轴节机构等
往复运动	往复移动	移动导杆机构,正弦机构,移动从动件凸轮机构,齿轮齿条机构,螺旋机构,气动、液压机构等
	往复摆动	曲柄摇杆机构,摆动导杆机构,双摇杆机构,曲柄摇块机构,摆动从动件凸轮机构,气动、液压机构等
间歇运动	间歇转动	棘轮机构、槽轮机构、不完全齿轮机构、凸轮间歇运动机构等
	间歇摆动	特殊形式的连杆机构、摆动从动件凸轮机构等
	间歇移动	棘齿条机构、摩擦轮机构等
预定轨迹	直线轨迹	平行四边形机构、连杆近似直线机构连杆精确直线机构、组合机构等
	曲线轨迹	多杆机构、行星轮系机构、组合机构等
增力及夹持		斜面杠杆机构、肘杆机构、螺旋机构等
超越		棘轮机构等
行程可调		棘轮调节机构、偏心调节机构、螺旋调节机构、可调式导杆机构等
急回特征		曲柄摇杆机构、偏置式曲柄滑块机构、双曲柄机构、导杆机构、组合机构等
过载保护		带传动机构、摩擦传动机构、安全离合器等

机构选型显然比较直观、方便,在实际的工程设计中应用广泛,但是有时选出的机构型式不能完全满足设计要求,则需要创建新的机构型式。

执行机构方案确定后,还需确定具体结构尺寸,以满足具体工作的行程及速度等要求。确定执行机构结构尺寸后,还应就此确定工作机所需的电动机功率,以备选择电动机之用。

四、传动方案设计

传动方案一般用机构简图表示。它反映运动和动力传递路线以及各部件的组成和连接关系。图14-2为带式输送机传动装置及机构简图。

(a)   (b)

图14-2 带式运输机传动装置及机构简图
1—电动机;2—联轴器;3—减速器;4—驱动滚筒

合理的传动方案首先要满足机器的功能要求,例如传递功率的大小、转速和运动形式。此外,还要适应工作条件(工作环境、场地、工作制度等),满足工作可靠、结构简单、尺寸紧凑、传动效率高、使用维护便利、工艺性和经济性合理等要求。要同时满足这些要求是比较困难的,因此要通过分析比较多种方案,来选择能保证重点要求的较好传动方案。

(a)   (b)   (c)

图14-3 电动绞车传动方案简图
1—电动机;2、5—联轴器;3—制动器;4—减速器;6—卷筒;7—轴承;8—开式齿轮

图14-3所示为电动绞车的三种传动方案。a方案采用二级圆柱齿轮减速器,适合于繁重及恶劣条件下长期工作,使用维护方便,但结构尺寸较大;b方案用蜗杆减速器,结构紧凑,但传动效率较低,在长期连续使用时成本较高,要使用铜合金;c方案用一级圆柱齿轮减速器和开式齿轮传动,成本较低,但开式齿轮使用寿命较短。可见,这三种方案虽然都能满足电动绞车的功能要求,但结构、性能和经济性不同,要根据工作条件要求去确定较好的传动方案。

拟订传动方案时,往往由几种传动形式组成多级传动,要合理布置其传动顺序,常考虑以下

几点：

1）带传动承载能力较低,传递相同转矩时,结构尺寸较大,但传动平稳,能缓冲吸振,因此,应布置在高速级。

2）链传动运动速度不均匀,有冲击,但传力较大,宜布置在低速级。

3）蜗杆传动能实现较大的传动比,结构紧凑,传动平稳,但效率低,要使用铜合金,多用于中、小功率间歇运动的场合。其承载能力较齿轮传动低,与齿轮传动同时应用时,宜布置在高速级,以获得较小的结构尺寸,同时较高的齿面相对滑动速度也易于形成油膜,有利于提高承载能力及效率。

4）斜齿轮传动的平稳性较直齿轮好,常用于高速级或要求传动平稳的场合。

5）锥齿轮的加工比较困难,特别是大模数锥齿轮,一般只在需要改变轴的布置方向时采用,并尽量布置在高速级和限制传动比,以减少大锥齿轮的直径和模数,但此时转速不宜过高。

6）开式齿轮传动的工作环境一般较差,润滑条件不好,易磨损、寿命短,应布置在低速级。

常用定轴减速器的类型及特点参见表14-5,常用行星齿轮减速器的主要类型及特点见表14-6。常用传动机构的功能特点参见表14-3。

表 14-5　常用定轴减速器的类型及特点

类　　型	简图及特点
一级圆柱齿轮减速器	传动比一般小于5,可用直齿、斜齿或人字齿,传递功率可达数万千瓦,效率较高,工艺简单,精度易于保证,一般工厂均能制造,应用广泛。轴线可做水平布置、上下布置或铅垂布置
二级圆柱齿轮减速器	传动比一般为8~40,可用直齿、斜齿或人字齿,结构简单,应用广泛。展开式由于齿轮相对于轴承为不对称布置,因而沿齿向载荷分布不均,要求轴有较大刚度。分流式的齿轮相对于轴承对称布置,常用于加大功率、变载荷场合。同轴式齿轮减速器长度方向尺寸较小,但轴向尺寸较大,中间轴较长,刚度较差。两级大齿轮直径接近,有利于浸油润滑。轴线可以水平、上下或铅垂布置

类　型	简图及特点
一级 锥齿轮 减速器	水平轴　　　　立轴 传动比一般小于 3,用直齿、斜齿或弧齿,输入输出轴相交,夹角一般为 90°
二级 锥-圆 柱齿轮 减速器	水平轴　　　　立轴 锥齿轮应布置在高速级,使其直径不致过大,便于加工,用于输入输出轴相交的场合
一级蜗杆 减速器	蜗杆下置式　　蜗杆上置式　　立轴 结构简单,尺寸紧凑,但效率较低,适用于载荷较小、间歇工作的场合。蜗杆圆周速度 $v \leqslant 4 \sim 5$ m/s 时用蜗杆下置式,$v > 4 \sim 5$ m/s 时用蜗杆上置式。采用立轴布置时密封要求高
齿轮-蜗 杆减速器	传动比一般为 $60 \sim 90$。齿轮传动在高速级时结构比较紧凑,蜗杆传动在高速级时则传动效率较高

表 14-6 常用行星减速器的类型及特点

传动类型	级数	传动简图	传动比范围	特点与应用
渐开线行星齿轮减速器	单级 NGW 型		单级 $i=2.8\sim12.5$ 双级 $i=14\sim160$	N 为内啮合, G 为行星轮, W 为外啮合 体积小, 重量轻, 承载能力大, 效率高, 工作平稳, 但制造精度要求高, 结构较复杂
渐开线少齿差行星齿轮减速器	单级 N 型少齿差		单级 $i=10\sim160$	N 为内啮合; 传动比大, 齿形加工容易, 装拆方便, 结构紧凑, 平均效率90%
摆线针轮减速器	单级或两级		单级 $i=11\sim87$ 双级 $i=121\sim7\,500$	传动比大, 效率较高, 传动平稳, 噪声低, 结构紧凑, 体积小, 重量轻。相同情况下, 体积和重量是普通减速器的50%~80%, 过载和耐冲击能力较强。需专用机床加工, 制造工艺复杂
谐波齿轮减速器	单级	刚轮固定, 波发生器主动, 柔轮输出 波发生器固定, 柔轮主动, 刚轮输出	单级 $i=50\sim500$ (柔轮或刚轮固定, 波发生器主动) $i=1.002\sim1.02$ (波发生器固定, 柔轮主动)	传动比大, 范围宽, 元件少, 体积小, 重量轻。相同情况下, 体积和重量减少20%~25%。承载能力大, 传动效率高, 但制造工艺复杂

传动类型	级数	传动简图	传动比范围	特点与应用
三环减速器	单级或组合多级		单级 $i = 11 \sim 99$ 双级 $i_{min} = 9\ 801$	结构紧凑,体积小,重量轻,传动比大,效率高,单级为 92% ~ 98%,噪声低,抗过载能力强。传动功率不受限制,输出转矩可达 400 kN·m。不用输出机构,轴承直径不受限制。使用寿命长,零件种类少,齿轮精度要求不高,造价低,适应性广,派生系列多,不适用于高速运动的场合

初步选定传动方案后,在设计过程中还可能要不断修改和完善。

第十五章　传动装置总体设计

一、计算总传动比及分配各级传动比

传动装置的总传动比要求应为

$$i = n_m / n_w \qquad (15-1)$$

式中 n_m 为电动机满载转速,r/min;n_w 为执行机构转速,r/min。

多级传动中,总传动比应为

$$i = i_1 i_2 i_3 \cdots i_n \qquad (15-2)$$

其中,$i_1, i_2, i_3, \cdots, i_n$ 为各级传动机构的传动比。

在已知总传动比要求时,如何合理选择和分配各级传动比,要考虑以下几点:

（1）各级传动机构的传动比应尽量在推荐范围内选取(参见表 1-6 及表 14-2)。

（2）应使传动装置结构尺寸较小,重量较轻。如图 15-1 所示,二级减速器总中心距和总传动比相同时,粗、细实线所示两种传动比分配方案中,粗实线所示方案因低速级大齿轮直径减小而使减速器外廓尺寸较小。

（3）应使各传动件尺寸协调,结构匀称合理,避免干涉碰撞。在二级减速器中,两级的大齿轮直径尽量相近,以利于浸油润滑。

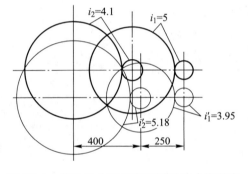

图 15-1　传动比分配方案不同对尺寸的影响

一般推荐:

展开式二级圆柱齿轮减速器	$i_1 \approx (1.3 \sim 1.5) i_2$
同轴式二级圆柱齿轮减速器	$i_1 \approx i_2$
圆锥-圆柱齿轮减器	$i_1 \approx 0.25 i_2$
齿轮-蜗杆减速器	$i_1 \approx (0.03 \sim 0.06) i_2$
二级蜗杆减速器	$i_1 \approx i_2$

传动装置的实际传动比要由选定的齿数或标准带轮直径准确计算,因而与要求传动比可能有误差。一般允许工作机实际转速与要求转速的相对误差为 $\pm(3 \sim 5)\%$。

二、计算传动装置的运动和动力参数

设计计算传动件时,需要知道各轴的转速、转矩或功率,因此应将工作机上的转速、转矩或功率推算到各轴上。

如一传动装置从电动机到工作机有三轴,依次为Ⅰ、Ⅱ、Ⅲ轴,参见图 14-1,则

1. 各轴转速

$$n_{\mathrm{I}} = n_m \quad \mathrm{r/min}$$

$$n_{\text{II}} = \frac{n_{\text{I}}}{i_{\text{I}}} \quad \text{r/min}$$

$$n_{\text{III}} = \frac{n_{\text{II}}}{i_{\text{II}}} \quad \text{r/min}$$

式中，n_{m}为电动机满载转速，r/min；n_{I}、n_{II}、n_{III}分别为 I 、II 、III 轴的转速，r/min；I 轴为高速轴，III 轴为低速轴；i_{I}、i_{II}依次为 I 、II 轴与 II 、III 轴间的传动比。

2. 各轴功率

$$P_{\text{I}} = P_{\text{d}} \eta_{\text{dI}} \quad \text{kW}$$

$$P_{\text{II}} = P_{\text{I}} \eta_{\text{I}} = P_{\text{d}} \eta_{\text{dI}} \eta_{\text{III}} \quad \text{kW}$$

$$P_{\text{III}} = P_{\text{II}} \eta_{\text{IIIII}} = P_{\text{d}} \eta_{\text{dI}} \eta_{\text{III}} \eta_{\text{IIIII}} \quad \text{kW}$$

式中，P_{d}为电动机轴输出功率，kW；P_{I}、P_{II}、P_{III}分别为 I 、II 、III 轴输入功率，kW；η_{dI}、η_{III}、η_{IIIII}依次为电动机轴与 I 轴，I 轴、II 轴，II 轴、III 轴间的传动效率。

3. 各轴转矩

$$T_{\text{I}} = T_{\text{d}} \eta_{\text{dI}} \qquad \qquad \text{N} \cdot \text{m}$$

$$T_{\text{II}} = T_{\text{I}} i_{\text{I}} \eta_{\text{III}} = T_{\text{d}} i_{\text{I}} \eta_{\text{dI}} \eta_{\text{III}} \qquad \text{N} \cdot \text{m}$$

$$T_{\text{III}} = T_{\text{II}} i_{\text{II}} \eta_{\text{IIIII}} = T_{\text{d}} i_{\text{I}} i_{\text{II}} \eta_{\text{dI}} \eta_{\text{III}} \eta_{\text{IIIII}} \quad \text{N} \cdot \text{m}$$

式中，T_{d}为电动机轴的输出转矩，N·m。

$$T_{\text{d}} = 9\,550 \frac{P_{\text{d}}}{n_{\text{m}}} \quad \text{N} \cdot \text{m}$$

式中，T_{I}、T_{II}、T_{III}分别为 I 、II 、III 轴的输入转矩，N·m。

运动和动力参数的计算数值可以整理列表备查。

第十六章　传动零件的设计计算

进行减速器装配图设计时,必须先求得各级传动件的尺寸、参数,并选好联轴器的类型和尺寸。当传动装置中减速器外有传动件时,一般应先进行箱外传动件设计,以便使减速器设计的原始条件比较准确。例如,先设计带传动,可以得到确定的带传动比(由选定标准带轮直径求得)。从而得到较准确的减速器传动比,各轴转速和转矩也才能比较准确确定。

一、选择联轴器类型及型号

联轴器除连接两轴并传递转矩外,有些还具有补偿两轴因制造和安装误差而造成的轴线偏移的功能,以及缓冲、吸振、安全保护等功能。因此要根据传动装置工作要求来选定联轴器类型。

电动机轴与减速器高速轴连接用的联轴器,由于轴的转速较高,为减小起动载荷,缓和冲击,应选用具有较小转动惯量和具有弹性的联轴器,一般选用有弹性元件的挠性联轴器,例如弹性柱销联轴器等。减速器低速轴与工作机轴连接用的联轴器,由于轴的转速较低,不必要求具有较小的转动惯量,但传递转矩较大,又因为减速器与工作机常不在同一底座上,要求有较大的轴线偏移补偿,因此,常需选用无弹性元件的挠性联轴器,例如齿式联轴器等。

标准联轴器主要按传递的转矩大小和转速来选择型号(参见第八章)。还应注意联轴器轴孔尺寸范围是否与所连接轴的直径大小相适应。

二、减速器外传动零件设计

减速器外的传动件,一般常用带传动、链传动或开式齿轮传动。设计时需要注意这些传动件与其他部件的协调问题。

(1)带传动

设计带传动时,应注意检查带轮尺寸与传动装置外廓尺寸的相互关系,例如,小带轮外圆半径是否大于电动机中心高,大带轮外圆半径是否过大造成带轮与机器底座相干涉等。要注意带轮轴孔尺寸与电动机轴或减速器输入轴尺寸是否相适应。如图 16-1 中带轮的 D_e 和 B 都过大。

图 16-1　带轮尺寸与电动机尺寸不协调

带轮直径确定后,应验算带传动实际传动比和大带轮转速,并以此修正减速器传动比和输入转矩。

(2)链传动

链轮外廓尺寸及轴孔尺寸应与传动装置中其他部件相适应。当采用单排链使传动尺寸过大时,应改用双排链或多排链。应记录选定的润滑方式和润滑剂牌号以备查。

(3)开式齿轮传动

开式齿轮传动一般布置在低速级,常选用直齿。因易被灰尘等污染,润滑条件差,磨损较严重,一般只需计算轮齿的弯曲强度。选用材料时,要注意耐磨性能和大小齿轮材料的配对。由于支承刚度较小,齿宽系数应选取小些。应注意检查大齿轮的尺寸与材料及毛坯制造方法是否相应,例如齿轮直径超过 500 mm 时,除单件生产外一般应采用铸造毛坯,材料应是铸铁或铸钢。还应检查齿轮尺寸与传动装置总体尺寸及工作机尺寸是否相称,是否与其他零件相干涉。

开式齿轮传动设计完成后,要由选定的大小齿轮齿数计算实际传动比。

三、减速器内传动零件设计

减速器内传动零件设计计算方法及结构设计均可依据教材所述。此外还应注意以下几点。

(1) 所选齿轮材料应考虑与毛坯制造方法协调,并检查是否与齿轮尺寸大小适应。例如,齿轮直径较大时,多用铸造毛坯,应选铸钢或球墨铸铁材料(单件生产不宜用铸造毛坯),或用焊接齿轮。小齿轮根圆直径与轴径接近时,齿轮与轴制成一体(齿轮轴),因此,所选材料应兼顾轴的要求。同一减速器各级小齿轮(或大齿轮)的材料,没有特殊情况应选相同牌号,以减少材料品种和工艺要求。

(2) 锻钢齿轮分软齿面(≤350 HBW)和硬齿面(>350 HBW)两种,应按工作条件和尺寸要求来选择齿面硬度。大小齿轮的齿面硬度差一般为:

软齿面齿轮　　$HBW_1 - HBW_2 \approx 30 \sim 50$

硬齿面齿轮　　$HRC_1 \approx HRC_2$

(3) 应该注意,齿轮传动的尺寸与参数的取值,有些应取标准值,有些则应圆整,有些则必须求出精确数值。例如,模数应取标准值,齿宽和其他结构尺应尽量圆整,而啮合几何尺寸(节圆、螺旋角等)则必须求出精确值,其尺寸应准确到 μm,角度应准确到 (")。

(4) 由于蜗杆传动副的材料不同,其适用的相对滑动速度范围也不同,因此选材料时要初估相对滑动速度,并且在传动尺寸确定后,校验其滑动速度,检查所选材料是否适当,并修正有关初选数据。

(5) 蜗杆传动的中心距应尽量圆整,为保证其几何参数关系,有时要进行变位。蜗杆和蜗轮的啮合几何尺寸必须计算精确值,其他结构尺寸应尽量圆整。蜗杆螺旋线方向尽量取为右旋。

(6) 蜗杆位置是在蜗轮上面,还是下面,应由蜗杆分度圆的圆周速度来决定,一般 $v<4 \sim 5$ m/s 时蜗杆在下面。

(7) 蜗杆强度和刚度验算以及蜗杆传动热平衡计算都要在装配草图设计中进行。

四、计算机辅助设计

随着计算机技术的发展,各种传动零件的计算机设计程序也发展很快,有多种计算机辅助传动零件设计软件。设计传动零件时,采用计算机辅助设计软件,可节省时间,并可进行多参数设计,对结果进行人工选优。在这里介绍一种较实用的计算机辅助机械设计软件。

本软件安装好后,会在 AutoCAD 运行环境下的菜单栏中增加显示"机械设计"一项,如图16-2所示。

点击图 16-2 中的机械设计按钮,可显示出图 16-3 所示的展开式菜单,其中包括齿轮传动、蜗杆传动、带传动和链传动等传动零件的设计计算,轴、滚动轴承和滑动轴承等支承零件的设计计算,以及过盈连接的分析计算等。

图 16-2　机械设计界面

图 16-3　机械设计展开菜单

使用时只要将用鼠标单击所需计算零件的名称,即可进入此零件的计算程序软件。下面以齿轮计算为例,了解本软件的使用方法。鼠标单击"圆柱齿轮传动设计及绘图",进入图 16-4 所示的齿轮传动设计主界面。

图 16-4　齿轮传动设计主界面

按要求填写输入数据,按下设计键,即可得到结果。设计结果有几组(图 16-5),可从中选择满意的结果,如不满意可重新输入,直到得到满意结果。选中设计结果后(图 16-6),可得校核计算结果(图 16-7)。最后,按下输出结果键,保存结果(图 16-8),设计结束。

其他传动件设计,与此类似,按提示执行即可。

图 16-5　齿轮传动设计结果界面

图 16-6　齿轮传动设计结果选择界面

图 16-7　齿轮传动验算结果界面

图 16-8　齿轮传动结果保存界面

第十七章　总装图和部件装配图的设计

一、概述

总装图是一种反映产品结构概况及组成部分的总图。包括总装施工、检验技术要求和总体尺寸。部件装配图是总装图的设计基础。

部件装配图表达了部件的设计构思、工作原理和装配关系,也表达出各零件间的相互位置、尺寸及结构形状,它是绘制零件工作图、部件组装、调试及维护等的技术依据。设计部件装配工作图时要综合考虑各零件的工作要求、材料和热处理、强度、刚度、磨损、加工、装拆、调整、润滑和维护、回收以及经济诸因素,并要用足够的视图表达清楚。

由于部件装配图是机器总装图设计的基本要素,表达方法上有相近之处,且部件装配图设计中所涉及的内容较多,既包括结构设计,又有核验计算,设计过程较为复杂,常常是边画、边算、边改(图 17-1)。下面就以机器中常用的减速器为例,介绍部件装配图设计的一般方法和每个步骤的具体内容。

图 17-1　部件装配图设计的一般步骤

二、减速器装配图设计的准备

1）检查已确定的各传动零件及联轴器的规格、型号、尺寸及参数。

2）阅读有关资料,看录像,拆装或观察减速器,了解各零件的功能、类型和结构。分析并初步考虑减速器的结构设计方案,其中包括考虑传动件结构、轴系结构、轴承类型、轴承组合结构、轴承端盖结构(外装式或嵌入式)、箱体(剖分式或整体式)及其附件结构、润滑和密封方案,并注意各零件的材料、加工和装配方法。

3）选择图纸幅面、视图、图样比例。装配工作图应用 A0 或 A1 号图纸绘制。一般需选三个视图并加必要的局部剖视才能表达清楚。应尽量采用 1∶1 或 1∶2 的比例尺绘图。所有这些都应该符合机械制图国家标准。

三、初绘装配底图

初绘装配底图的任务是通过绘图来拟定减速器的主要结构,进行视图的合理布置,更重要的是进行轴和轴系结构的设计,确定轴承的位置和型号,找出轴系上所受各力的作用点,从而对轴、轴承及键等零件进行校核。

传动零件、轴和轴承是减速器的主要零件,其他零件的结构和尺寸随这些零件而定。绘装配底图时要先画主要零件,后画次要零件;由箱内零件画起,逐步向外画;以确定轮廓为主,对细部结构可先不画;以一个视图为主兼顾其他几个视图。

1. 确定箱内传动件轮廓及其相对位置

首先,画出箱内传动件的中心线、齿顶圆(或蜗轮外圆)、节圆、轮缘及轮毂宽等轮廓线。

要注意各零件间的相互位置和间隙。例如,画二级齿轮减速器时,应注意使一轴上的齿顶不要与另一轴表面相碰,两级齿轮端面间距 c 要大于 $2m$(m 为齿轮的模数),并不大于 8 mm(图 17-2)。

2. 箱体内壁位置的确定(参见表 11-1)

箱体内壁与齿轮端面(轮毂端面)及齿轮顶圆(或蜗轮外圆)之间应留有一定的间距 $\Delta_2(\geqslant\delta)$ 及 $\Delta_1(\geqslant1.2\delta)$,$\delta$ 为箱座壁厚(图 17-2)。

设计减速器结构时,必须全面考虑箱体内传动件的尺寸和箱体各方面的结构关系。例如某些圆柱齿轮减速器,设计高速级小齿轮处的箱体形状和尺寸时,要考虑到轴承处上、下箱连接螺栓的布置和凸台高度尺寸,应由此确定箱体内、外壁位置。画装配图时,要注意三个视图间的投影关系,应同时画三个视图。

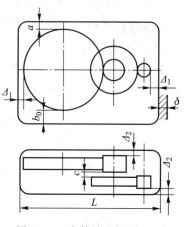

图 17-2 齿轮端面间距(一)

对于蜗杆减速器,箱体内壁和蜗轮轮毂端面常离得较远,这是由于蜗杆轴系结构及其轴承尺寸决定的。

对于锥齿轮减速器,由于锥齿轮的轮毂端面常宽于齿轮端面,为避免干涉,应使箱体内壁与轮毂端面间距 $\Delta_3=(0.3\sim0.6)\delta$,$\Delta_2=\Delta_3$(图 17-3)。

对于箱体底部的内壁位置,由于考虑齿轮润滑及冷却需要一定的装油量,并使油中的杂物能

图 17-3　齿轮端面间距(二)

沉淀,箱体底部内壁与最大齿轮顶圆的距离 b_0 应大于 $8m$(齿轮模数),并应不小于 30 mm(图 17-2)。

　　3. 初步进行视图布置及绘制装配底图

　　箱体内壁位置确定后,根据箱体壁厚尺寸、凸缘尺寸即可确定箱体最大轮廓尺寸。再考虑箱外传动零件(开式齿轮或带轮)和联轴器的最大尺寸和位置,则可定出箱外输入轴和输出轴伸出端的位置及轴伸直径和长度的尺寸范围。至此,减速器的主要结构也就确定了。

　　根据减速器各视图的大致轮廓尺寸,并考虑好标题栏,明细表,零件编号、尺寸的标注、技术特性表及技术要求的文字说明等位置,就可进行图面的合理布置(必要时,需移动中心线位置)。布图时,图面还应留有余地,以便在进一步的设计过程中补充局部视图及必要的说明。视图布置的形式可参考第二十章有关图例。

　　表 11-1 给出了齿轮减速器、蜗杆减速器箱体的主要结构尺寸及零件相互尺寸关系的经验值。这是在保证强度和刚度的条件下,考虑结构紧凑、制造方便等要求决定的。

　　图 17-4 及图 17-5 分别为在这一阶段所绘制的一级圆柱齿轮减速器及蜗杆减速器装配底图。减速器凸缘轮廓、箱底位置及箱外零件可先不画,只需在图上留出空间即可。对于二级圆柱齿轮减速器、锥齿轮减速器等其他类型减速器,这一阶段的装配底图绘制可参照上述步骤及方法进行。本章中,部件装配图制图步骤(一)~(四)(如图 17-4、图 17-18、图 17-41、图17-68)表示各步骤中图面应完成的程度,并给出不同的表示方法以供参考。

图 17-4　一级圆柱齿轮减速器装配底图(一)

图 17-5　蜗杆减速器装配底图(一)

4. 初步计算轴径

画箱体及传动件轮廓图时,要初步计算轴径。这时,可选定轴的材料及热处理方式,并按许用扭转切应力的计算方法初估轴径,其公式见机械设计教材。初步计算的轴径可作为轴端直径,但和联轴器孔配合时,应考虑联轴器孔径的尺寸范围。与电动机相连的轴,要考虑电动机轴、联轴器孔、减速器伸出轴三者直径的关系。

5. 轴的结构设计

轴的结构设计包括确定轴的形状、轴的径向尺寸和轴向尺寸,以及轴上零件的固定和装拆。

(1)确定轴的径向尺寸和结构

确定轴的径向尺寸时,要在初估直径的基础上,考虑轴承型号选择,轴的强度、轴上零件的定位与固定等,以便于加工装配。

1)初选轴承型号。按工作要求选择轴承类型,直径和宽度系列一般可先按照中等宽度选取,轴承内径则由初估直径并考虑结构要求后确定。型号、尺寸查阅第六章。

2)保证轴有足够的强度。首先,应考虑受载(弯矩和扭矩)较大或轴径较小的轴段,通常是轴上各受力点附近的轴段,如装传动零件和轴承处的直径。

3)为了便于轴上零件的装拆,常做成阶梯形轴,其径向尺寸逐段变化,如图17-6、图17-7所示。这样有利于区别各轴段不同的加工要求,以节省加工量。

图17-6 直径尺寸两端小、中部大的阶梯轴   图17-7 从一端逐段加大直径的阶梯轴

4)综合考虑轴上零件的定位、固定和减少轴的应力集中,这是决定阶梯轴相邻直径变化大小的重要因素。当阶梯直径的变化是为了固定轴上零件及承受轴向力时,相邻直径变化要大些,如图17-8中的直径 d'' 和 d 的变化。轴肩的阶梯高度 h 应大于该处轴上零件的圆角半径 r' 或倒角 C(图17-8a、b)。一般情况下,轴肩的定位面高度 a 应大于 1 mm,以承受轴向力。一根轴上的圆角及倒角尺寸,应尽量一致,以便于加工。

另一方面考虑减小轴的应力集中,相邻直径变化应尽量小。如果轴径的变化只是为了装拆方便或区别加工表面时,相邻直径略有差别即可,如图17-8c中的 d 和 d' 的变化。甚至名义尺寸相同时,可以在公差范围内有些变化(图17-11)。为了降低应力集中,轴径过渡处的圆角应尽量大些,也可做出椭圆角或锥面。圆角、倒角推荐值见表1-25。

当轴肩面需要精加工、磨削或切削螺纹时,应留退刀槽(图17-7中的 a 和 b)。

图 17-8　轴向局部结构

当轴上两孔径相同的零件（如轴承）从轴的一端进行装拆时,其中间轴段的径向尺寸也可做得小些,以利于装拆和减小精加工配合面,如图 17-7 所示。

为便于滚动轴承的拆卸,应留有足够的拆卸高度,因而轴肩高度要适当。如拆卸高度不够,可在轴肩上开出轴槽,以便于安装拆卸器(图 17-9)。

当采用过盈配合轴毂连接的结构形式时,为便于装配,直径变化可用锥面过渡,且锥面大端应位于键槽的直线区段(图 17-10)。

图 17-9　便于轴承拆卸的轴槽　　　　　图 17-10　锥面过渡结构

5)径向尺寸应符合有关标准和规范。与轴上零件相配合的各段轴径应尽量取标准直径系列值(表 1-14)。与滚动轴承和联轴器相配合的轴径以及安装轴承密封件处的直径应符合有关标准。某些结构工艺要求退刀槽及砂轮越程槽也应采用标准值(表 1-20、表 1-23)。当用轴肩固定滚动轴承时,轴肩的径向尺寸应符合标准的规定(见第六章滚动轴承标准中安装尺寸),以便拆卸轴承。

(2)确定轴的轴向尺寸

轴的轴向尺寸主要取决于轴上传动件及支承件的轴向宽度及轴向位置,并应考虑有利于提高轴的强度和刚度。一般要注意以下几点:

1)保证传动件在轴上的固定可靠

与传动件(以及联轴器)相配的轴段长度由与其配合的轮毂宽度决定。当传动件用其他零件顶住来实现其轴向定位时,该轴段的配合长度应比传动件的轮毂宽度稍短。当用平键连接时,键应较配合长度稍短,并布置在偏向传动件装入一侧,以便于装配(图 17-11)。

2）支承件的位置应尽量靠近传动件

为减小轴的弯矩,以提高轴的强度和刚度,轴承应尽量靠近传动件。当轴上的传动件都在两轴承之间时,两轴承支点跨距应尽量减小。若轴上有悬伸传动件时,则应使一轴承尽量靠近它,轴承支点跨距应适当增大。轴承的具体位置还与润滑方式有关。当轴承依靠箱内润滑油飞溅润滑时,轴承应尽可能靠近箱体内壁(图 17-12a)。当轴承采用脂润滑时,为防止箱内润滑油和润滑脂混合,需要在轴承前设置挡油环(图 17-12b)。

图 17-11　轴段配合长度与零件定位要求　　　图 17-12　轴承在箱体中的位置

设计蜗杆减速器时,为了提高蜗杆刚度,更要注意减小支点跨距。因此,蜗杆轴承座常伸到箱体内部,如图 17-13 所示。设计时,应使轴承座与蜗轮外圆保持间距 Δ_1,并避免出现尖角,由此来决定断面 A 的位置,从而确定轴承支点跨距。

锥齿轮减速器中的小锥齿轮轴通常是悬臂轴,小锥齿轮也要尽量靠近轴承位置(图 17-14b 为较好结构)。

图 17-13　蜗杆减速器的蜗杆轴承座　　　图 17-14　小锥齿轮靠近轴承

3）应便于零件的装拆

当轴上零件彼此靠得很近时(如图 17-15a 中,c 很小),则不利于零件的拆卸,需要适当增加有关轴段的轴向尺寸(l 增加为 l'),如图 17-15b 所示。

轴在箱体轴承孔中的轴向尺寸决定于轴承孔的长度,而轴承孔的长度则取决于轴承宽度(对整体式箱体)或轴承旁螺栓的扳手空间尺寸(对中间剖分式箱体)。图 17-16 表示出箱体轴

图 17-15　轴上零件的设置应利于装拆

承孔处的轴向尺寸 L。$L \geqslant \delta + C_1 + C_2 + (5 \sim 10)$ mm。C_1 及 C_2 为扳手空间所决定的尺寸(参见表 11-2、图 11-1 和图 11-2),δ 为箱座壁厚。

　　轴伸出箱体外的长度也和箱外零件的装拆及固定端盖的螺钉装拆有关。例如,当用螺钉固定轴承端盖时,轴的外伸长度则应考虑是否需要在不拆卸箱外零件的情况下自由装拆螺钉,以便于装拆箱盖,如图 17-17a 所示。又如,轴端装有弹性套柱销联轴器时,则要求有足够的装配尺寸 B,如图 17-17b 所示。因此,箱外零件不可离轴承端盖过近。相应的轴向尺寸 L' 也不可太小。对中小型减速器,一般可取 $L' \geqslant 15 \sim 20$ mm。

图 17-16　箱体轴承孔处的轴向尺寸

图 17-17　轴上外装零件与端盖间距离

　　图 17-18、图 17-19 为在这一阶段绘制出的装配底图,图中表达的轴的结构和尺寸可为轴及轴承等零件的核验计算提供数据和条件。

　　6. 设计和绘制减速器的轴系结构

　　这一阶段的工作是在已初步绘制的装配底图的基础上,进行轴系的结构设计。它包括传动件的结构设计、滚动轴承的组合设计等内容。

　　(1) 齿轮与蜗轮的结构设计

　　传动件的结构与所选材料、毛坯尺寸及制造方法有关。当齿轮或蜗杆的齿根圆与其轴径相差无几时,可做成齿轮轴或蜗杆轴。若其齿根圆小于轴径,则可用滚齿法加工齿轮,蜗杆用铣削

图 17-18　一级圆柱齿轮减速器装配底图(二)

图 17-19　蜗杆减速器装配底图(二)

加工,但都必须保证它们的工作宽度。

如果软齿面圆柱齿轮齿根圆到键槽底部尺寸 $x \geqslant 2.5m_t$,硬齿面圆柱齿轮 $x \geqslant 3.5m_t(m_t$ 为端面模数),锥齿轮 $x' \geqslant (1.6 \sim 2.0)m(m$ 为大端模数),则可以将齿轮与轴分开制造,而后装配,如图 17-20 所示。齿轮或蜗轮轮毂因铸造工艺要求需要设计成具有一定斜度(图 17-21)。对重型过盈配合,为了减小应力集中,还可在轮毂上做出卸载沟槽(图 17-22)。

图 17-20　齿轮的结构尺寸

镶铸结构

$I=1:20$

图 17-21　具有一定斜度的蜗轮轮毂

图 17-22　过盈配合轮毂上的卸载槽结构

齿轮毛坯一般都经锻造;而在齿顶圆直径大于 400 mm 的情况下,常选用铸造方式制作齿轮毛坯;对于单件或小批量生产直径较大的齿轮毛坯,可以用焊接方法制造。

当大齿轮材料选用合金钢时,齿轮可采用装配式结构。齿圈用合金钢,而轮芯用普通钢,这样可降低成本。

蜗轮也有整体式和装配式两种。铸铁蜗轮或齿顶圆小于 100 mm 的青铜蜗轮常做成整体式,但对大多数铜合金制造的蜗轮,为了节省有色金属,多做成装配式。在大量生产蜗轮时,常将青铜轮圈镶铸在预热的铸铁或钢制轮芯上,冷缩后产生箍紧力,使轮圈和轮芯可靠地连接在一起,或将二者压配后用螺栓连接。

(2) 滚动轴承的组合设计

轴承的组合设计应从结构上保证轴系的固定、游动与游隙的调整。常用的结构有:

1) 双支点单向固定　这种结构在轴承支点跨距小于 300 mm 的减速器中用得最多。图 17-23 是一种常用的双支点单向固定轴系结构,用端盖顶住两轴承外圈的外侧,其结构简单,但应留有适量的轴向间隙 a,以避免工作中因轴系热伸长而引起的热应力,并保证轴承灵活运转。间隙量 a 是靠调整的方法来控制的。图 17-23a 是用凸缘式端盖固定轴系;图 17-23b 是用嵌入式端盖固定轴承。

对可调间隙的向心角接触轴承,可通过调整轴承外圈的轴向位置得到合适的轴承游隙,以保证轴系的游动,并达到一定的轴承刚度,使轴承运转灵活、平稳。

有固定间隙的轴承,如深沟球轴承,可在装配时通过调整,使固定件与轴承外圈外侧留有适量的间隙。

对于圆锥滚子轴承,当采用不同的双支点单向固定形式时,对轴系的刚性有不同的影响。

如图 17-24 所示,在轴承跨距 L 相同的情况下,$L_1 < L_2$,而 $a_1 > a_2$,故采用图 17-24b 所示轴承

图 17-23 固定轴承外圈外侧的双支点单向固定轴系

图 17-24 悬臂锥齿轮轴系采用不同的双支点单向固定结构

外圈内侧固定比采用图 17-24a 所示轴承外圈外侧固定的轴承刚性要大;而在相同的径向载荷作用下,轴承所受径向力却较小。它的缺点是受径向力大的轴承承受齿轮的轴向载荷。当要求两轴承布置紧凑而又需要提高悬臂轴系的刚性时,常采用图 17-24b 的结构。

2)单支点双向固定 单支点双向固定轴系结构比较复杂,但允许轴系有较大的热伸长,多用于轴承支点跨距较大、温升较高的轴系(如蜗杆轴系)中。安排轴承时,常把受径向力较小的一端作为游动端,以减少游动时的摩擦力。固定端可选用一个深沟球轴承,但支点受力大。要求刚度高时,也可以采用一对角接触球轴承组合,并使轴承间隙达到最小。它的缺点是结构比较复杂。

图 17-25 表示单支点双向固定的蜗杆轴系结构。固定端的轴承组合内、外圈两侧均被固定,以承受双向的轴向力。

(a)

(b)

图 17-25 蜗杆轴系的轴承结构

游动端支承可选用深沟球轴承或圆柱滚子轴承。对于深沟球轴承(图 17-25a),其内圈两侧需固定,外圈则不固定,从而允许轴承游动。对于外圈无挡边的圆柱滚子轴承(图 17-25b),其内、外圈两侧都要固定。游动靠滚子相对于外圈的轴向位移来实现。

游动端轴承间隙一般是不能调整的,支座刚性较差。在特殊要求情况下,可在深沟球轴承外圈端面用弹簧 1 顶住,使轴承保持预紧,以保证游动端支座刚性,但要适当控制弹簧力的大小,以保证轴承游动,如图17-26所示。

轴承外圈的固定常用轴承端盖(图 17-23)和凸肩(图17-25a)。

轴承端盖有凸缘式(图 17-23a)和嵌入式(图 17-23b)两种。凸缘式端盖用螺栓拧在箱体上,其间可加环形垫片 1,用来调整及加强密封。垫片 1 还可以做成两个半环形,以便在不拆端盖情况下增减垫片,进行调整,其使用方便。为保证定位精度,端盖与轴承座配合长度不小于 5 mm。

图 17-26 提高游动端轴承支座的刚性

嵌入式端盖不用螺钉固定,结构简单,与其相配合的轴段长度比用凸缘式端盖的短,但密封性能较差。采用这种轴承端盖,调整间隙时要开箱盖,以便增减垫片,因此多用于不可调整间隙的轴承,轴承端盖与轴承座孔间可用 O 型密封圈密封(图 17-23b)。

为便于调整轴承间隙,可使用螺纹件连续调节,如图 17-27 所示。图 17-27a 是在嵌入式端盖上安装大直径螺纹件 1 顶住自位垫圈 2,这种结构既可调整轴承间隙,又降低了垫圈端面精度要求。调整后,用锁紧片 3 固定螺纹件 1。图 17-27b 是在凸缘式端盖上设置螺纹调整件 1。这种结构调整轴承间隙时不用拆箱体,比较方便,但结构比较复杂。

(a)   (b)

图 17-27　用螺纹件调整轴承间隙

轴承的轴向固定也可在箱体或套杯上做出凸肩,顶住轴承外圈(图 17-24)。对于悬臂的小锥齿轮轴系,常置于套杯内形成独立组件。套杯凸缘与箱体间的垫片用来调整轴系位置,与凸缘之间的垫片用来调整轴承间隙(图 17-24)。如图 17-28 所示,一般情况下,凸肩不可过大,以保证足够大的 t_2。另外,a 也应有足够尺寸,以便拆卸轴承时工具能方便进入。还可在凸肩上做出缺口及孔,以利于轴承的拆卸。

(a)   (b)

(c)   (d)   (e)

图 17-28　凸肩的设计要有利于轴承拆卸

轴承内圈的轴向固定常采用轴肩、轴端挡圈(表 5-3)、轴用弹性挡圈(表 5-5)、圆螺母与止动垫圈(表 5-6、表 5-7、图 17-29)。圆螺母还可用于调整轴承游隙。设计圆螺母固定结构时,应注意止动垫圈的内舌要嵌入轴的沟槽内,以保证防松,如图 17-29 所示。图中的隔套 1 用以防止圆螺母与圆锥滚子轴承的保持架相接触。当用圆螺母移动轴承内圈来调整游隙时,轴与内圈的配合应选松些,常取 h6。

图 17-29　圆螺母固定轴承内圈的结构

弹性挡圈不能承受较大的轴向力,常用于游动端轴承内圈的固定(图 17-25b),或用于受轴向力很小的固定端轴承内圈的固定。为消除弹性挡圈与轴承内圈之间的间隙,可在二者间设置补偿环。

为便于加工和装配,同一轴系的轴承孔应尽可能相同。当轴承外径不同时,可采用套杯结构,以保证孔径相同(图 17-30)。

图 17-30　轴承座孔的设计

(3)滚动轴承的润滑与密封

1)脂润滑　当滚动轴承速度较低($dn \leqslant 2 \times 10^5$ mm·r/min,d 为轴承内径,n 为转速)时,常采用脂润滑。脂润滑的结构简单,易于密封。一般每隔半年左右补充或更换一次润滑脂。润滑脂的装填量不应超过轴承空间的 $1/3 \sim 1/2$,可通过轴承座上的注油孔及通道注入(图 17-31)。为防止箱内的油浸入轴承与润滑脂混和,并防止润滑脂流失,应在箱体内侧装挡油环,其结构尺寸参见图 17-12b。产品生产批量较大时,可采用冲压挡油环(图 17-25a)。

图 17-31　脂润滑轴承的注油孔与挡油环

2）油润滑　油润滑多用箱体内的油直接润滑轴承。油润滑有利于轴承的冷却散热,但对密封要求高,并且油的性能由传动件确定,长期使用的油中含有杂质,这对轴承润滑有不利影响。油润滑方式可分为以下三种：

① 飞溅润滑　当箱内传动件圆周速度较大时($v \geqslant 2 \sim 3 \, \mathrm{m/s}$),常用传动件转动时飞溅带起的油润滑轴承。为此,应在箱体剖分面上开输油沟,使溅起的油沿箱体内壁流到沟内,并应在端盖上开缺口。为防止装配时缺口没有对准油沟而将油路堵塞,可将端盖孔配合部分的外径取小些(参看图20-4)。

在传动件圆周速度$v > 5 \, \mathrm{m/s}$时,油飞溅激烈,也可不开输油沟,但应将轴承尽量靠近箱体内壁布置。

对于悬臂小锥齿轮轴系,套杯内的轴承润滑比较困难,故常在箱体剖分面上开出较宽的集油槽连接输油沟。在进油区,应使套杯直径略小,其宽度大于输油沟宽度,并设置多个进油孔,以利于对准输油沟(图17-32),确保润滑。

上置式蜗杆减速器的蜗杆轴承因远离油面,需要靠蜗杆旋转把油甩入输油沟润滑轴承,如图17-33所示。

图 17-32　集油槽和输油沟图　　　　图 17-33　上置式蜗杆轴承的油润滑

② 浸油润滑　这种润滑方式是轴承直接浸入箱体内的油中润滑(例如下置式蜗杆减速器的蜗杆轴承),但油面高度不应超过轴承最低滚动体中心,以免加大搅油损失。若传动件直径小于轴承滚动体中心分布直径时,可在轴上装设溅油轮,使其浸入油中,传动件不接触油面而靠溅油润滑(图17-34)。

对于高速运转的蜗杆和斜齿轮,由于齿的螺旋线作用,会迫使润滑油冲向轴承,带入杂质,影响润滑效果,故在轴承前常设挡油环(图17-35)。但挡油环不应封死轴承孔,以利于油进入润滑轴承。

图 17-34　下置式蜗杆的轴承润滑及溅油轮结构　　　　　　　　图 17-35　挡油环结构

③ 刮油润滑　当较大传动件(蜗轮及大齿轮)的圆周速度很低时($v<2$ m/s),可在传动件侧面(约离传动件 0.1~0.5 mm)安装刮油板,此时要求传动件端面跳动及轴的轴向窜动较小,其结构如图 17-36 所示。

为使轴承内保持一定油量,可在轴承室端部装设挡油板,但应使油面高度不超过轴承最低滚动体中心(图 17-37)。

图 17-36　刮油润滑

图 17-37　挡油板结构

3) 密封　轴伸端密封方式有接触式和非接触式两种。橡胶油封是接触式密封中性能较好的一种,可用于油或脂润滑的轴承中。表 7-15 给出 J 形橡胶油封装置。骨架式油封因有金属骨架,与孔紧配合装配即可。无骨架式油封(图 17-38)则可装于紧固套中,并进行轴向固定。

应注意油封的安装方向。以防漏油为主时,油封唇边对着箱内(图 17-39a);以防外界灰尘、杂质为主时,唇边对着箱外(图 17-39b);当两油封相背放置时(图 17-39c),则防漏防尘能力都好。为安装油封方便,轴上可做出斜角(图

图 17-38　J 形橡胶油封(无骨架式)
1—油封;2—弹簧圈

17-39a)。对于紧配合的骨架油封,可在密封盖上钻小孔,以便于拆卸(图17-39a)。另外,还可在与油封接触的轴段上做出0.02 mm深的螺旋槽或刻出倾斜的滚花(图17-40)。在单向运转时,则可使泄漏到轴段上的油被推回到箱内,提高了密封效果,但密封件的磨损较严重。其改进措施是在密封件内孔表面做出浅的螺纹槽,而把轴的表面做成十分光洁,其表面粗糙度 Ra 值不超过 0.4 μm。

图 17-39　J 形橡胶油封的安装方向

图 17-40　密封轴表面开出螺旋槽或斜线

　　毡圈密封(表7-12)在接触式密封中寿命较低,密封性能相对较差,但简单、经济,适用于脂润滑轴承中。图20-16的密封结构可调整毡封对轴的压力并便于更换毡圈,效果较好。

　　为避免磨损,可采用非接触式密封。迷宫密封是其中常用的一种(表7-16)。使用迷宫密封时,应该用脂填满间隙,以加强密封性能。开设回油槽效果更好。迷宫密封结构简单,但不够可靠,适用于脂润滑及工作环境清洁的轴承中。

　　若要求更高的密封性能,可采用径向迷宫密封(表7-17),适用于环境恶劣的油润滑轴承。若与接触式密封配合使用,则效果更佳。其缺点是结构复杂,对加工及装配要求高。

　　选择密封方式,要考虑密封处的轴表面圆周速度、润滑剂种类、密封要求、工作温度、环境条件等因素。

　　表 17-1 中列出了几种密封适用的轴表面圆周速度及工作温度,供选用时参考。

表 17-1　常用密封方式适用的轴表面圆周速度与工作温度

密封方式	毡圈密封	橡胶油封	迷宫密封	径向迷宫密封
适用的轴表面圆周速度/(m/s)	<3~5	<8	<5	<30
适用的工作温度/℃	<90	<-40~100	低于润滑脂溶化温度	

在滚动轴承组合设计以后,应检查以前所画装配底图的轴承室宽度是否正确,必要时应改正。图 17-41 及图 17-42 分别给出了在轴系结构设计阶段所绘制的一级圆柱齿轮减速器及蜗杆减速器的装配底图。二级圆柱齿轮减速器及锥齿轮减速器等其他类型减速器的装配底图也可参照上述步骤进行。

图 17-41　一级圆柱齿轮减速器装配底图(三)

图 17-42　蜗杆减速器装配底图(三)

四、验算轴系零件

1. 确定轴上力作用点及支点跨距

轴上力作用点及支点跨距可由装配底图定出。传动件的力作用线位置可取在轮缘宽度的中部,如图 17-43 所示。滚动轴承支反力作用点与轴承端面的距离 a 可查轴承标准。

2. 进行轴、轴承和键连接的核验计算

力作用点及支点跨距确定后,便可求出轴所受的弯矩和扭矩。这时,应综合考虑受载大小、轴径粗细及应力集中等因素,确定一个或几个危险断面,对轴的强度进行校核。

由于蜗杆变形对其啮合精度影响很大,而蜗杆轴又较细,所以一般对蜗杆轴还要进行刚度校核。对滚动轴承应进行寿命、静载荷及极限转速的验算。

一般情况下，可取减速器的使用寿命为轴承寿命，也可取减速器的检修期为轴承寿命，到时便更换。验算结果如不能满足使用要求（寿命太短或过长），可以改用其他宽度系列或直径，必要时可以改变轴承类型。

对于键连接，应先分析受载情况、尺寸大小及所用材料，确定危险件进行验算。

根据核验计算的结果，必要时应对装配底图进行修改。修改后应重新进行上述零件的核验，直至满足强度、刚度和散热能力等要求。

图 17-43　传动件及支承件的力作用点

五、设计和绘制箱体及其附件的结构

这一阶段的内容是进行箱体及其附件的结构设计，并进行必要的验算（如热平衡）。画图次序应先箱体，后附件；先主体，后局部；先轮廓，后细节。以主视图为主，并应同时兼顾其他视图。以下分别说明其设计要点。

1. 减速器箱体的结构设计

减速器箱体起着支持和固定轴系零件，保证轴系运转精度、良好润滑及可靠密封等重要作用。

箱体多采用剖分式结构，剖分面一般通过轴心线。在重型立式减速器中，为便于制造、安装和运输，也可采用多个剖分面。

箱体结构设计应考虑以下几方面的问题。

（1）箱体要具有足够的刚度

箱体在加工和使用过程中，因受复杂的变载荷而引起相应的变形，若箱体的刚度不够，会引起轴承孔中心线的过度偏斜，从而影响传动件的运转精度，甚至由于载荷集中而导致运动副的加速损坏。因此，设计时要注意以下几点：

1）确定箱体的尺寸与形状　箱体的尺寸直接影响它的刚度。首先要确定合理的箱体壁厚 δ（mm）。它与受载大小有关，可用以下经验公式检查：

$$\delta = 2\sqrt[4]{0.1T} \ \text{mm} \geqslant 8 \ \text{mm}$$

式中，T 为低速轴转矩，N·m。

在相同壁厚情况下，增加箱体底面积及箱体轮廓尺寸，可以增加抗弯扭的惯性矩，有利于提高箱体的整体刚性。图 17-44 表示出两种不同轮廓尺寸的箱体，其刚性也不同。

箱体轴承孔附近和箱体底座与地基接合处受着较大的集中载荷，故此处应有更大的壁厚或设计加强筋肋板，以保证局部刚度。

对于锥齿轮减速器的箱体，在支承小锥齿轮悬臂部分的壁厚还可以适当加厚些，但应注意避免过大的铸造应力，并应尽量减小轴的悬臂部分长度，以利于提高轴的刚性，如图 17-45 所示。

为了保证接合面连接处的局部刚度与接触刚度，箱盖与箱座连接部分都应具有较厚的连接凸缘，箱座底面凸缘厚度 b_2 更要适当厚些（其与地面接触处宽度应超过箱座内壁，以利于支承受力），见表 11-1。

(a) 箱体轮廓尺寸较小,刚性较小

(b) 箱体轮廓尺寸较大,
刚性较大

图 17-44 增大箱体轮廓尺寸以提高刚性

所有受载的接合面(箱体剖分面和轴承座孔表面)都要限制其微观不平度(表面粗糙度 Ra ≤1.6~2.5 μm)以保证实际接触面积,从而达到一定的接触刚度。对于连接螺栓的数量、间距、大小等都要有一定要求,见表 11-1,并要求接合面预压力不小于 2 MPa。

对于剖分式箱体,轴承座孔两侧的连接螺栓还应尽量靠近(但不能和端盖螺钉孔及箱内输油沟发生干涉,如图 17-46 所示)。为此,在轴承座孔附近应做出凸台(图 17-47、表 11-1、表 11-2)。凸台要有一定高度,以保证其上有足够的扳手空间,但高度不应超过轴承座孔外圆尺寸。凸台的投影关系如图 17-48 所示。

图 17-45 锥齿轮减速器的悬臂轴承座

与螺钉孔干涉　　　　与输油沟干涉

图 17-46　连接螺栓相距过近、造成干涉

(a) 连接刚性差　　　(b) 连接刚性好

图 17-47　箱体轴承座孔连接螺栓位置

图 17-48　凸台投影关系

2）合理设计肋板　在箱体的受载集中处设置肋板可以明显提高局部刚度。例如,轴承座孔与箱底接合面处设置加强肋,就可减少侧壁的弯曲变形。加强肋的布置应尽量使它受压应力,以起支承作用(图 17-49)。对于伸向箱体内部的轴承座孔,可设置内肋,如图 17-49b 所示。内肋较外肋可更好地提高局部刚度。

还可采用凸壁式箱体结构,它相当于双内肋,刚度更大,外形整齐,但制造较复杂,如图 17-50 所示。

3）合理选择材料及毛坯制造方法　箱体常用灰铸铁(HT150 或 HT200)制成。铸铁易切削,抗压性能好,并具有一定的吸振性。但其弹性模量 E 较小,刚性较差,故在重型减速器中常用铸钢(ZG200-400 或 ZG230-450)箱体。一般情况下,生产批量超过 3~4 件,采用铸件比较经济。

采用钢板焊接箱体代替铸铁箱体,不但不用木模,简化了毛坯制造,而且由于钢的弹性模量 E 与切变模量 G 均较铸铁大 40%~70%,因而可以得到重量较轻而刚性更好的箱体。焊接箱体的壁厚常取为铸铁箱体的 0.8 倍,其他相应部分尺寸也可适当减小,故焊接箱体比铸造箱体常轻 1/4~1/2。但焊接时产生较大热变形,故需经退火及矫直处理,并应留有足够的加工余量。焊接箱体多用于单件和小批生产。焊接箱体结构如图 17-51 所示。

（2）箱体应有可靠的密封,便于传动件润滑和散热

为保证密封,箱体剖分面连接凸缘应有足够宽度,并要经过精刨或刮研,连接螺栓间距也不应过大(小于 150~200 mm),以保证足够的压紧力。为了保证轴承孔的精度,剖分面间不得加垫

图 17-49　设置肋板提高局部刚度

图 17-50　凸壁式箱体

片。为提高密封性,可在剖分面上制出回油沟,使渗出的油可沿回油沟的斜槽流回箱内(图 17-52)。回油沟的形状及尺寸如图17-53 所示,也允许在剖分面间涂以密封胶。

对于大多数减速器,由于其传动件的圆周速度小于 12 m/s,常用于浸油润滑,故箱体轮廓应足够大,以容纳一定量的润滑油,保证润滑和散热。对于单级传动,每传递 1 kW 的功率需油量 $Q_0 = (0.35 \sim 0.7)$ dm³(润滑油黏度大时取大值)。对多级传动,应按级数成比例增加。

传动件的浸油深度 H_1,对于圆柱齿轮、蜗轮和蜗杆,最少应为 1 个齿高,对于锥齿轮,则最少为 0.7 个齿宽,但都不得少于 10 mm,如图 17-54 所示。为避免搅油损失过大,传动件的浸油深度不应超过其分度圆半径的 1/3。同时,为避免油搅动时沉渣泛起,齿顶到油池底面的距离 H_2 不应小于 30 mm。

在多级传动中,为使各级传动的浸油深度均匀一致,可制成倾斜式箱体剖分面(图 17-55a),或采用溅油轮及溅油环来润滑不接触油面的传动件(图 17-55b)。溅油轮常用塑料制成,其宽度可取为传动件宽度的 1/3。

图 17-51　焊接箱体的结构

图 17-52　回油沟结构

铸造的油沟　圆柱铣刀加工的油沟　盘铣刀加工的油沟

$a=5\sim8$(铸造)；

$b=6\sim10$ mm；

$a=3\sim5$(机加工)；

$c=3\sim5$ mm

图 17-53　油沟形状及尺寸

油面

(a)

油面

$H_2\geqslant30\sim50$ mm

图 17-54　油池深度与浸油深度的确定

溅油轮

(b)

图 17-55　保持浸油深度均匀一致的结构

　　对于蜗杆减速器,由于发热较大,箱体大小应考虑散热面积的需要,并进行热平衡计算;若不能满足热平衡要求,应适当增大箱体尺寸或增设散热片和风扇。散热片方向应与空气流动方向一致。发热严重时还可在油池中放置蛇形冷却水管,以降低油温。

　　(3)箱体应有良好的结构工艺性

　　箱体的制造工艺性对箱体的质量和成本,以及对加工、装配、使用和维修都有直接影响。

　　1)铸造工艺性　设计铸造箱体时,要考虑到制模、造型、浇铸和清理等工艺的方便。外形应力求简单(如各轴承孔的凸台高度应一致),尽量减少沿拔模方向的凸起部分,并应具有一定的拔模斜度。图 17-56a 所设计的蜗杆减速器散热片便于拔模,图 17-56b 是不利于拔模的结构。

图17-57是铸件凸起结构的设计。

(a) 不正确

(b) 正确

图 17-56　散热片的铸造工艺性对比

图 17-57　铸件凸起部分的铸造工艺性对比

箱体壁厚应力求均匀,过渡平缓,金属不要局部积聚(图17-58)。凡外形转折处都应有铸造圆角,以减小铸件的热应力和避免缩孔。考虑到液态金属的流动性,一般铸件有最小壁厚的限制(表1-34)。

2) 机械加工工艺性　箱体结构形状应有利于减少加工面积。图17-59所示的箱座底面形状,是在与地基的结合处具有凸起结构,可减少加工面积。

(a) 不好(有缩孔)　(b) 正确

图 17-58　铸造时金属不应局部积聚

图 17-59　箱座底面的结构形状

设计时应考虑减少工件与刀具的调整次数,以提高加工精度和生产率。例如,同一轴心线两轴承座孔径应尽量相同,以便一次镗出。又如,被加工面(如轴承座端面)应力求在同一平面上。

箱体上的加工面与非加工面应严格分开,并且不应在同一平面内。因此,箱体与轴承端盖接合面、检查孔盖、通气器、油标和油塞接合处与螺栓头部或螺母接触处都应做出凸台(凸起高度$h = 3 \sim 5$ mm),如图17-60所示。也可将与螺栓头部或螺母接触处锪出沉头座坑。图17-61表示沉头座坑的加工方法,图17-61c和图17-61d是刀具不能从下方接近时的加工方法。

图 17-60　加工表面与非加工表面应分开

| (a) | (b) | (c) | (d) |

图 17-61　沉头座坑的加工方法

（4）箱体形状应力求均匀、美观

箱体设计应考虑艺术造型问题。例如采用"方形小圆角过渡"的造型比"曲线大圆角过渡"显得挺拔有力，庄重大方（图 17-62a）。

外形的简洁和整齐会增强统一协调的美感，例如，尽量减少外凸形体（如图 17-62b），箱体剖分面的凸缘、轴承座的凸台伸到箱体壁内，并设置内肋代替外肋或去掉剖分面（图 17-62a）。这些结构构型不仅提高了刚性，而且有的还克服了造型形象支离破碎的缺点，使外形更加整齐、协调和美观。

(a)　　　　　　　　　　　　　　　(b)

图 17-62　箱体具有较好的艺术造型

2. 减速器附件的结构设计

（1）检查孔和视孔盖

检查孔用于检查传动件的啮合情况、润滑状态、接触斑点及齿侧间隙，还可用来注入润滑油，故检查孔应开在便于观察传动件啮合区的位置，其尺寸大小应便于检查操作，如图 17-63 所示。

视孔盖可用铸铁、钢板或有机玻璃制成，它和箱体之间应加密封垫，还可在孔口处加过滤装置，以过滤注入油中的杂质，如图 17-64 所示。

（2）放油螺塞

放油孔应设在箱座底面最低处，或设在箱底。箱外应有足够的空间，以便于放容器，油孔下也可制出唇边，以利于引油流到容器内。箱体底面常向放油孔方向倾斜 $1° \sim 1.5°$，并在其附近形成凹坑，以便于油污的汇集和排放（如图 17-63 所示）。放油螺塞（表 7-11）常为六角头细牙螺纹,在六角头与放油孔的接触面处,应加封油圈密封,也可用锥形螺纹的放油螺塞直接密封。

图 17-63　检查孔的结构　　　　　　图 17-64　带有过滤网的检查孔

（3）油标

油标用来指示油面高度,应设置在便于检查及油面较稳定之处。常用油标有压配式圆形油标(表7-7)、长形油标(表7-8)、管状油标(表7-9)和杆式油标(表7-10)。表中给出了各种油标的结构和尺寸。

旋塞式油标应在最高及最低油面位置各放一个,拧动旋塞,视有无油流出以判定油面高度范围。

杆式油标结构简单,其上有刻线表示最高及最低油面。图17-65是一种装有隔套的杆式油标结构,可以减轻油搅动的影响,以便在运转时检测油面高度。油标安置的位置不能太低,以防油溢出。其倾斜角度应便于油标座孔的加工及油标的装拆。

（4）通气器

通气器(表11-5)用于通气,使箱内外气压一致,以避免由于运转时箱内温度升高,内压增大,而引起减速器润滑油的渗漏。简易的通气器钻有丁字形孔,常设置在箱顶或检查孔盖上,用于较清洁的环境。较完善的通气器具有过滤网及通气曲路,可减少灰尘进入。

（5）起吊装置

起吊装置用于拆卸及搬运减速器。它常由箱盖上的吊孔和箱座凸缘下面的吊耳构成(表11-3),也可采用吊环螺钉拧入箱盖以吊小型减速器或吊起箱盖。吊环螺钉为标准件,可按起重量选取,见表3-18。

图 17-65　带有隔套的杆式
油标结构

（6）起盖螺钉

为便于起箱盖,可在箱盖凸缘上装设2个起盖螺钉。拆卸箱盖时,可先拧动此螺钉顶起箱盖。

起盖螺钉直径常与凸缘连接螺栓相同,钉头部位应为圆柱形,以免损坏螺纹,如图17-66所示。也可用方头、圆柱头紧定螺钉代替。

（7）定位销

为保证箱体轴承孔的加工精度与装配精度,应在箱体连接凸缘上相距较远处安置两个圆锥销,并尽量放在不对称位置,以使箱座与箱盖能正确定位。

常用的定位销,其公称直径可取为连接螺栓直径的 0.8 倍。为便于装拆,定位销长度应大于连接凸缘总厚度(图 17-67a)。如果销孔不是通孔,定位销上应具有拆卸螺钉孔(图 17-67b)。

图 17-66　起盖螺钉结构

(a)　　　　(b)

图 17-67　定位销结构

定位销孔是在箱体剖分面加工完毕并用连接螺栓紧固以后进行配钻和配铰的。因此,定位销的位置应考虑到钻、铰孔的方便,且不妨碍附近连接螺栓的装拆。

箱体与附件设计完成后,装配底图就已画好。图 17-68 及图 17-69 为这一阶段设计的一级圆柱齿轮减速器及蜗杆减速器的装配底图。

图 17-68　一级圆柱齿轮减速器装配底图(四)

图 17-69　蜗杆减速器装配底图（四）

六、装配底图的检查

检查时,应首先检查主要问题,然后检查细部。检查的主要内容列举如下:

1. 总体布置方面

装配底图与传动装置方案是否一致。轴伸端的位置和结构尺寸是否符合设计要求,箱外零件(如带轮、开式齿轮、链轮等)是否符合传动方案的要求。

2. 计算方面

传动件、轴、轴承及箱体等主要零件是否满足强度、刚度、耐磨性等要求,其计算是否正确。计算所得到的主要结果(如齿轮的中心距、传动件与轴的尺寸、轴承型号及跨距等)是否与底图一致。

3. 轴系结构方面

传动零件、轴、轴承和轴上其他零件的结构是否合理,定位、固定、调整、加工、装拆、润滑和密封等是否合理。

4. 箱体和附件结构方面

箱体的结构和加工工艺性是否合理,附件的布置是否恰当,结构是否正确。

5. 制图规范方面

图纸幅面、比例尺是否合适;视图选择(包括局部视图)是否恰当;图面布置是否合理;是否符合机械制图国家标准各方面的规定;投影是否正确。

6. 其他

如材料、热处理、公差、配合、技术条件的选定和要求等是否合理、明确。

七、完成装配图

装配工作图应包括减速器结构的视图、必要尺寸及配合、技术要求及技术特性表、零件编号、明细表和标题栏等。

装配工作图上某些结构,如螺栓、螺母、滚动轴承等可以按机械制图国家标准有关简化画法的规定绘制。对同类型、尺寸、规格的螺栓连接,可只画一个,其余的用中心线表示。

这一阶段的主要内容如下:

1. 标注装配图尺寸、配合与精度等级

装配图上应标注的尺寸有:

1)特性尺寸

如传动零件中心距及其偏差(参见表10-15)。

2)最大外形尺寸

如减速器总长、宽、高。

3)安装尺寸

如箱体底面尺寸、底座凸缘厚度、地脚螺钉孔中心线的定位尺寸及其直径和间距、减速器中心高、轴伸端的配合长度与直径。

4)主要零件的配合尺寸 在减速器中影响运转性能与传动精度的主要零件的配合尺寸,如轴与箱内外传动件、轴承、联轴器的配合尺寸,轴承与轴承座孔的配合尺寸等。标注这些尺寸的同时应注出配合与精度等级。恰当的配合与精度对提高减速器工作性能、改善加工工艺性及降低成本有密切关系。

表17-2给出了减速器主要零件的荐用配合。这些配合不要求全注,仅供设计时参考。

表17-2 减速器主要零件的荐用配合

配合零件	荐用配合	装拆方法
大、中型减速器的低速级齿轮(蜗轮)与轴的配合,轮缘与轮芯的配合	$\dfrac{H7}{r6}$,$\dfrac{H7}{s6}$	用压力机或温差法(中等压力的配合,小过盈配合)
一般齿轮、蜗轮、带轮、联轴器与轴的配合	$\dfrac{H7}{r6}$	用压力机(中等压力的配合)
要求对中性良好及很少装拆的齿轮、蜗轮、联轴器与轴的配合	$\dfrac{H7}{n6}$	用压力机(较紧的过渡配合)
小锥齿轮及较常装拆的齿轮、联轴器与轴的配合	$\dfrac{H7}{m6}$,$\dfrac{H7}{k6}$	手锤打入(过渡配合)
滚动轴承内圈与轴的配合	查表6-10	用压力机(实际为过盈配合)
滚动轴承外圈与箱体孔的配合	查表6-11	木锤或徒手装拆
轴承套杯与箱座孔的配合	$\dfrac{H7}{h6}$	木锤或徒手装拆

2. 写出减速器的技术特性

应在装配工作图的适当位置列表写出减速器的技术特性。对于二级圆柱齿轮减速器,其具体内容及格式见表17-3。

表17-3 二级圆柱齿轮减速器的技术特性

输入功率 /kW	输入转速 /(r/min)	额定输出转矩 /(N·m)	总传动比 i	传动参数							
				第一级				第二级			
				m_n	z_2/z_1	β	精度等级	m_n	z_4/z_3	β	精度等级

注:一级齿轮减速器可删去不适用的部分。

3. 编写技术要求

装配工作图的技术要求是用文字说明在视图上无法表达的有关装配、调整、检验、润滑、维护等方面的内容。正确制定技术要求将能保证减速器的工作性能。技术要求主要包括以下几个方面:

(1) 对润滑剂的要求

润滑剂对减少运动副间的摩擦、降低磨损和散热、冷却起着重要作用,在技术要求中应写明传动件及轴承的润滑剂品种、用量及更换时间。

选择传动件所要求的润滑剂时,应考虑传动特点、载荷性质、大小及运转速度。例如,重型齿轮传动可选用黏度高、油性好的齿轮油;蜗杆传动(阿基米德蜗杆)由于不利于形成油膜,可选既含极压添加剂,还加有油性添加剂的专用蜗杆油;对轻载、高速、间歇工作的传动件,可选黏度较低的润滑油;对开式齿轮传动可选耐腐蚀、抗氧化及减磨性能好的开式齿轮油,详见表7-1。

当传动件与轴承采用同一润滑剂时,应优选满足传动件的要求并适当兼顾轴承的要求。

对多级传动,应按高速级和低速级对润滑剂黏度要求的平均值来选择润滑剂。

对于圆周速度 $v<2$ m/s 的开式齿轮和滚动轴承也常采用润滑脂。根据工作温度、运转速度、载荷大小和环境情况选择。详见表7-2。

传动件和轴承所用润滑剂的选择方法参见机械设计教材。换油时间一般为半年左右。第一次换油时间要短一些,如2~3个月。

(2) 滚动轴承的轴向游隙及其调整方法

可调间隙轴承的轴向游隙值可从表6-16中查出。对于固定间隙的向心球轴承,一般留有 $\Delta = 0.25 \sim 0.4$ mm 的轴向间隙。这些轴向间隙(游隙)值应标注在技术要求中。

用垫片调整轴向间隙(图17-70)。先用端盖将轴承完全顶紧,则端盖与箱体端面之间有间隙 δ,用厚度为 $\delta+\Delta$ 的一组垫片置于端盖与箱体端面之间,即可得到需要的间隙 Δ。

也可用螺纹件调整轴承游隙。可将螺钉或螺母拧紧至基本消除轴向游隙,然后再退转到留有需要的轴向游隙为止,最后锁紧螺纹,如图17-27所示。

(3) 传动侧隙量和接触斑点

调整垫片

图17-70 用垫片调整轴承间隙

传动侧隙的大小与传动中心距有关,接触斑点的要求是根据传动件的精度确定的。具体数值可参见第十章。查出后,标注在技术要求中,供装配时检查用。

检查侧隙可用塞尺测量,或将铅丝放进传动件啮合的间隙中,然后测量铅丝变形后的厚度即可。

检查接触斑点的方法是在主动件齿面上涂色,施加轻微载荷并将其转动,观察从动件齿面的着色情况,由此分析接触区位置及接触面积大小。

若侧隙及接触斑点不符合要求,可对齿面进行跑合或沿轴向(锥齿轮)调整传动件的啮合位置,也可采用双齿轮偏心套等方式进行调整。对于锥齿轮减速器,可通过垫片调整大、小锥齿轮位置,使两轮锥顶重合。对于蜗杆减速器可调整蜗轮轴承端盖与箱体轴承座之间的垫片(一端加垫片,一端减垫片),使蜗轮中间平面与蜗杆中心面重合。

（4）减速器的密封

箱体的剖分面、各接触面及密封处均不允许漏油。剖分面上允许涂密封胶或水玻璃,但不允许塞入任何垫片或填料。轴伸处密封应涂上润滑油。

（5）对试验的要求

减速器装配好后应做空载试验,正反转各 1 h,要求运转平稳,振动和噪声小,连接固定处不得松动。做负载试验时,油池温度不得超过 95 ℃,轴承温升不得超过 40 ℃。

（6）对外观、包装和运输的要求

箱体表面应涂漆,外伸轴及零件需涂油并包装严密,运输及装拆时不可倒置。

4. 零件编号

零件编号要完全,但不能重复。图上相同零件只能有一个零件编号。对于标准件可以混标,也可分开单独编号。编号引线不应交叉,并尽量不与剖面线平行。独立组件(如滚动轴承、通气器)可作为一个零件编号。对装配关系清楚的零件组(如螺栓、螺母及垫圈)可利用公共引线,如图 17-71 所示。编号应按顺时针或逆时针方向顺次排列,编号的数字高度应比图中所注尺寸的数字高度大一号。

图 17-71　公共引线编号方法

5. 编制明细表和标题栏

明细表是整个减速器所有零件的详细目录,对每一个编号的零件都应在明细表内列出。编制明细表的过程也是最后确定材料和标准件的过程。因此,填写时应考虑节省贵重材料,减少材料和标准件的品种和规格。对于标准件,则必须按照规定标记完整地写出零件名称、材料、规格及标准代号。材料应注明牌号。对箱内传动件还应在表内注明模数 m、齿数 z、螺旋角 β,升角 λ 等主要参数。

明细表及标题栏的格式见第一章表 1-12。

6. 检查装配工作图

完成装配工作图后,应对此阶段的设计再进行一次检查。其主要内容包括:

1）视图的数量是否足够,是否能够清楚地表达减速器的工作原理和装配关系。

2）尺寸标注是否正确,配合和精度的选择是否适当。

3）技术要求和技术性能是否完善、正确。

4）零件编号是否齐全，标题栏和明细表是否符合《机械制图》国家标准要求，有无多余或遗漏。

5）所有文字和数字是否清晰，并按制图规定写出。

八、计算机绘制部件装配工作图

随着计算机技术的普及与发展，计算机辅助制图方法越来越多地被引入到机械设计课程设计中。目前，常用的计算机绘图方法包括二维交互式绘图、由三维装配模型生成二维装配图、用拼装方式生成二维装配图及利用自顶向下的思想设计装配图等。各种方法的比较可参见参考文献［29］。其中，二维交互式绘图是目前应用较普遍的一种方法。本教材配套辅助设计软件（登录 http://abook.hep.com.cn/12269373 网站获取）为读者提供了一套嵌入到 AutoCAD 设计平台中的辅助设计软件，帮助读者在课程设计中进行计算机辅助绘制装配图。

1. CAD 课件中辅助绘图的主要功能

如图 16-2 所示 CAD 设计软件主界面，其基本功能包括以下 6 个部分：

1）计算机辅助制图的图层与图幅管理；

2）主要传动零件的设计与绘图，轴和轴承的工作能力设计及结构设计等；

3）支撑零件和连接件、润滑与密封、减速器主要附件等的查询与辅助绘图；

4）图纸的标注；

5）常用数据查询；

6）机械设计的相关知识。

各功能的主要内容读者可打开各子功能进行详细了解。

2. CAD 课件绘制装配图的基本步骤

1）为提高制图的效率和便于图形的维护与修改，首先要对图形进行有效地管理。通常对图素赋予一些特征参数，如图层、颜色、线宽等。本课件主菜单中的第一个子功能菜单为读者提供了"图层定义"功能，可以在绘图时首先点击该功能，获得各类线形在图层中的定义。因为本课件为读者提供了图层中线形修改子功能模块，因此绘图中线形可以不定义宽度，然后，通过该命令修改相关图层中实体的线宽，如图 17-72 所示。

2）根据绘制的结构草图大小，选择合适的装配图图幅。本课件提供了国家标准中规定的六种图幅尺寸，并且可在标题栏格式一栏中选择图幅的类型（装配图、零件图或不带标题栏）、大小及放置方向等，如图 17-73 所示。

3）根据绘制的结构草图，一般采用由内至外的顺序将结构图绘制在图板中。其中，课件中为读者提供了滚动轴承、螺纹连接件等标准件的结构图，可以供读者直接调用，调用后要注意根据投影关系，增加或删除相贯线，以得到正确的装配结构图。

4）装配图检查无误后，可利用课件的"图纸标注"子功能进行零件编号与标题栏填写，如图 17-74 所示。

计算机绘制的一级圆柱齿轮减速器装配图示例参见第二十章。另外，课件中还提供了一些常用参数与结构标准的查询，见图 17-74。

图 17-72 图层实体线宽修改

图 17-73 图幅的选择

图 17-74 图纸标注与常用设计资料查询

3. 使用计算机辅助绘图需要注意的问题

1）前述装配底图的设计是必不可少的,它可以弥补计算机直接绘图时由于计算机屏幕显示较小而造成的不能兼顾全局的缺陷。同时也是对学生徒手绘制结构图能力的必要训练环节。

2）正确使用和熟练掌握图形软件所具有的图形编辑功能,使设计工作多快好省地完成。例如,有些结构或标准件在图中反复使用时,可将这些结构定义为块（block）,既便于成组复制又有利于减少文件的存储空间。比如,有些具有对称结构的图形,可先绘制出其中的一半,然后采用镜像（mirror）功能进行操作。另外,由于计算机屏幕较小,使设计人员缺乏对全局的考察,所以为保证各部分结构在各视图中正确的投影关系,可在某一层中绘制一些结构线,表示图中的一些特征位置,如中心线、齿轮端面、箱体边界等,待图形完成后将其删除或隐藏。

3）装配工作图中的标注和标题栏等都应符合相关的国家标准。

第十八章　减速器零件工作图设计

一、概述

零件工作图是零件制造、检验和制定工艺规程的基本技术文件。它既要考虑零件的设计要求，又要考虑制造的可能性及合理性。因此，零件工作图应包括制造和检验零件所需的全部内容，如图形、尺寸及其公差、表面粗糙度、几何公差、材料、热处理及其他技术要求、标题栏等。

在机械设计课程设计中，根据教学要求，只需要绘制规定的 1~2 个典型零件（如轴、齿轮轴、齿轮等）工作图。

零件工作图的内容和要求如下。

二、视图选择

每个零件必须单独绘制在一张标准图幅中，视图选择应符合机械制图的规定，要能清楚地表达零件内、外部的结构形状，并使视图的数量最少。

在设计中应尽量采用 1∶1 的比例尺，对于细部结构，如有必要，可放大绘制局部视图。

轴类零件（包括齿轮轴、蜗杆轴）的工作图一般只需要一个视图。在键槽及孔处，可增加必要的剖面图。对于螺纹退刀槽、砂轮越程槽及齿形等，应绘制局部视图。

齿轮类零件（包括蜗轮）一般只需要两个或一个视图（附有必要的局部剖视图）。对于组合式的蜗轮结构，则应画出齿圈、轮体的零件图和蜗轮的组件图。

在视图中所表达的零件结构形状，应与装配工作图一致，如需改动，装配工作图也要做出相应的修改。

三、尺寸及其偏差的标注

标注尺寸要符合机械制图的规定。尺寸要足够而不多余。同时，标注尺寸应考虑设计要求并便于零件的加工和检验。因此，在设计中应注意以下几点：

1）从保证设计要求便于加工制造出发，正确选择尺寸基准。

2）图面上应有供加工测量用的足够尺寸，尽可能避免加工时作任何计算。

3）大部分尺寸应尽量集中标注在最能反映零件特征的视图上。

4）对配合尺寸及要求精确的几何尺寸（如轴孔配合尺寸、键配合尺寸、箱体孔中心距等）均应注出尺寸的极限偏差。

5）零件工作图上的尺寸应与装配工作图一致。

在设计轴类零件时，应标注好其径向尺寸和轴向尺寸。对于径向尺寸，要注意配合部位的尺寸及其偏差。同一尺寸的几段轴径，应逐一标注，不得省略。对圆角、倒角等细部结构的尺寸也不要漏掉（或在技术要求中加以说明）。对于轴向尺寸，首先应选好基准面，并尽量使标注的尺寸反映加工工艺及测量的要求，还应注意避免出现封闭的尺寸链。通常，使轴中最不重要的一段轴向尺寸作为尺寸的封闭环而不标出。

图 18-1 是轴类零件标注的示例,它反映了表 18-1 所示的主要加工过程。基面 1 为主要基准,L_2、L_3、L_4、L_5 及 L_7 等尺寸都以基面 1 作为基准注出,减少加工误差。标注 L_2 和 L_4 考虑到齿轮固定及轴承定位的可靠性,而 L_3 则和控制轴承支点跨距有关。L_6 涉及开式齿轮的固定,L_8 为次要尺寸。密封段和左轴承的轴段长度误差不影响装配及其使用,故取作为封闭环,不注尺寸,使加工误差累积在该轴段上,避免了封闭尺寸链。

图 18-1 轴的长度及直径尺寸的标注

表 18-1 轴的车削主要工序过程

工 序 号	工 序 名 称	工 序 草 图	所需尺寸
1	下料,车外圆, 车端面,打中心孔		L_1,ϕ_3
2	卡住一头量 L_7 车 ϕ_4		L_7,ϕ_4
3	量 L_4 车 ϕ_5		L_4,ϕ_5
4	量 L_2 车 ϕ_6		L_2,ϕ_6
5	量 L_6 车 ϕ_8		L_6,ϕ_8

工序号	工序名称	工序草图	所需尺寸
6	量 L_8 车 ϕ_7		L_8, ϕ_7
7	掉头 量 L_5, 车 ϕ_2		L_5, ϕ_2
8	量 L_3 车 ϕ_1		L_3, ϕ_1

对于齿轮类零件的各径向尺寸,以孔中心线为基准注出。齿宽方向的尺寸则以端面为基准标出。分度圆是设计的基本尺寸,必须标注。轴的中心孔则是加工、测量和装配的重要基准,尺寸精度要求高,因而要标出尺寸偏差。齿顶圆的偏差值与该直径是否作为测量基准有关。齿根圆是根据齿轮参数加工得到的,在图纸上不必标注。

锥齿轮的锥距和锥角是保证啮合的重要尺寸,标注时,锥距应精确到 0.01 mm;锥角应精确到分,分度圆锥角则应精确到秒。为了控制锥顶的位置,还应注出基准端面到锥顶的距离,它影响到锥齿轮的啮合精度,因而必须在加工时予以控制。锥齿轮除齿部偏差外,其他必须标注的尺寸及偏差可参见表 10-30。

绘制蜗轮组件图时,应注出齿圈和轮体的配合尺寸、精度及配合性质。

四、表面粗糙度的标注

零件的所有表面(包括非加工的毛坯表面)都应注明表面粗糙度值。在常用参数值范围内,推荐优先选用 Ra 参数。如较多表面(包括全部)具有同一粗糙度值,则其表面结构要求可统一标注在图样的标题栏附近。此时(除全部表面有相同要求的情况外),表面结构要求的符号后应有:

(1) 在圆括号内给出无任何其他标注的基本符号;

(2) 在圆括号内给出不同的表面结构要求。

表面粗糙度值的选择应根据设计要求确定。在保证正常工作条件下,应尽量选取数值较大者,以利于加工。例如查得齿轮孔荐用表面粗糙度 Ra 参数值为 3.2 或 1.6,应选用 3.2(参见表 10-16)。

表 10-16、表 10-50 分别列出齿轮、蜗杆、蜗轮荐用的表面粗糙度 Ra 值,表 18-2 为轴加工表面的粗糙度的 Ra 推荐值。

表 18-2　轴加工表面粗糙度的 Ra 推荐值

加 工 表 面	表面粗糙度 $Ra/\mu m$
与传动件及联轴器等轮毂相配合的表面	3.2,1.6 或 0.8,0.4
与 G、E 级滚动轴承相配合的表面	见表 6-14

加 工 表 面	表面粗糙度 $Ra/\mu m$			
与传动件及联轴器相配合的轴肩端面	6.3,3.2 或 3.2,1.6			
与滚动轴承相配合的轴肩端面	见表6-14			
平键键槽	工作面:6.3,3.2 或 3.2,1.6　　非工作面:12.5,6.3			
密封处的表面	毡 封 油 圈	橡 胶 油 封		间隙及迷宫
	与轴接触处的圆周速度/(m/s)			6.3,3.2～ 3.2,1.6
	≤3	>3～5	>5～10	
	3.2,1.6 或 1.6,0.8	1.6,0.8 或 0.8,0.4	0.8,0.4 或 0.4,0.2	

五、几何公差的标注

零件工作图上应标注出必要的几何公差,以保证减速器的装配质量和工作性能。它是评定零件加工质量的重要指标之一。

表18-3及表18-4给出了轴类及齿轮类零件轮坯的几何公差推荐项目,供设计时参考。

表 18-3　轴的几何公差推荐项目

内　容	项　目	符　号	精 度 等 级	对工作性能影响
形状公差	与传动零件相配合直径的圆度	○	7～8	影响传动零件与轴配合的松紧及对中性
	与传动零件相配合直径的圆柱度	⌀		
	与轴承相配合直径的圆柱度	⌀	表6-13	影响轴承与轴配合松紧及对中性
位置公差	齿轮的定位端面相对轴心线的端面圆跳动	↗	6～8	影响齿轮和轴承的定位及其受载均匀性
	轴承的定位端面相对轴心线的端面圆跳动		表6-13	
	与传动零件配合的直径相对于轴心线的径向圆跳动		6～8	影响传动件的运转同心度
	与轴承相配合的直径相对于轴心线的径向圆跳动	↗	5～6	影响轴和轴承的运转同心度
	键槽侧面对轴中心线的对称度(要求不高时不注)	═	7～9	影响键受载的均匀性及装拆的难易

表 18-4　轮坯位置公差的推荐项目

项　　目	符　号	精 度 等 级	对工作性能的影响
圆柱齿轮以顶圆作为测量基准时齿顶圆的径向圆跳动 锥齿轮的齿顶圆锥的径向圆跳动 蜗轮外圆的径向圆跳动 蜗杆外圆的径向圆跳动	⟋	按齿轮、蜗轮精度等级确定	影响齿厚的测量精度,并在切齿时产生相应的齿圈径向圆跳动误差 产生传动件的加工中心与使用中心不一致,引起分齿不均。同时会使轴心线与机床垂直导轨不平行而引起齿向误差
基准端面对轴线的端面圆跳动	⟋		加工时引起齿轮倾斜或心轴弯曲,对轮齿加工精度有较大影响
键槽侧面对孔中心线的对称度	═	7~9	影响键侧面受载的均匀性

几何公差的具体数值及标注方法参考表 9-8~表 9-12 及第二十章参考图例。

六、零件工作图的技术要求

凡在零件图上不便于用图形或符号表示,而在制造时又必须遵循的要求和条件,可在"技术要求"中标注出。它的内容根据不同的零件、不同的加工方法而有所不同,一般包括:

1）对材料的力学性能和化学成分的要求。

2）对铸件及其他毛坯件的要求,如要求不许有氧化皮及毛刺等。

3）对零件表面力学性能的要求,如热处理方法及热处理后的表面硬度、淬火硬化层深度及渗碳层深度等。

4）对加工的要求,如是否要与其他零件一起配合加工(如配钻或配铰)等。

5）对于未注明的圆角、倒角的说明,个别部位的修饰加工要求,如对某表面要求涂色等。

6）其他特殊要求,如对大型或高速齿轮的平衡试验要求、对长轴的校直要求、涂漆、表面修饰、电镀等。

七、传动件的啮合参数表

啮合传动件的工作图中应编写啮合参数表,以便于选择刀具和检验误差。齿轮、蜗轮、蜗杆的啮合参数表所注主要参数及误差检验项目可参考第二十章参考图例。齿轮传动和蜗杆传动的精度等级和公差数值见第十章。

八、零件工作图的标题栏

在图纸右下角应画出标题栏,其格式及内容见第一章及表 1-12。

零件工作图设计完成后,若对装配图有修改要求,应对徒手绘制的装配底图修改后进行加深,并最终完成减速器装配工作图。当采用计算机辅助绘图绘制装配图时,也应对装配图进行相应的修改,最终完成装配图设计。

九、计算机辅助零件图设计

如第十七章第八小节所述,本书配套的 CAD 辅助设计软件可帮助读者进行零件图的计算机辅助绘制。其基本步骤和注意的问题如前所述,这里不再重复。

第十九章　编写设计说明书和准备答辩

编写设计说明书是设计工作的重要部分。设计说明书是设计技术文件之一,它提供设计理论根据和计算数据,为审核设计及使用设备的人员查阅。对于课程设计,计算说明书的内容大致包括:

1. 目录(标题及页次)
2. 设计任务书
3. 系统总体方案设计(附总体方案简图)
4. 动力机选择
5. 执行机构选择
6. 传动装置运动及动力参数计算
7. 传动零件的设计计算
8. 轴的计算
9. 轴承(滚动轴承、滑动轴承)的选择和计算
10. 连接的选择和计算
11. 联轴器的选择
12. 润滑方式、润滑油牌号及密封装置的选择
13. 零部件和整机的价格评估
14. 参考文献　各类参考文献的著录格式见 GB/T 7714—2015。专著的著录格式举例如下:
[1] 邱宣怀.机械设计[M].4 版.北京:高等教育出版社,1997.

此外,如对制造和使用有一些必须加以说明的技术要求,例如装配、拆卸、安装和维护等,也可以写入。

编写计算说明书时应注意以下几点:

(1) 要求用打印件,如手写,用蓝、黑色钢笔或圆珠笔书写,不得用铅笔或彩色笔。应注意书写工整、简图正确清楚,文字简练。

(2) 计算内容要列出公式,代入数值,写下结果,标明单位。中间运算应省略。

(3) 应编写必要的大小标题,附加必需的插图(如轴的受力分析图等)和表格,写出简短结论(例如"满足强度要求"等),注明重要公式或数据的来源(参考文献的编号和页次)。

计算说明书采用 16 开纸书写,并应加封面(格式如图 19-1)后装订成册。

书写格式如表 19-1 所示。

答辩是课程设计最后一个重要环节。通过准备和答辩,可以总结设计方法、步骤和收获,发现问题,提高设计能力。答辩也是检查

图 19-1　计算说明书封面格式

学生实际设计能力、掌握设计知识情况和设计成果、评定成绩的重要方式。

答辩前,应认真整理和检查全部图纸和计算说明书,并按格式(参看图 19-2)折叠图纸,将图纸与计算书装入文件袋,文件袋封面格式如图 19-3 所示。

答辩前应做好比较系统的、全面的回顾和总结,弄懂设计中的计算、结构等问题,巩固设计收获。

表 19-1　说明书书写格式

计算及说明	结　果
七、轴的设计及核验计算 　1. 低速轴的计算 　结构和受力如图××所示。 　(1)轴上作用载荷 　…… 　(2)计算轴承支反力 　1)铅垂面内支反力 $$F_{By}=\dfrac{79\times10^{-3}\cdot F+55\times10^{-3}\cdot F_t-M_a}{110\times10^{-3}}$$ $$=\dfrac{79\times10^{-3}\times760+55\times10^{-3}\times665-10.95}{110\times10^{-3}}$$ $$=779\ \text{N}$$ 　…… 图××	$F_{By}=779\ \text{N}$

图 19-2　图纸折叠方法

机械设计课程设计

设计题目_____

内装 1. …………

　　　2. …………

　　　3. …………

_____系(院)____班级

设计者_____

指导教师_____

完成日期　　年　　月　　日

成绩_____

（校　　名）

图 19-3　文件袋封面格式

第三篇

参考图例及设计题目

第二十章 参考图例

  本章编入了课程设计中常用题目的参考图例共 31 幅,包括总体方案图、机构图、传动装置装配图和零件工作图。选图的原则是以典型结构为主,并适当考虑结构形式多样和新颖。为了有利于读者独立分析和思考问题,除编入少数完整的装配图以作示范外,大多数装配图只以能表示出结构特点为目的,并作简单的说明。为引导读者学习和掌握其结构特点,在图中附有简单说明,这些内容属于该图的制图要求,在设计图中不必写出。

图 20-1 工件

滑架部分A

技术特性

电动机		推力/N	步长/mm	往返次数/(r/min)
功率/kW	转速/(r/min)			
4	1 440	3 000	360	65

　　说明：本机间歇输送工件。电动机通过传动装置、六杆机构，驱动滑架往复运动，工作行程时滑架上的推爪推动工件前移一个步长，当滑架返回时，推爪从工件下滑过，工件不动。当滑架再次向前移动时，推爪已复位 并推动新工件前移，前方推爪也推动前一工件前移。周而复始，工件不断前移。

六杆机构简图

8	开式齿轮	1			
7	联轴器 LX3	1		GB/T 5014—2017	
6	减速器	1			$a=250, i=9$
5	联轴器 LT5	1		GB/T 4323—2017	
4	电动机 YX3112M-4	1		GB/T 22722—2008	
3	滑架	1			
2	六杆机构	1			
1	机架	1			
序号	名称	数量	材料	标准	备注

（标题栏）

运输机总图

1　　2　3　　　4　　5　　6

A

K

A(传动局部)

托架机构简图

说明：本卸卷机用来将钩式运输机
　　　上已冷却的线材卷卸下来。
　　　执行机构为一四杆机构，由
　　　于运动轨迹的特点，可在钩
　　　式运输机运行中卸卷。

图 20-2　卸卷

技术特性

电动机		盘卷重量 /N	往返次数 次/min
功率/kW	转速/(r/min)		
7.5	970	≤900	13.04

序号	名称	数量	材料	标准	备注
7	线材盘卷	1			
6	电动机 YX3160M—6	1		GB/T 22722—2008	
5	联轴器 LX3	1		GB/T 5014—2017	
4	减速器	1			$a=650, i=70.87$
3	联轴器 LT5	1		GB/T 4323—2017	
2	配重	1	HT150		4 750 N
1	托架机构	1			
序号	名称	数量	材料	标准	备注

(标题栏)

机总图

图 20-3 带式

技术特性

电动机		索引力	带速	滚筒直径
功率/kW	转速/(r/min)	/N	/(m/s)	/mm
3	960	2 200	1.1	240

说明：电动机通过 V 带传动带驱动减速器输入轴,减速器输出轴
　　　通过十字滑块联轴器带动滚筒,滚筒轴的两端为独立支承。

B4	垫圈16	4	Q235A	GB/T 97.0—2002	
B3	螺母M16	10	5	GB/T 6170—2015	
B2	螺栓M16×75	10	5.8	GB/T 5782—2016	
B1	螺栓M12×120	2	5.8	GB/T 5783—2016	
6	滚筒	1			焊接件
5	机架	1			焊接件
4	减速器	1			组合件
3	大带轮	1	HT200		$d_{d2}=280$
2	小带轮	1	HT200		$d_{d1}=125$
1	滑轨	2	HT150		
序号	名称	数量	材料	标准	备注

(标题栏)

B16	螺栓M10×50	4	8.8	GB/T 5782—2016	
B15	垫圈12	8	65Mn	GB/T 93—1987	
B14	垫圈12	4	Q235A	GB/T 853—1988	
B13	垫圈12	4	Q235A	GB/T 97.1—2002	
B12	螺母M12	8	5	GB/T 6170—2015	
B11	螺栓M12×65	4	5.8	GB/T 5782—2016	
B10	滑动轴承座	2	H2045	JB/T 2561—2007	组合件
B9	滑块联轴器	1		JB/ZQ4384—2006	组合件
B8	V带 A1 400	3		GB/T 11544—2012	
B7	电动机YX3132S-6	1			
B6	垫圈16	10	65Mn	GB/T 93—1987	
B5	垫圈16	10	Q235A	GB/T 853—1988	
序号	名称	数量	材料	标准	备注

输送机总图

图 20-4　一级圆柱齿轮

技术条件

1. 装配前,全部零件用煤油清洗,箱体内不许有杂物存在。在内壁涂两次不被机油浸蚀的涂料。
2. 用涂色法检验斑点。齿高接触斑点不小于40%;齿长接触斑点不小于50%;必要时可以研磨啮合齿面,以便改善接触情况;
3. 调整轴承时所留轴向间隙如下:$\phi 40$ 为 $0.05\sim0.1$,$\phi 55$ 为 $0.08\sim0.15$;
4. 装配时,剖分面不允许使用任何填料,可涂以密封油漆或水玻璃。试转时,应检查剖分面,各接触面及密封处,均不准漏油;
5. 箱座内选用 SH0357-1992 中的 50 号润滑油,装至规定高度;
6. 表面涂灰色油漆。

技术特性

输入功率	3 kW	高速轴转速	430 r/min	传动比	4.16

说明:箱体采用铸造剖分式结构。齿轮用油池润滑。轴承润滑靠飞溅到箱盖上的油,经箱座油沟、轴承盖豁口流至轴承处。轴用唇形密封圈密封。轴承间隙用垫片调节。

序号	名称	数量	材料	标准	备注		序号	名称	数量	材料	标准	备注
41	大齿轮	1	45				19	轴承端盖	1	HT200		
40	键18×16×50	1	Q275A	GB/T 1096—2003			18	调整垫片	2组	08		
39	轴	1	45				17	油圈25×18	1	石棉橡胶纸		
38	轴承30211	2		GB/T 297—2015			16	六角螺塞M18×1.5	1	Q235A	JB/ZQ4450—1986	
37	螺栓M8×25	24	Q235A	GB/T 5782—2016			15	油标	1	Q235A		
36	轴承端盖	1	HT200				14	垫圈10	2	65Mn	GB/T93—1987	
35	J形油封35×60×12	1	橡胶I-1	GB/T 9877.1—2008			13	螺母M10	2	5	GB/T6170—2015	
34	齿轮轴	1	45				12	螺栓M10×35	4	5.8	GB/T5782—2016	
33	键8×7×50	1	Q275A	GB/T 1096—2003			11	销A8×30	2	35	GB/T117—2000	
32	垫圈6	1	65Mn	GB/T 93—1987			10	螺栓M6×20	4	5.8	GB/T5782—2016	
31	轴端挡圈	1	Q235A	GB/T 892—1986			9	通气器	1	Q235A		
30	螺栓M6×25	2	5.8	GB/T 5782—2016			8	视孔盖	1	Q215A		
29	密封盖板	1	Q235A				7	垫片	1	石棉橡胶纸		
28	轴承端盖	1	HT200				6	箱盖	1	HT200		
27	调整垫片	2	08		成组		5	垫圈12	6	65Mn	GB/T93—1987	
26	轴承端盖	1	HT200				4	螺母M12	6	5	GB/T6170—2015	
25	轴承30208	2		GB/T 297—2015			3	螺栓M12×100	6	5.8	GB/T5782—2016	
24	挡油环	2	Q215A				2	起盖螺钉M10×30	1	5.8	GB/T5782—2016	
23	J形油封50×75×12	1	橡胶I-1	GB/T 9877.1—2008			1	箱座	1	HT200		
22	键12×8×56	1	Q275A	GB/T 1096—2003			序号	名称	数量	材料	标准	备注
21	定距环	1	Q235A									
20	密封盖板	1	Q235A					(标题栏)				
序号	名称	数量	材料	标准	备注							

减速器装配图

图 20-5 直齿圆柱齿轮零件工作图

图 20-6 轴零件工作图

齿廓	渐开线		齿顶高系数	h_a^*		1
齿数	z	19	顶隙系数	c^*		0.25
法向模数	m_n	3	径向变位系数	x		0
螺旋角	β	11°28′42″	中心距	a		150
螺旋方向	—	左	配对 图号		图19-5	
压力角	α	20°	齿轮 齿数	z		79
公法线长度及其偏差		$W_k = 22.987^{-0.065}_{-0.184}$	跨齿数	k		3
精度等级 7GB/T 10095—2008						
检测项目						
单个齿距偏差		f_{pt}		±0.012		
齿距累积总偏差		F_p		0.038		
齿廓总偏差		F_α		0.016		
螺旋线总偏差		F_β		0.020		
允许值						

(标题栏)

$\sqrt{Ra\,12.5}\,(\sqrt{\ })$

技术要求

1. 材料 45 钢，调质处理，硬度 220~250HBW；
2. 未注圆角半径 R2；
3. 未注倒角为 C1.5；
4. 未注尺寸公差按 GB/T 1804—m。

图 20-7　齿轮轴零件工作图

技术要求

1. 箱盖铸成后,应清理并进行时效处理;
2. 箱盖和箱座合箱后,边缘应平齐,相互错位每边不大于2;
3. 应仔细检查箱盖与箱座剖分面接触的密合性,用0.05塞尺塞入深度不得大于剖分面宽度的三分之一,用涂色检查接触面积达到每cm²面积内不少于一个斑点;
4. 与箱座连接后,打上定位销进行镗孔,结合面处禁放任何衬垫;
5. 宽度196组合后加工;
6. 未注的铸造圆角为R3~R5;
7. 未注的倒角为C2,其平面粗糙度Rz=12.5 μm。

(标题栏)

图 20-8 箱盖零件工作图

技术要求

1. 箱盖铸成后，应清理铸件，并进行时效处理；
2. 箱座和箱盖合箱后，边缘应平齐，相互错位每边不大于 2；
3. 检查与箱盖结合面的密合性，用 0.05 塞尺塞入深度不得大于剖分面宽度的三分之一，用涂色检查接触面积达到每平方厘米面积内不少于一个斑点，合面处禁放任何衬垫；
4. 与箱盖连接后，打上定位销进行铰孔，接合面处禁放任何衬垫；
5. 合箱宽度 196 组合后加工；
6. 未注明的铸造圆角为 R3～R5；
7. 未注明的倒角为 C2，其表面粗糙度 Ra＝12.5 μm；
8. 箱座不得漏油。

图 20-9　箱座零件工作图

· 271 ·

图 20-10　一级圆柱齿

技术参数表		
传动功率	100 kW	
输入转速	1 000 r/min	
传动比	5.062 5	
模数	4.5	
螺旋角	7°55′1″	
齿数	16	81

技术要求

1.轴承轴向间隙应符合下表规定：

轴承内径	80	100
轴向间隙	0.08~0.15	0.12~0.2

2. 齿轮副最小极限侧隙为 0.185；
3. 空载时齿轮副接触斑点按高度不小于 50%，按长度不小于 70%；
4. 润滑油选用 GB 5903 中的 220 或 320；
5. 空运转试验在额定转速下运转 2 h，双向工作时正反向各运转 1 h，要求各连接件、紧固件不松动，密封处、结合处不渗油，运转平稳，无冲击，温升正常，齿面接触斑点合格；
6. 负载性能试验按有关标准要求进行。

说明：箱体采用铸造、剖分式多安装面结构，可正装也可倒装，轴承座无肋板，油针可相应改变安装方向。为适应同一系列不同轴承型号和不同轴长的要求，采用了多个不同宽度的定距环（如件 8、6、15、16）和套筒（件 10）。为改善齿轮润滑情况，采用了挂架式润滑装置。为满足轴承的不同润滑方式，轴承盖有一段加厚，以便开设油孔。为保证键的强度，采用 B 型键，键长基本与齿宽相当。明细表中只列出主要零件。

23	键28×16×90	1	Q235A	GB/T 1096—2003	
22	轴承32220	2		GB/T 297—2015	
21	端盖	1	ZG270—500		
20	定距环	1	45		
19	轴	1	42CrMoA		
18	定距环	1	45		
17	齿轮	1	20CrNi2MoA		
16	定距环	1	45		
15	定距环	1	45		
14	透盖	1	ZG270—500		
13	J形油封	1	橡胶I-1	GB/T 9877.1—2008	B110×140×16
12	定距环	1	45		
11	端盖	1	ZG270—500		
10	套筒	1	45		
9	轴承32216	2		GB/T 297—2015	
8	定距环	2	45		
7	齿轮轴	1	20CrNi2MoA		
6	定距环	1	45		
5	定距环	1	45		
4	透盖	1	ZG270—500		
3	J形油封	1	橡胶I-1	GB/T 9877.1—2008	B80×105×12
2	下箱体	1	ZG270—500		
1	上箱体	1	ZG270—500		
序号	名称	数量	材料	标准	备注
		(标题栏)			

轮减速器装配图(模块式结构)

150 ± 0.032

说明：箱座侧壁有斜度，底面小，可减轻箱体重量。箱座剖分
面有油槽，以防漏油。轴承用脂润滑，采用嵌入式轴承盖，结构简单，
轴向尺寸小。用垫片调整轴承间隙时，需拆卸轴承和箱盖，使用不
方便。齿轮毛坯采用模锻，适用于成批生产。

图 20-11 一级圆柱齿轮减速器结构图

说明：由于轴垂直安装，脂润滑的大齿轮轴承与齿轮
润滑油池之间有隔离套。下伸轴的密封轴必须可靠，以防泄漏。

图 20-12　一级立轴圆柱齿轮减速器结构图

图 20-13 二级圆柱齿轮

技术参数表

传动功率	200 kW			
输入转速	941 r/min			
传动比	30.85			
级别	第一级		第二级	
模数	5		9	
螺旋角	12°		12°	
齿数	24	131	23	130
变位系数	+0.45	+0.345	+0.433	+0.268

技术要求

1. 轴承轴向间隙应符合下表规定：

轴承内径	120	140	240
轴向间隙	0.12~0.2	0.2~0.3	0.25~0.35

2. 圆柱齿轮副最小极限侧隙应符合下表规定：

中心距	400	710
最小极限侧隙	0.230	0.320

3. 空载时齿轮副接触斑点按高度不小于50%，按长度不小于70%；

4. 润滑油选用按 GB 5903 中的 L—CKC220 或 L—CKC320。

22	定距环	1	25		
21	定距环	1	25		
20	轴	1	42CrMoA		
19	端盖	1	Q235A		
18	轴承 23148	2		GB/T288—2013	
17	上箱体	1			焊接件
16	下箱体	1			焊接件
15	齿轮	1			焊接件
14	透盖	1	Q235A		
13	盖	1	Q235A		
12	J形油封	1		GB/T9877.1—2008	280×320×20
11	定距环	1	25		
10	定距环	2	25		
9	定距环	2	25		
8	端盖	2	Q235A		
7	齿轮	1			焊接件
6	轴承 23124	2		GB/T288—2013	
5	盖	2	Q235A		
4	定距环	2	25		
3	透盖	2	Q235A		
2	定距环	2	25		
1	齿轮轴	1	20CrNi2MoA		
序号	名称	数量	材料	标准	备注

(标题栏)

说明：减速器箱体和大齿轮都采用焊接结构，比铸造箱体和铸造齿轮的重量大大减轻。由于齿轮采用双腹板，外表整齐，便于清洗。各轴支承采用调心滚子轴承，可减缓因斜齿圆柱齿轮的螺旋角加工误差和轴的变形引起的齿轮传动的偏载，这对大、中型减速器尤为重要。为保证轴承的润滑油量，在箱座的每一个轴承座处都有储油盒。采用变位齿轮，取螺旋角、中心距为整数。明细表中只列出主要零件。

29	垫片	1	08		
28	视孔盖	1	Q235A		
27	清洗盖	1	Q235A		
26	垫片	1	08		
25	J形油封	2	橡胶 I—1	GB/T9877.1—2008	140×170×16
24	轴承 23128	2		GB/T288—2013	
23	齿轮轴	1	20CrNi2MoA		
序号	名称	数量	材料	标准	备注

减速器装配图(焊接箱体)

图 20-14　焊接箱座

技术要求
1. 加工面留余量；
2. 时效处理。

√ (√)

	焊接件技术要求	
通用技术条件	JB/QZ 4000.3	
焊缝质量评定级别	BK,BS	
尺寸公差精度等级	c	
形位公差精度等级	G	
密封性试验	是	
耐压试验	否	
未注角焊缝高度	5	

19	钢板2.3×80×570	1	Q235A		
18	钢板2.3×80×443.7	2	Q235A		
17	钢板2.3×30×65	2	Q235A		
16	钢板2.3×80×670	2	Q235A		
15	钢板2.3×50×95	2	Q235A		
14	钢板2.3×87×495.4	2	Q235A		
13	钢板2.3×37×50	2	Q235A		
12	钢板6×560×2 070	1	Q235A		
11	钢板10×240×240	1	Q235A		
10	钢板19	1	Q235A		
9	钢板22	4	Q235A		
8	钢板19×411×2 020	2	Q235A		
7	钢板35×160×2 120	2	Q235A		
6	钢板10×φ100×φ56	10	Q235A		
5	钢板19	1	Q235A		
4	钢板30×45×110	2	Q235A		
3	钢板30×R240×R200	2	Q235A		
2	钢板120×250×2 120	2	Q235A		
1	钢板65×85×570	2	Q235A		
序号	名称	数量	材料	标准	备注
	(标题栏)				

零件工作图

齿轮参数表略

技术要求

1. 焊后时效处理；
2. 调质硬度260~290HBW，硬度45~50HRC，
3. 高频表面淬火，轮齿硬化层深度1~2；
4. 磨齿后齿形探伤检查。

4	3	2	1	序号
轮毂	腹板	钢管	齿圈	名称
1	2	6	1	数量
45	Q235A	Q235A	40CrNi2Mo	材料
				标准
				备注

(标题栏)

图 20-15 焊接齿轮零件工作图

100 ± 0.027 140 ± 0.032

说明：齿轮传动用油润滑，滚动轴承用脂润滑。为避免油池中稀油
溅入轴承座，在齿轮与轴承之间放置挡油环。输入轴和输出轴处用毡
圈密封，在毡圈外装有压紧盖，以延长密封圈使用寿命和便于更换。

图 20-16　二级圆柱齿轮减速器结构图（展开式）

$\dfrac{A-A}{1:a}$

150

图 20-17　二级圆柱齿轮减速器结构图（同轴式套装轴承）

说明：电动机安装在减速器箱体上，其输出轴直接与高速级小
齿轮相连。比图 20-17 减速器和轴向尺寸更紧凑。

箱体是铸造的，采用大端盖结构，结构简单、重量轻。中间轴是
三支点，中间支承采用调心轴承，以便适应轴的变形。中间轴的三个
轴承座都在箱座上，便于镗孔，保证同心度。中间轴上的大齿轮与
轴配合不宜过紧。

图 20-18　二级同轴式圆柱齿轮减速器结构图（电动机减速器）

图 20-19　二级圆柱齿轮

导油槽

导油槽 A—A

说明：输入轴和输出轴在同一轴线上，与二级展开式圆柱齿轮减速器比，可减小减速器长度方向的尺寸，但轴向尺寸加大了。

减速器箱体和两个大齿轮都是焊接结构。滚动轴承稀油润滑，为保证有足够的油量，在箱盖内安装有特制的导油槽，将齿轮运转时飞溅起的油导入轴承中（见侧视图及 A—A 剖面）。油池中的油面高度用管状油标指示。视孔盖用薄钢板制造，为保证通气器的螺纹有一定的拧入深度，在薄钢板下焊接一钢块。

(标题栏)

减速器结构图(同轴式焊接箱体)

图 20-20　一级

技术要求

1. 装配前所有零件进行清洗,箱体内涂耐油油漆;
2. 用涂色法检验斑点,在齿高和齿长方向接触斑点不小于 50%;
3. 高速轴轴承的轴向间隙为 0.1;低速轴轴承的轴向间隙为 0.13;
4. 减速器剖分面及密封处均不许漏油,剖分面可涂水玻璃或密封胶;
5. 润滑用 GB 5903—2011 中的 50 号工业齿轮油;
6. 减速器表面涂灰色油漆。

说明:小齿轮轴承装在套杯内,为保证安装,齿轮轴上小齿轮的顶圆直径必须小于套杯的最小直径。小齿轮用一对正装的圆锥滚子轴承支承。用垫片 30 调节轴承间隙,垫片 32 调节齿轮啮合。套筒 34 作为轴承内圈的轴向固定,为减小配合面,轴与小锥齿轮 37 的配合部分的中段直径减小。轴承用油脂润滑,用油杯 2 定期加油。

34	套筒	1	Q235A		
33	套筒	1	Q235A		
32	调整垫片	1组	08		
31	套杯	1	HT150		
30	调整垫片	1组	08		
29	轴承端盖	1	HT150		
28	键 14×9×63	1	45	GB/T 1096—2003	
27	键 18×80	1	45	GB/T 1096—2003	
26	轴承端盖	1	HT150		
25	轴	1	45		
24	键 20×12×80	1	45	GB/T 1096—2003	
23	大锥齿轮	1	45		
22	挡油环	2	Q235A		
21	轴承 30314	2		GB/T 297—2015	
20	调整垫片	2组	08		
19	轴承端盖	1	HT150		
18	油圈 25×18	1	石棉橡胶纸		
17	六角螺塞 M18×15	1	Q235	Q/ZB 220—1977	
16	螺母 M16	8	5	GB/T 6170—2015	
15	垫圈 16	8	65Mn	GB/T 93—1987	
14	螺栓 M18×130	8	5.8	GB/T 5782—2016	
13	箱座	1	HT150		
12	销 B8×40	2	35	GB/T 117—2000	
11	螺母 M12	2	5	GB 6170—2015	
10	垫圈 12	2	65Mn	GB/T 93—1987	
9	螺栓 M12×45	2	5.8	GB/T 5782—2016	
8	起盖螺钉 M12×25	1	5.8	GB/T 5782—2016	
7	螺栓 M10×25	18	5.8	GB/T 5782—2016	
6	油标	1	组件		
5	垫片	1	石棉橡胶组		
4	检查孔盖	1	HT150		
3	螺栓 M16×20	4	5.8	GB/T 5782—2016	
2	油杯 M10×1	2		JB/T 7940.1—1995	
1	箱盖	1	HT150		
序号	名称	数量	材料	标准	备注
		（标题栏）			

37	小锥齿轮	1	45		
36	挡油环	1	Q235A		
35	轴承 30312	2		GB/T 297—2015	
序号	名称	数量	材料	标准	备注

锥齿轮减速器装配图

说明：箱体是铸造的剖分式结构。齿轮和轴承都用稀油润滑。小锥齿轮的轴用一对正装于套杯中的圆锥滚子轴承支承。由于齿轮的顶圆直径比套杯的最小直径大，所以齿轮和轴做成分体式。油面通过圆形油标观察。

(a) 轴承采用两端固定。左轴承外圈用套杯固定，结构简单，但轴承间隙调整困难，不宜用圆锥滚子轴承；右轴承外圈用孔用弹性挡圈固定。两轴承内圈用轴肩固定。轴肩也是轴承的安装基准。由于轴承必须由轴的两端安装，故齿轮和轴必须做成分体的。

(b) 采用齿轮轴。轴承左端固定、右端游动。左轴承外圈的轴向固定，左侧用套杯，右侧用定位螺钉 1，并用此螺钉调节轴承的位置。左轴承内圈用弹性挡圈和套筒固定（不能用轴肩作轴向固定）。右轴承内圈的轴向固定用套筒和轴肩，此轴肩也是轴承的安装基准。

(c) 采用一对反装圆锥滚子轴承支承，支承刚性好。轴承间隙用零件 2 调整，调整后用小螺钉将零件 2 锁紧在轴伸处连接的传动件上。

(d) 轴承布置形式同 c 图，轴承外圈的轴向固定用套杯的凸台，轴承间隙用圆螺母调节，操作不方便。

(e)、(f) 采用深沟球轴承，轴承间隙不可调，为保证运转灵活，采用垫片或圆螺母调节轴承。

(g)、(h) 轴承支承形式是一端固定、一端游动，两轴承型号不同，为保证轴承孔的同心度，采用短套杯结构。

(i) 轴承的支承是非悬臂的，轴承布置形式是一端固定、一端游动。这种支承一般用于大中型减速器中，可以改善锥齿轮的偏载，但箱体铸造结构较复杂。

图 20-21　二级圆锥-圆柱齿轮减速器结构图

说明：箱体是铸造的，大端盖结构。高速轴轴承座是独立部件，简化了箱体结构，采用脂润滑，采用唇形密封圈反装的圆锥滚子轴承支承。采用脂润滑，唇形密封圈密封，防止漏油。用在套筒和滚动轴承调整轴承间隙，用箱体甩油圈进入轴承。用圆螺母调整位置。轴承盖端面用O形密封圈密封，大齿轮的啮合点，用轴承盖固定轴承外圈，采用O形密封圈密封，大合式结构。用轴承盖固定轴承外圈，上轴承采用脂润滑，并设齿轮下轮用油池中的稀油润滑，上轴承采用脂润滑，并设有防尘盖。

(标题栏)

图 20-22 一级圆柱齿轮减速器结构图（立式）

大端模数	m	7		
齿数	z	22		
法向齿形角	α	20°		
分度圆直径	d	154		
分锥角	δ	32°9'8"		
根锥角	δ_f	28°49'47"		
锥距	R	144.70		
螺旋角及方向	β	0°		
变位系数	高度	x	0	
	切向			
测量	齿厚	$\bar{s}$	$10.986^{-0.096}_{-0.176}$	
	齿高	$\bar{h}_a$	7.166	
精度等级		8C GB/T11365		
接触斑	齿高	≥55		
点/%	齿长	≥50		
全齿高	h	15.4		
轴交角	Σ	90°		
最小法向侧隙	j	0.1		
配对齿轮齿数	z_m	35		
配对齿轮图号				
公差组	项目代号	公差值		
I	F_p	0.09		
II	f_{pt}	±0.032		

$\sqrt{Ra\ 6.3}$ ($\sqrt{}$)

(标题栏)

技术要求

1. 材料 45 钢，调质后齿面硬度 210~240 HBW；
2. 未注明尺寸公差处精度为 GB/T1804—m，
3. 未注明倒角为 C2，粗糙度 $Rz=50$ μm；
4. 未注明圆角半径为 R3。

图 20-23 直齿锥齿轮零件工作图

图 20-24　一级

技术要求
1. 装配前所有零件进行清洗，箱体内涂耐油油漆；
2. 要求最小极限法向侧隙为 0.072；
3. 在齿长和齿高方向接触斑点不得小于 60% 和 65%；
4. 蜗杆轴承的轴向游隙为 0.05~0.1；蜗轮轴承的轴向游隙为 0.12~0.20。
5. 减速器剖分面及密封处均不许漏油，剖分面可涂水玻璃或密封胶。
6. 装成后进行空负荷试验。条件为：高速级转速 $n=1\,000$ r/min，正反转各运转 1 h。运转平稳，无噪声，温升不超过 60℃。
7. 润滑油选用 SH/T0094—1991 蜗轮蜗杆油 680 号；
8. 减速器表面涂灰色油漆。

说明：蜗杆下置，适用于蜗杆圆周速度 $v<5$ m/s 的场合。箱体采用剖分式结构。蜗杆轴承的支承形式是一端固定、一端游动。在固定端采用一对正装圆锥滚子轴承。垫片 1 用来调整蜗杆位置，垫片 2 用来调整轴承间隙。靠安装在箱座剖分面处的两个刮油板将蜗轮端面上的油引入油沟润滑蜗轮的轴承。

序号	名称	数量	材料	标准	备注
46	检查孔盖	1	HT150		
45	螺钉M16	2	5.9	GB/T 825—1988	
44	套杯	1	HT150		
43	轴承端盖	1	HT150		
42	轴承30211	2		GB/T 297—2015	
41	套杯	1	Q235A		
40	挡油环	1	Q235A		
39	调整垫片	2组	08		
38	调整垫片	2组	08		
37	油圈40×27	1	石棉橡胶纸		
36	六角螺塞M27×2	1	Q235A	Q/ZB 220—1977	
35	键20×12×95	1	45	GB/T 1096—2003	
34	轴	1	45		
33	密封盖板	1	Q235A		
32	J形油封75×100×12	1	橡胶I-1	GB/T 9877.1—2008	
31	轴承端盖	1	HT150		
30	调整垫片	2	08		
29	轴承30217	2		GB/T 297—2015	
28	定距环	1	Q235A		
27	刮油装置	1			组件
26	蜗轮轮毂	1	HT200		
25	蜗轮轮缘	1	ZCuSn10P1		
24	销B8×35	2	Q235A	GB/T 117—2000	
23	轴承端盖	1	HT150		
22	油标	1			组件
21	挡油环	1	Q235A		
20	轴承6211	1		GB/T 276—2013	
19	垫圈52	2	Q235A	GB/T 858—1988	
18	螺母M52×1.5	2	45	GB/T 812—1988	
17	J形油封45×70×12	1	橡胶I-1	GB/T 9877.1—2008	
16	键12×8×40	1	45	GB/T 1096—2003	
15	蜗杆	1	45		
14	套杯	1	Q235A		
13	轴承端盖	1	HT150		
12	螺栓M8×30	12	5.8	GB/T 5782—2016	
11	螺栓M6×12	14	5.8	GB/T 5782—2016	
10	箱座	1	HT200		
9	垫圈12	4	65Mn	GB/T 93—1987	
8	螺母M12	4	5	GB/T 6170—2015	
7	螺栓M12×40	4	5.8	GB/T 5782—2016	
6	螺栓M12×25	2	5.8	GB/T 5782—2016	
5	螺栓M8×16	12	5.8	GB/T 5782—2016	
4	垫圈16	4	65Mn	GB/T 93—1987	
3	螺母M16	4	5	GB/T 6170—2015	
2	螺栓M16×100	4	5.8	GB/T 5782—2016	
1	箱盖	1	HT200		
序号	名称	数量	材料	标准	备注

序号	名称	数量	材料	备注
48	通气器	1		组件
47	垫片	1	软钢纸板	

(标题栏)

蜗杆减速器装配图

图 20-25 一级蜗杆

技术参数表

传动功率	15 kW
输入转速	980 r/min
传动比	10
模数	12
头数	3
齿数	30
导程角	20°33′22″

技术要求

1. 蜗杆轴承轴向间隙为 0.1~0.15，蜗轮轴承轴向间隙为 0.05~0.1；
2. 蜗杆副最小极限法向侧隙为 0.072；
3. 空载时，传动接触斑点按齿高不小于 55%，按齿长不小于 50%；
4. 润滑油选用 SH/T0094—1991 蜗轮蜗杆油 680 号；
5. 空运转试验在额定转速下正反向运转 1h，要求各连接件、紧固件不松动，密封处、结合处不渗油，运转平稳，无冲击，温升不超过 60℃，齿面接触斑点合格；
6. 负载性能试验按有关标准要求进行。

说明：箱体是整体式结构，两端采用两个大端盖。由于发热较大，蜗杆轴上带有风扇，在箱体上有水平方向散热片。大端盖与箱体之间的垫片是用来调整蜗轮位置的。为安装方便，蜗轮外圆与箱体顶部必须留有足够的间隙，以便安装时抬起蜗轮。明细表中只列出主要零件。

21	输出轴	1	40Cr		
20	J形密封	1	橡胶I-1	GB/T 9877.1—2008	85×110×12
19	透盖	1	HT200		
18	挡油环	1	Q235A		
17	蜗轮	1			组合件
16	挡油环	1	Q235A		
15	轴承32218	2		GB/T 297—2015	
14	大端盖	2	HT200		
13	调整垫片	2	08		
12	调整垫片	2	08		
11	端盖	1	HT200		
10	透盖	2	HT200		
9	J形密封	2	橡胶I-1	GB/T 9877.1—2008	55×80×12
8	风扇罩	1			焊接件
7	风扇	1	HT200		
6	调整垫片	2	08		
5	轴承30312	2		GB/T 297—2015	
4	蜗杆	1	40Cr		
3	箱体	1	HT200		
2	视孔盖	1	HT200		
1	通气罩	1			组合件
序号	名称	数量	材料	标准	备注

(标题栏)

减速器装配图(带风扇)

160

说明：蜗杆上置，适用于蜗杆圆周速度 $v>5$ m/s 的场合。蜗杆轴承采用脂润滑。箱体是整体
式结构，两端采用两个大端盖。输出轴是空心的，可以直接套装在工作机的输入轴上，用带有
锥面的弹性套筒作为两轴的连接装置。安装时，通过拧紧端部螺钉，轴向压紧弹性环外圈，
达到连接两轴的目的。拆卸时，利用套筒端部的螺纹，拧入螺旋，退出压紧套筒的套筒，用弹性
环连接可省去联轴器，使结构紧凑。视孔盖侧面有通气孔。

图 20-26 轴装式蜗杆减速器结构图

图 20-27　二级蜗杆减速器（立式）

说明：箱体采用大端盖整体式结构。高速级蜗杆轴承用脂润滑，蜗轮用油润滑。低速级蜗杆轴承和蜗轮轴轴承用油润滑，为保证蜗轮上边轴承的润滑油量，设有储油盒。

（标题栏）

$\phi 72H7$

260

$\phi 80H7$

$\phi 50k6$

148 ± 0.05

135

230

62

16

$\phi 58m6$

$\phi 35k6$

300

图 20-28 二级行星圆柱齿轮减速器结构图

蜗杆类型		ZA		精度等级	7级	GB/T 10089—1988
蜗杆头数	z_1	2	齿槽径向跳动公差	f_r	0.018
轴向模数	m	8	轴向齿距累积公差	f_{pxL}	0.045
轴截面齿形角	α	20°	轴向齿距极限偏差	$\pm f_{px}$	± 0.025
变位系数	x_1	0	螺旋线公差	f_{hL}	0.050
分度圆柱导程角	γ	14°15′00″	齿形公差	f_{f1}	0.040
螺旋线方向		右	相啮合蜗轮图号		20–30

技术要求

1. 材料 40Cr, 调质处理 220~240 HBW;
2. 未注倒角为 C2。
3. 未注尺寸公差为 GB/T 1804—m;
4. 未注圆角半径为 R3。

图 20–29 蜗杆零件工作图

$\sqrt{Ra\ 12.5}$ ($\sqrt{}$)

(标题栏)

蜗杆类型		ZA
齿数	z_2	37
端面模数	m	8
轴截面齿形角	α	20°
变位系数	x_2	0
分度圆螺旋角	γ	14°15′00″
螺旋线方向		右
精度等级	7级	GB/T 10089—1988
齿距累积公差	F_p	0.028
齿距极限偏差	$\pm f_{pt}$	±0.022
齿形公差	f_{f2}	0.019
相啮合蜗轮图号		19~29

技术要求

轮缘和轮辐装配后，再精车和滚切轮齿。

$\sqrt{}$ ($\sqrt{}$)

3		轮芯	1	HT200	5.8	GB/T 5782—2016	
2		螺栓M10×45	6			GB/T 1176—2013	
1		轮缘	1	ZCuSn10P1			
序号		名称	数量	材料		标准	备注

(标题栏)

说明：一般蜗轮由轮缘、轮芯组合而成，因此必须绘制蜗轮部件图，并填写蜗轮啮合特性表。此外要分别绘制轮缘和轮芯的零件工作图，工作图中轮缘和轮毂宽度及蜗轮外圆要留出加工余量，以便装配后精加工和切齿。

轮缘和轮芯装配后精加工和切齿。

$\phi324_{-0.100}^{0}$

$\phi312_{-0.052}^{0}$

179.5±0.065

$\phi240H7/u6$

$\phi160$

$\phi75H7$

$Ra\,12.5$ $Ra\,12.5$ $Ra\,1.6$ $Ra\,3.2$ $Ra\,12.5$

45±0.065

$R24$ $\phi64$

$R2$ $R2$

60

$\boxed{//\ 0.065\ A}$

A A

图 20-30 蜗轮部件装配图

(a) 蜗轮轮缘零件工作图

(b) 蜗轮轮芯零件工作图

图 20-31 蜗轮零件工作图

第二十一章　设计题目

一、带式运输机传动装置的设计

班级_____学生姓名_____

指导教师_____日期_____

1. 带式运输机工作原理

带式运输机传动示意图如图 21-1 所示。

2. 已知条件

1）工作条件：两班制，连续单向运转，载荷较平稳，室内工作，有粉尘，环境最高温度 35 ℃。

2）使用折旧期：8 年。

3）检修间隔期：四年一次大修，两年一次中修，半年一次小修。

4）动力来源：电力，三相交流，电压 380/220 V。

5）运输带速度允许误差：±5%。

6）制造条件及生产批量：一般机械厂制造，小批量生产。

图 21-1　带式运输机传动示意图

3. 设计数据

参数 ＼ 题号	1	2	3	4	5	6	7	8	9	10
运输带工作拉力 F/N	1 500	2 200	2 300	2 500	2 600	2 800	3 300	4 000	4 500	4 800
运输带工作速度 v/(m/s)	1.1	1.1	1.1	1.1	1.1	1.4	1.2	1.6	1.8	1.25
卷筒直径 D/mm	220	240	300	400	220	350	350	400	400	500

注：运输带与卷筒之间及卷筒轴承的摩擦影响已经在 F 中考虑。

4. 传动方案

编　号	方　案	编　号	方　案
a	带——单级斜齿圆柱齿轮减速器	d	二级同轴式圆柱齿轮减速器
b	锥齿轮减速器——开式齿轮	e	圆锥圆柱齿轮减速器
c	二级展开式圆柱齿轮减速器	f	单级蜗杆减速器

传动方案简图如图 21-2 所示。

5. 设计内容

1）按照给定的原始设计数据（编号）_____和传动方案（编号）_____设计减速器装置。

2）完成减速器装配图 1 张（A0 或 A1）。

(a) 带——单级圆柱齿轮减速器

(b) 锥齿轮减速器——开式齿轮

(c) 二级展开式圆柱齿轮减速器

(d) 二级同轴式圆柱齿轮减速器

(e) 锥—圆柱齿轮减速器

(f) 单级蜗杆减速器

图 21-2　传动方案简图

3）零件工作图 1~3 张。

4）编写设计计算说明书 1 份。

二、步进式推钢机设计

班级_____学生姓名_____

指导教师_____日期_____

1. 步进式推钢机工作原理

热轧车间加热炉前步进式推钢机简图,如图 21-3 所示。电动机通过传动装置驱动推头往复移动,工作时推头推动工件前移一个工作行程,将钢材推进加热炉,然后推头返回,并推动新的钢坯前移。

图 21-3 步进式推钢机简图

2. 已知条件

参数 \ 题号	1	2	3	4	5
推头阻力 F/N	2 500	2 800	3 000	3 500	3 800
推头行程 s/mm	400	450	500	550	370
往复次数 n/(1/min)	1.2	1.1	1	0.9	0.8

1)选用题_____的工作参数。且辊道高度 $H = 800 \sim 1\,000$ mm;行程速度变化系数 $K = 1.2$;机构最小传动角不小于 $40°$,往复次数误差不大于 $\pm 5\%$。

2)工作情况:两班制,电动机连续单向运转,载荷有轻微冲击,室内工作。

3)使用期限:10 年;检修间隔三年一大修,两年一中修,半年一小修。

4)生产条件:一般机械厂,单件生产。

5)动力来源:电力,三相交流,电压 380/220 V。

3. 设计内容和设计工作量

1）拟定工作机构和传动系统方案。

2）工作机构的运动学与动力学分析。

3）设计绘制推钢机系统总图 1 张。

4）设计绘制减速器装配图 1 张。

5）设计绘制零件工作图 2 张。

6）编写设计计算说明书 1 份。

三、塑封包装机封合机构主传动机构设计

班级_____学生姓名_____

指导教师_____日期_____

1. 塑封包装机封合机构主传动机构工作原理

塑封包装机封合机构主传动机构，如图 21-4 所示。电动机通过传动装置驱动凸轮机构转动，进而驱动杠杆机构带动封合头上下移动，完成封合工作。

图 21-4　塑封包装机封合机构主传动机构简图

2. 已知条件

参数 ＼ 题号	1	2	3	4	5
L_{2max}/mm	20	30	20	30	40
l_{OA}/mm	100	150	100	150	200
L_1/mm	300	300	300	350	350
凸轮转速 n/（r/min）	20	30	35	30	25
电动机功率/kW	0.25	0.25	0.25	0.3	0.3

1）A 点位移曲线，如图 21-5 所示。

图 21-5　A 点位移曲线

凸轮转角 0°～90°：OA 处于水平位置。

凸轮转角 90°～180°：OA 从水平位置运动到 L_{2max}。

凸轮转角 180°～270°：OA 处于 L_{2max}。

凸轮转角 270°～360°：OA 从 L_{2max} 运动到水平位置。

2）工作情况：两班制，连续单向运转，载荷有轻微冲击，室内工作。

3）使用期限：10 年。

4）生产条件：一般机械厂，单件生产。

5）动力来源：电力，三相交流，电压 380/220 V。

6）检修间隔：三年一大修，两年一中修，半年一小修。

3. 设计内容和设计工作量

1）拟定工作机构和传动系统方案。

2）工作机构的运动学与动力学分析。

3）设计绘制封合机主传动系统总图 1 张。

4）设计绘制减速器装配图 1 张。

5）设计绘制零件工作图 2 张。

6）编写设计计算说明书 1 份。

四、高架灯提升装置设计

班级_____学生姓名_____

指导教师_____日期_____

1. 高架灯提升装置工作原理

在高速公路、立交桥等地方都需要安装照明灯，这些灯具的尺寸大、安装高度高，需要专门的提升设备——路灯提升装置。该装置一般安装在灯杆内，尺寸受到灯杆直径的限制，动力通过减速装置传给工作机——卷筒，卷筒上装有钢丝绳，卷筒的容绳量与提升的高度相匹配，如图 21-6 所示。由于安装高架灯工作可能会在野外进行，因此动力装置可采用手动方式和电动方式兼顾。

图 21-6　高架灯提升装置简图

2. 设计要求

卷筒上的钢丝绳直径为 8.7 mm，工作时要求安全、可靠，当提升动力突然消失时，装置应能自动制动，并且能够电动、手动两用,且调整、安装方便,结构紧凑,造价低。

3. 设计数据

1）选用编号_____的数据：

参数＼数据编号	1	2	3	4
提升力/N	600	800	1 000	1 200
容绳量/m	10	14	18	22
安装尺寸/(mm×mm)	300×200	350×200	300×250	250×250

2）提升速度为_____：

参数＼数据编号	1	2	3	4
提升速度/(m/s)	0.05	0.06	0.07	0.075

手动时手摇力不大于 150~200 N,手摇转速不大于 60 r/min,手摇轮半径不大于 400 mm。

工作条件:间歇工作,载荷平稳,半开式。

生产批量:10 台。

4. 设计内容

1）设计绘制减速器装配图 1 张。

2）设计绘制零件工作图 2 张(大齿轮,输出轴)。

3）编写设计计算说明书 1 份。

五、硬币队列化输送装置设计

班级_____学生姓名_____

指导教师_____日期_____

1. 设计背景

大面值货币的电子化,小面值货币的硬币化是各国货币发行的趋势。随着硬币在公交车、自动售货机等场合的使用,对硬币的高效率自动化处理提出了要求,硬币计数机、硬币计数包卷机由此而得到发展。硬币计数、包卷的前提必须使硬币队列化排列以方便电子设备对其进行计数,因此硬币队列化输送装置是以上两种设备的关键部件。硬币队列化装置的功能首先要实现对硬币的队列化排列;队列化排列后的硬币在输送带的驱动下沿输币道输出,通过输币道上的计数器实现对硬币的计数。为实现多种硬币的计数,输币道的宽度根据硬币的尺寸应有级可调,同时不同厚度的硬币能在压币带压紧产生的摩擦力下可靠输出。

2. 硬币队列化输送装置的原理图(仅供参考)

图 21-7 为硬币队列化输送装置的原理示意图,其工作过程为:输送带将储币斗中的硬币输送到转动的币盘上,依靠离心力的作用,硬币被加速并连续排列在币盘边缘,与围挡紧贴。围挡缺口与币道入口之间由引导弧板和连接底板组成,币盘中的硬币在引导弧板处滑出币盘,进入输币道并在压币带的带动下滑出。

图 21-7　硬币队列化输送装置原理示意图

1—储币斗；2—输送带；3—围挡；4—导向滚轮；5—压币带；

6—输币道；7—光电计数器；8—压币带电动机；9—连接底板；10—引导弧板；

11—币盘电动机；12—抬币杆；13—币盘；14—锥体；15—硬币

3. 主要技术参数和功能

1）硬币的尺寸:国内流通的 6 种硬币的尺寸。

参数＼币种	1分	2分	5分	1角		5角	1元
				新	旧		
直径/mm	18	21	24	19	22.5	20.5	25
厚/mm	1.4	1.6	1.8	1.8	2.4	1.65	1.8

2）本硬币队列化装置用于硬币包卷机,为保证硬币包卷部分的正确工作,硬币的输出中心应基本保持不变,即币道宽度的调节装置的输出中心基本不变。

3）压币带驱动硬币时,为保证可靠驱动硬币移动,压币带应根据厚度的变化调整压紧位置,使压紧可靠。

4）输送盘的直径范围:160~200 mm。

5）硬币计数速度为 1 500~2 500 枚/min。

4. 设计内容

1）完成对硬币计数机输币系统的方案设计,要求结构紧凑、成本低。

2）完成总体设计方案原理图、传动系统及执行系统的方案原理简图及原理设计说明书一份。

3）传动系统、执行系统机械结构设计。完成装配图、主要零部件图一套及结构设计说明书一份。

六、自动盖章机设计

班级_____学生姓名_____

指导教师_____日期_____

1. 设计背景

在文件、证件、财务票据、绘画作品上加盖印章是目前证明法律有效性的通用手段,在生活和工作中至关重要。但是大批量盖章处理过程不仅浪费人力,劳动强度大,而且工作效率低,盖章质量不易保证。研制一台自动盖章机代替工作人员完成这些枯燥的工作,是办公自动化的发展需要。

2. 设计要求

设计一台自动盖章机,具体要求如下:

1)可采用目前传统印章(原子章,不用印泥),适用于常见的几种办公印章结构形状。

2)实现在单页 A3、B4、B5 纸上盖章,纸的厚度为常见厚度,最大允许装纸量不少于 100 张。

3)纸面盖章位置可以任意调节。

4)每分钟盖章次数不低于 10 页次。

5)具有计数及其结果显示功能。

6)电源为 220 V。

7)对于工作过程中出现的非正常情况或危险情况具有保护措施。

8)适合于桌面工作,操作简单安全,盖章质量可靠,工作噪声低,结构轻巧,外形美观。

3. 设计内容

1)自动盖章机的总体方案设计,包括:

① 确定工作原理,完成工艺动作分解。

② 设计主要执行构件的运动规律,绘制运动规律曲线。

③ 完成各执行机构和传动机构的方案设计(至少三种),绘制机构运动简图,并进行方案比较。

④ 对所选方案进行基本参数设计,选择原动机,撰写设计计算报告。

⑤ 完成系统总体方案简图的绘制,并进行协调性设计,绘制运动循环图。

2)主要部分的结构设计,包括:

① 主要执行系统和传动系统的结构设计,绘制总装配图、主要零件图、三维总装图。

② 主要零件的强度校核,撰写设计计算说明书。

3)计数及显示系统的设计。

七、曲柄连杆式飞剪机设计

班级_____学生姓名_____

指导教师_____日期_____

1. 飞剪机工作原理

轧制钢材时,轧钢机出口处钢材需在行进中被剪断,此时所用剪切机称为飞剪机,图 21-8 所示为曲柄连杆式飞剪机机构简图,图 21-9 为双四杆飞剪执行机构简图。电动机通过传动装置驱动曲柄转动,带动剪切机构往复摆动,进行剪切。在剪切过程中,要求剪刃水平速度与钢材移动速度相同,垂直剪切时剪刃与钢材垂直,以保证剪切质量。

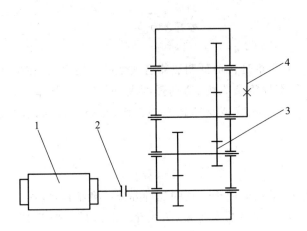

图 21-8 曲柄连杆式飞剪机机构简图　　　　图 21-9　双四杆飞剪执行机构简图

1—电动机;2—联轴器;3—传动装置;4—剪切机构

2. 已知条件

剪切轧件规格 /mm²	轧件速度 /ms⁻¹	剪刃重合度 /mm	剪切力/kN		工作机主轴转速/(r/min)
			法向剪力	侧向推力	
25×25	2	4	300	75	200
20×20	2.5	4	250	60	220

1) 机构最小传动角不小于 40°,剪刃水平速度误差小于+3%。

2) 工作情况:两班制,单向运转,频繁起动,有冲击振动。

3) 工作环境:室内,灰尘较大,环境温度最高 40℃。

4) 动力来源:电力,三相交流,电压 380 V/220 V。

5) 检修间隔期:两年一次大修,一年一次中修,半年一次小修。

6) 使用折旧期:8 年。

7) 制造条件及生产批量:专业机械厂制造,小批量生产。

3. 设计内容和设计工作量

(1) 机构尺寸设计及运动与动力分析

求出构件 2 和构件 3 的角速度 ω_2 及 ω_3、剪刃水平速度、各构件质心的速度和加速度、各运动副的反力及加在主动件上的平衡力矩,并形成数据文件,然后画出构件 2 和构件 3 的角速度 ω_2 及 ω_3、剪刃水平速度、各运动副的反力及平衡力矩的曲线图。各构件序号见图 21-9。

根据计算得到的平衡力矩或题目给出的工作机所需功率选择电动机。

(2) 写入设计说明书的内容

1）选型过程及方案拟订；

2）尺寸综合过程及结果（数据）；

3）运动分析过程及结果（曲线图）；

4）动力分析过程及结果（曲线图）；

5）程序一份。

（3）减速器设计

（4）设计图纸内容

1）飞剪机总图 1 张；

2）减速器装配图 1 张；

3）主要零件工作图 2 张。

八、管道机器人

班级_____学生姓名_____

指导教师_____日期_____

1. 项目背景

管道机器人可以在狭窄空间中完成多种人难以从事的操作,它能够在狭窄空间中行走,能够携带多种信息工具及操作工具。

2. 设计性能

1）机器人能够在直径 100 mm 的管道内通行,可以在转弯半径不小于 200 mm 的弯管内转弯,可以通过粗糙路段（如管道接头）,可以通过垂直路段,可以在任意路段上停留；

2）行走速度不低于 1 m/min；

3）可以携带电源,也可以拖带电源线；

4）负重能力不小于 1 kg。

3. 设计要求

1）查阅国内外相关文献和专利,注意利用互联网查询相关的最新信息,撰写文献综述及调研报告；

2）对管道机器人的各部分（原动机、传动装置、行走方式、转弯方式、适应路面的方法等）技术分别进行选择、构思和评价；

3）确定最适合设计性能要求的整体方案；

4）进行运动学、动力学计算,主要零件的工作能力计算,确定零部件的主要参数；

5）绘制装配图,全部零件的零件图,编写设计说明书。

九、螺旋输送机

班级_____学生姓名_____

指导教师_____日期_____

1. 螺旋输送机工作原理

螺旋输送机简图如图 21-10 所示,用于输送散料,如沙石、谷物等。

图 21-10　螺旋输送机简图

2. 工作机参数

题号	1	2	3	4	5	6	7	8	9
输送功率 P/kW	1.6	2.0	1.5	2.2	2.8	3.0	2.7	2.0	3.0
输送轴转速 $n/(r/min)$	55	65	75	60	45	60	65	70	55

3. 工作条件

1）三班制连续工作，每班工作 8 小时；使用期限 8 年，大修期为 4 年；一般机械厂生产，小批量生产。

2）单向运转，输送机转速误差允许为 ±5%，螺旋输送机效率为 0.92。

3）启动载荷为名义载荷的 1.2 倍，工作时有中等冲击。

4）室内工作，环境有灰尘，三相交流电电压为 380/220 V。

4. 设计内容和设计工作量

1）拟定工作机构和传动系统方案。

2）设计绘制螺旋输送机总图 1 张。

3）设计绘制减速器装配图 1 张。

4）设计绘制零件工作图 2 张。

5）编写设计计算说明书 1 份。

十、炒菜机器人

班级＿＿＿＿＿＿＿＿学生姓名＿＿＿＿＿＿＿＿

指导教师＿＿＿＿＿＿＿＿日期＿＿＿＿＿＿＿＿

1. 设计背景

中国有句古话："民以食为天"。烹饪就是为人们提供赖以生存的卫生、营养、可口的菜肴。这一过程的实现往往又离不开相关的烹饪设备。近年来，国内外出现大量的现代化厨房设备，如电饭煲等。但是这些设备的出现仅仅只减轻了一部分做饭工作量。智能炒菜机器人的出现不仅仅改变了餐饮业传统的生产模式，也对人们的生活方式产生了重大影响，特别是针对工作压力巨大的上班族、做饭困难人群（如独居老人等）、以科技提升品牌形象的时尚餐厅等，使人们从繁重的厨房劳动中解放出来，有更多的时间创造额外的社会价值，具有广泛的应用前景和现实意义。

2. 设计指标

设计一个炒菜机器人的原理样机，技术参数自定。

3. 设计任务与要求

1）调研炒菜机器人的相关产品、结构设计等方面的资料,结合国内外炒菜机器人的研究现状,提出具体的设计指标、核心技术和解决方案,进行方案论证,制定路线和时间安排,完成开题报告。

2）根据核心技术和设计方案将任务分割成三部分,每个组员完成其中一个部分的最终方案选择、计算并确定设计参数,设计运动循环图及机构运动简图,完成驱动器的选型,整理机构设计说明书。

3）对所设计的机构进行结构化设计,包括结构方案的分析、比较及设计,并设计绘制零件图和装配图,进行关键零部件的校核,撰写结构设计说明书。

4）在开题报告、机构设计和结构设计说明书的基础上,整理出机械设计综合实践报告一份,并撰写答辩PPT,进行答辩。

5）需要提交存档的资料:

① 全部调研资料;

② 机械设计综合实践报告;

③ 答辩PPT;

④ 设计的零件图和装配图。

十一、智能助餐机器人

班级＿＿＿＿＿＿学生姓名＿＿＿＿＿＿

指导教师＿＿＿＿＿＿日期＿＿＿＿＿＿

1. 设计背景

随着社会老年化,尤其是独生子女政策弊端的显现,使得一些老年人日常照料和护理成为难题。

对于一些疾病患者,以及某些手部功能衰退的老年人,吃饭是个大问题。在敬老院护工给老年人喂饭占用了大量时间,而且效率比较低。同时,愿意在敬老院工作的年轻人越来越少,使得医院护工短缺。因此,本项目以偏瘫患者手指运动功能康复为对象,利用机电一体化技术,设计一种可以附着在手背面的外骨骼,以带动患者手指进行独立和组合被动运动,促进其运动功能的恢复。

2. 设计指标

设计一个智能助餐机器人的原理样机,技术参数自定。

3. 设计任务与要求

1）调研智能助餐机器人的相关产品、结构设计等方面的资料,结合国内外智能助餐机器人的研究现状,提出具体的设计指标、核心技术和解决方案,进行方案论证,制定路线和时间安排,完成开题报告。

2）根据核心技术和设计方案将任务分割成三部分,每个组员完成其中一个部分的最终方案选择、计算并确定设计参数,设计运动循环图及机构运动简图,完成驱动器的选型,整理机构设计说明书。

3）对所设计的机构进行结构化设计,包括结构方案的分析、比较及设计,并设计绘制零件图和装配图,进行关键零部件的校核,撰写结构设计说明书。

4）在开题报告、机构设计和结构设计说明书的基础上,整理出机械设计综合实践报告一份,并撰写答辩 PPT,进行答辩。

5）需要提交存档的资料:

① 全部调研资料;

② 机械设计综合实践报告;

③ 答辩 PPT;

④ 设计的零件图和装配图。

参 考 文 献

[1]　吴宗泽,罗圣国.机械设计课程设计手册[M].4 版.北京:高等教育出版社,2012.

[2]　濮良贵.机械设计[M].9 版.北京:高等教育出版社,2013.

[3]　邱宣怀.机械设计[M].4 版.北京:高等教育出版社,1997.

[4]　张策.机械原理与机械设计[M].2 版.北京:机械工业出版社,2011.

[5]　刘莹,吴宗泽.机械设计教程[M].2 版.北京:机械工业出版社,2008.

[6]　吴宗泽,高志.机械设计[M].2 版.北京:高等教育出版社,2009.

[7]　吴宗泽,肖丽英.机械设计学习指南[M].北京:机械工业出版社,2005.

[8]　吴宗泽.机械零件设计手册[M].2 版.北京:机械工业出版社,2013.

[9]　吴宗泽.机械设计师手册[M].2 版.北京:机械工业出版社,2009.

[10]　吴宗泽.机械设计实用手册[M].3 版.北京:化学工业出版社,2010.

[11]　吴宗泽、卢颂峰、冼建生.简明机械零件设计手册[M].北京:中国电力出版社,2011.

[12]　闻邦椿.机械设计手册:第 1 卷[M].5 版.北京:机械工业出版社,2010.

[13]　闻邦椿.机械设计手册:第 2 卷[M].5 版.北京:机械工业出版社,2010.

[14]　闻邦椿.机械设计手册:第 3 卷[M].5 版.北京:机械工业出版社,2010.

[15]　闻邦椿.机械设计手册:第 6 卷[M].5 版.北京:机械工业出版社,2010.

[16]　机械设计实用手册编委会.机械设计实用手册[M].北京:机械工业出版社,2008.

[17]　陈乐怡.合成树脂及塑料速查手册[M].北京:机械工业出版社,2006.

[18]　程乃士.减速器和变速器设计与选用手册[M].北京:机械工业出版社,2007.

[19]　文斌.联轴器设计选用手册[M].北京:机械工业出版社,2009.

[20]　文斌.管接头和管件选用手册[M].北京:机械工业出版社,2007.

[21]　成大先.机械设计手册:第 1 卷[M].6 版.北京:化学工业出版社,2013.

[22]　成大先.机械设计手册:第 2 卷[M].6 版.北京:化学工业出版社,2013.

[23]　成大先.机械设计手册:第 3 卷[M].6 版.北京:化学工业出版社,2013.

[24]　成大先.机械设计手册:第 4 卷[M].6 版.北京:化学工业出版社,2013.

[25]　朱孝录.机械传动设计手册[M].北京:电子工业出版社,2007.

[26]　朱孝录.齿轮传动设计手册[M].2 版.北京:化学工业出版社,2010.

[27]　余梦生,吴宗泽.机械零部件设计手册:选型、设计、指南[M].北京:机械工业出版社,1996.

[28]　汪德涛,林亨耀.设备润滑手册[M].北京:机械工业出版社,2009.

[29]　刘朝儒等.机械制图[M].5 版.北京:高等教育出版社,2006.